Das LEGO®-Mindstorms®-Handbuch

Uwe Haneke ist seit 2003 Professor für Betriebswirtschaftslehre und betriebliche Informationssysteme an der Fakultät für Informatik und Wirtschaftsinformatik der Hochschule Karlsruhe – Technik und Wirtschaft (HsKA). Zuvor war er für die Deutsche Bank in São Paulo, Brasilien und die SAP-SI tätig. Unter anderem betreut er an der HsKA die Bereiche Business Intelligence, Projekt- und Geschäftsprozessmanagement. Darüber hinaus ist er Organisator der Veranstaltungsreihe »Business Analytics Day« und Mitgründer des Institute for Computers in Education (ICe) an der Hochschule Karlsruhe. Seit 2005 leitet er das lego::lab an der HsKA, wo unter anderem die im Buch vorgestellten Roboter entwickelt und mit zahlreichen Schülerinnen und Schülern getestet wurden, und ist bereits über 10 Jahre als Judge bei der FIRST LEGO League (FLL) aktiv.

Matthias Mruzek-Vering hat 2011 seinen Master of Science in Information Systems an der Hochschule Pforzheim erworben und ist seit 2011 als akademischer Mitarbeiter an der Hochschule Karlsruhe tätig. Neben seinen wissenschaftlichen Schwerpunkten ERP-Systeme und Business Intelligence beschäftigt er sich seit vielen Jahren mit LEGO Mindstorms. Im lego::lab der HsKA ist er für die Operative Leitung zuständig und hat in dieser Funktion bereits unzählige Workshops mit unterschiedlichsten Teilnehmergruppen durchgeführt. Seine hier gemachten Erfahrungen sind maßgeblich in das vorliegende Buch eingeflossen. Seit 2015 ist er zudem ebenfalls Judge bei der FLL.

Uwe Haneke · Matthias Mruzek-Vering

Das LEGO®-Mindstorms®-Handbuch

Spielend zur Informatik mit EV3-Robotern

dpunkt.verlag

Uwe Haneke · Matthias Mruzek-Vering

Lektorat: Gabriel Neumann
Copy-Editing: Ursula Zimpfer, Herrenberg
Layout und Satz: Nadine Thiele
Herstellung: Susanne Bröckelmann
Umschlaggestaltung: Helmut Kraus, www.exclam.de
Druck und Bindung: Grafisches Centrum Cuno GmbH & Co. KG, 39240 Calbe (Saale)

Bibliografische Information der Deutschen Nationalbibliothek
Die Deutsche Nationalbibliothek verzeichnet diese Publikation in der Deutschen Nationalbibliografie; detaillierte bibliografische Daten sind im Internet über http://dnb.d-nb.de abrufbar.

ISBN:
Print 978-3-86490-424-0
PDF 978-3-96088-400-2
ePub 978-3-96088-401-9
mobi 978-3-96088-402-6

1. Auflage 2018

Wieblinger Weg 17
69123 Heidelberg

5 4 3 2 1 0

Inhaltsverzeichnis

Danksagung

Bei einem Buchprojekt wie dem vorliegenden, zu dem so viele helfende und unterstützende Hände beigetragen haben, weiß man gar nicht, wo man mit dem Bedanken beginnen soll.

Zunächst einmal möchten wir uns bei der Hochschule Karlsruhe – Technik und Wirtschaft bedanken. Ohne die von der Fakultät für Informatik und Wirtschaftsinformatik zur Verfügung gestellte Infrastruktur in Form des lego::lab wäre dieses Buch nicht möglich gewesen. Hier geht unser spezieller Dank an Peter Henning, der das lego::lab 2001 ins Leben gerufen hat, und an Lothar Gmeiner, der in seiner Zeit als Dekan das Labor und seine Aktivitäten stets unterstützt hat.

Natürlich müssen wir uns in diesem Zusammenhang ganz besonders bei allen Studierenden bedanken, die über die letzten Jahre hinweg mit viel Engagement im lego::lab aktiv waren und die mit ihren Ideen, Vorschlägen und vielen kreativen Beiträgen eine Vielzahl von Robotern entwickelt haben, von denen wir hier nur einen Ausschnitt präsentieren können.

Ganz besonders seien an dieser Stelle Manuela Becicka, Christian Becker und Duc Pham erwähnt, die auch an Teilen des Buches mitgeschrieben und uns zudem bei der Erstellung des Bildmaterials für die Bauanleitungen der Roboter mit viel Durchhaltevermögen und tollen Lösungsvorschlägen sehr geholfen haben!

Auch den Mitarbeiterinnen und Mitarbeitern der Hochschule Karlsruhe, die uns immer wieder bei den zahlreichen Veranstaltungen des lego::lab (Workshops, Girls Day, Campus-Tag, EFFEKTE etc.) auch außerhalb der normalen Arbeitszeiten unterstützt haben, sei an dieser Stelle nochmals ganz herzlich gedankt.

Für die tollen Fotos der Roboter, die wir im Buch verwendet haben, möchten wir uns bei Désirée Fabian und bei der Fakultät IMM der Hochschule Karlsruhe für die Nutzung des Fotostudios bedanken. Der SAP sei an dieser Stelle für die in Kapitel 8 verwendeten Fotos vom FLL-Wettbewerb gedankt!

Selbstverständlich möchten wir uns auch bei allen Schülerinnen und Schülern, Lehrerinnen und Lehrern bedanken, die uns im Rahmen der lego::lab-Veranstaltungen zum einen immer wieder mit ihrem Feedback auf Verbesserungsmöglichkeiten hingewiesen haben. Zum anderen waren aber auch die Freude und die

Leidenschaft der Teilnehmerinnen und Teilnehmer für uns stets eine Motivation, unsere Arbeit im lego::lab fortzusetzen!

Dem Team des dpunkt.verlags, allen voran Herrn Gabriel Neumann, danken wir für die Unterstützung und auch für die Geduld, wenn nicht immer alles pünktlich kam. Wir versprechen, uns beim nächsten Buch besser an die Timeline zu halten ...

Selbstverständlich möchten sich die Autoren auch bei ihren Familien bedanken, die das eine oder andere Mal viel Verständnis für den zeitlichen Aufwand, den die Erstellung eines solchen Buches bedeutet, aufbringen mussten.

Uwe Haneke dankt hier vor allem Tolo, Nuno und Lula, die mit ihrer Leidenschaft für LEGO dazu beigetragen haben, dass er das lego::lab immer weiter ausgebaut hat.

Matthias Mruzek-Vering bedankt sich insbesondere bei seiner Frau Claudia und seinen Eltern Konrad und Maria, die sich in besonderen Zeiten liebevoll um seine Söhne Lars und Jan gekümmert haben.

Wir, die Autoren, hoffen natürlich, dass wir jetzt niemanden vergessen haben, der uns bei diesem Buchprojekt unterstützt hat!

1 Einleitung

LEGO ist ein Faszinosum. Seit mehr als 70 Jahren auf dem Markt, hat das (Kinder-)Spielzeug mittlerweile ganze Generationen begeistert und vielleicht sogar geprägt. Es mag nicht die »Generation LEGO« geben, aber Millionen von Kindern wurden über die Bausteine unbewusst in Bereichen wie Konstruktion, Statik und natürlich in kreativer Gestaltung geschult. Dabei spielt nicht zuletzt die Vielseitigkeit der in sich doch einfachen Bausteine eine große Rolle. Folgt man LEGO, so gibt es für sechs der klassischen 2 × 4-Noppen großen LEGO-Steine sagenhafte 915 Millionen Kombinationsmöglichkeiten! Ausprobiert haben wir das allerdings nicht.

LEGO hat sich in den letzten Jahren aus der ursprünglichen Spielzeug-Nische heraus bewegt und findet heute in vielen Bereichen Anwendung, in denen man LEGO früher sicher nicht erwartet hätte. So begeistert beispielsweise die sehr erfolgreiche Wanderausstellung »*The Art of the Brick*« derzeit Tausende Besucher in der ganzen Welt. Die von Nathan Sawaya aus LEGO geschaffenen großen Skulpturen lassen das Herz eines jeden LEGO-Fans höher schlagen. Nathan Sawaya dürfte vermutlich der weltweit größte Einzelnachfrager für LEGO-Steine sein und »*The Art of the Brick*« wurde sogar von CNN als eine der zehn »must see«-Ausstellungen eingestuft. Informationen dazu findet man unter *http://www.brickartist.com und ein Interview mit dem Künstler unter https://www.youtube.com/watch?v=Vs6Gcqkb11g.*

Auch Schulen haben die LEGO-Welt mittlerweile für sich entdeckt und nutzen verschiedene Angebote, um Kinder und Jugendliche in unterschiedlichen Lehrbereichen zu unterrichten oder ihnen in Arbeitsgemeinschaften zusätzliche Fähigkeiten zu vermitteln. LEGO hat hierfür sogar spezielle »Education-Sets« herausgebracht, die zum Teil auch im vorliegenden Buch zum Einsatz kommen.

Neben der Schule ist LEGO heute in einigen Bereichen der Fort- und Weiterbildung ein gern und häufig eingesetztes Werkzeug. Dies ist beispielsweise bei der Softwareentwicklung der Fall, wenn das Personal hinsichtlich der Abläufe in modernen, sogenannten agilen Softwareentwicklungsmethoden (z. B. Scrum) geschult wird. Hier stehen nicht zuletzt die Flexibilität der Bausteine und ihre unzähligen Möglichkeiten bei der kreativen Suche nach Lösungen im Vordergrund.

Neue Entwicklungsmethoden und Vorgehensweisen können so vermittelt werden, ohne dass auch nur eine Zeile Programmcode geschrieben werden muss.

Ähnliches lässt sich in Schulungen zum *Design Thinking*, einem Ansatz zum Finden anwenderzentrierter Problemlösungen, beobachten, in denen aus den oben genannten Gründen gern LEGO-Bausteine eingesetzt werden. Das in den USA entwickelte *Design Thinking* wurde Mitte der 2000er Jahre von SAP-Gründer Hasso Plattner in Deutschland bekannt gemacht und erfreut sich zunehmender Beliebtheit (weiterführende Informationen unter *https://hpi.de/school-of-design-thinking.html*).

Bei den gerade genannten Beispielen kommen in erster Linie Standardbausteine der LEGO-Familie zum Einsatz. In dem vorliegenden Buch soll aber die neueste Version von LEGO Mindstorms mit dem intelligenten Brick der dritten Generation, dem EV3, im Vordergrund stehen. Seit LEGO 1998 das erste Mindstorms-Set herausgebracht hat, stand neben dem Spaß und der Kreativität auch die Vermittlung von Informatikkenntnissen bereits im frühen Alter im Vordergrund. Spielerisch sollen mithilfe von Mindstorms Grundlagen der Informatik erlernt und eingesetzt werden, um auf diese Art und Weise die zentrale Technologie des 21. Jahrhunderts begreiflich zu machen und Berührungsängste abzubauen. Die Möglichkeiten, die LEGO hierbei bietet, konnten im Laufe der vergangenen 20 Jahre stetig ausgebaut werden – nicht zuletzt auch über die immer größer werdende Community, die gerne neue Mindstorms-kompatible Hardware oder auch Software entwickelt. Ein Beispiel hierfür ist der BrickPi, der die Nutzung eines Rasberry Pi in der Mindstorms-Umgebung ermöglicht und auf diese Weise ganz neue Problemlösungswege eröffnet (*https://www.dexterindustries.com/brickpi*).

Mit dem EV3-Brick hat LEGO selbst seine mittlerweile dritte Generation – nach dem RCX und dem NXT – des »intelligenten LEGO-Bausteins« herausgebracht und es dürfte sicher nicht die letzte sein, schaut man sich den Erfolg der Mindstorms-Reihe an.

Verschiedene interessante und lesenswerte Bücher sind in den letzten Jahren zum Thema LEGO Mindstorms erschienen, in denen immer wieder tolle neue Roboter vorgestellt wurden. Laufende, rollende oder auch stehende Bots, die Linien folgen, Bälle werfen, Dinge sortieren können oder auch Treppen oder sogenannte Kamine erklimmen. Der Fantasie waren und sind hier keine Grenzen gesetzt.

Das vorliegende Buch möchte aber nicht nur neue Roboter vorstellen, sondern verfolgt darüber hinaus noch weitere Ziele. Natürlich stehen auch hier die Bots im Vordergrund, doch sollt ihr, die Leserinnen und Leser, mitgenommen werden auf eine Reise durch das EV3-Universum, auf der ihr von Bot zu Bot eure Fähigkeiten steigern könnt. Schritt für Schritt werden dabei die Schwierigkeitsstufen erhöht und neue Techniken vorgestellt. Dabei sollen nicht zuletzt auch die von LEGO vorgegebenen Grenzen, wie sie etwa durch die von LEGO zur Verfügung gestellte Software gesetzt sind, überwunden werden, um durch die Programmierung mit der Programmiersprache Java neue Möglichkeiten zu entdecken.

Damit dies gelingt, beschränken sich die zur Verfügung gestellten Informationen nicht nur auf dieses Buch, sondern werden durch digital verfügbare, ergänzende und erweiternde Inhalte vervollständigt. Den Autoren ist es ein besonderes Anliegen, diese Inhalte auf der begleitenden Website stetig weiterzuentwickeln, sie zu verbessern und anzupassen – sehr gerne auch mit Unterstützung der Leserinnen und Leser! Die Website soll zukünftig also eine zentrale Position einnehmen.

Bis dahin ist es noch ein weiter Weg und das vorliegende Buch ist dabei nur der erste Schritt! Hier haben wir Erfahrungen und Entwicklungen, die wir über viele Jahre im lego::lab der Hochschule Karlsruhe mit der Unterstützung vieler Studierender gestemmt haben, zusammengetragen und zusammengefasst.

Darüber hinaus möchten wir euch auch motivieren, allein oder besser noch in Gruppen gemeinsam mit Freunden oder Mitschülern an einem der vielen Wettbewerbe, die es mittlerweile rund um LEGO Mindstorms gibt, teilzunehmen. Wir haben zum einen festgestellt, dass viele Schülerinnen und Schüler zu wenig über diese Wettbewerbe wissen und es sich oftmals dann auch nicht zutrauen, an einer solchen Challenge teilzunehmen. Zum anderen sind die Begeisterung und der Enthusiasmus derjenigen, die diesen Schritt letztendlich wagen, riesengroß! Aus diesem Grund möchten wir euch im Rahmen dieses Buches einen Wettbewerb exemplarisch vorstellen und Möglichkeiten aufzeigen, wie ihr daran teilnehmen könnt. Da wir Autoren seit vielen Jahren selbst als Schiedsrichter bei der *FIRST LEGO League* (FLL) aktiv sind, stellen wir euch diesen Wettbewerb ein wenig näher

---

Das lego::lab

Ausgangspunkt dieses Buches ist das lego::lab der Hochschule Karlsruhe – Technik und Wirtschaft. Im lego::lab, das von der Fakultät für Informatik und Wirtschaftsinformatik betrieben wird, erlernen Schülerinnen und Schüler seit über 15 Jahren in altersgerechten Workshops mithilfe der Konstruktionssets von LEGO Mindstorms Grundkonzepte der Robotik. Durch spielerische Heranführung an die Informatik ermöglicht das Bildungsangebot einen Einblick in die Welt der Technik und Informatik. Die Brücke Schule – Hochschule wird somit schon im frühen Alter geschaffen. Während ihres Bachelor- und Masterstudiums haben Studierende der Informatik und Medien- und Kommunikationsinformatik der Hochschule Karlsruhe die Möglichkeit, bei Projektarbeiten im lego::lab ihrer Kreativität freien Lauf zu lassen. So entstehen immer wieder neue Roboter oder optimierte Versionen der Bots, die später mit diversen Gruppen, die uns im lego::lab z.B. im Rahmen eines Workshops besuchen, gebaut und getestet werden. Die Gruppen werden dabei von Mitarbeitern der Hochschule und von Studierenden betreut. In diesem Buch haben wir eine breite Auswahl dieser Roboter zusammengestellt. Das Buch beinhaltet sowohl einfache Roboter für Einsteiger als auch Roboter für fortgeschrittene LEGO-Begeisterte, die bereits über grundlegende Kenntnisse in einer objektorientierten Programmiersprache, wie beispielsweise Java, verfügen. Bei dieser Unterteilung gibt es nochmals unterschiedliche Schwierigkeitsgrade für den Zusammenbau der Roboter und deren Programmierung.

---

vor. Verbunden mit einigen Tipps und Tricks, die euch den Einstieg erleichtern sollen, hoffen wir, euch auch für diesen nächsten Schritt begeistern zu können!

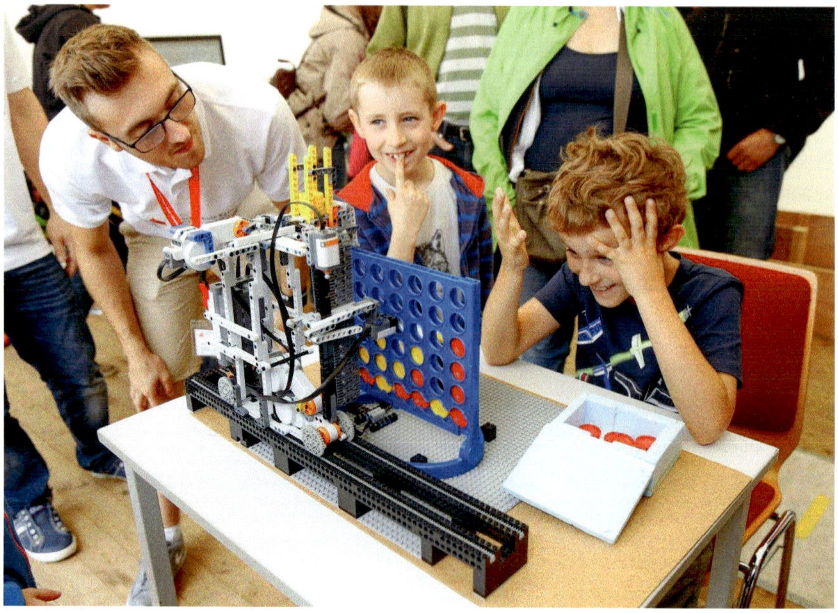

Abb. 1–1 // Experimentierfreudige Besucher an unserem Pavillon beim Wissenschaftsfestival Effekte in Karlsruhe. Foto: Stadtmarketing Karlsruhe GmbH/ Jürgen Rösner

Aufbau

Die Konstruktionssets EV3 Home Edition und Education Edition aus der Mindstorms-Serie ermöglichen dir den Zusammenbau der Roboter in diesem Buch. Darüber hinaus werden stets noch weitere LEGO-Bausteine und diverse Gegenstände und Hilfsmittel benötigt, die wir zu jedem Roboter auflisten und die in den Sets nicht enthalten sind. Für die Programmierung stehen dir kostenlose Software und Apps zur Verfügung, die es dir ermöglichen, deinen Roboter vom PC, Mac, Tablet oder Smartphone aus zu bauen, zu programmieren und zu steuern.

Die begleitende Website

Damit wir über dieses statische Buch hinaus auch weiterhin mit dir, liebe Leserin, lieber Leser, in Kontakt bleiben können, haben wir uns eine praktische und zeitgemäße Lösung überlegt. Begleitend zum Buch werden wir auf einer Website unter anderem einzelne Dateien zur Verfügung stellen, wie beispielsweise Errata (lateinisch für Korrekturverzeichnis), ergänzende Literaturangaben und weiterführende Lerninhalte zum Thema Java.

Das Herzstück der Website setzt sich zusammen aus einer Anwendung, mit deren Hilfe die Bots, die wir im Buch vorstellen, in Form einer 3D-Bauanleitung zusammengebaut werden können. An gleicher Stelle findest du die Stücklisten als Download und alle wichtigen Merkmale der Bots auf einen Blick.

Außerdem findest du hier immer wieder neue, aktualisierte Versionen der im Buch beschriebenen Roboter oder auch ganz neue Bots. Ein Vorbeischauen lohnt sich auf jeden Fall!

Die Website ist erreichbar über den dpunkt.verlag:
http://www.dpunkt.de/mindstorms

Dort gibt es bereits einige Informationen zum Buch und den Verweis auf unsere Website:
http://LEGOlab.ice-karlsruhe.de

Und jetzt wünschen wir allen Leserinnen und Lesern viel Spaß beim Bauen, Programmieren und Testen der Roboter!

2 Das Konstruktionsset LEGO® Mindstorms® EV3

2.1 Der programmierbare, intelligente EV3-Stein

Abb. 2–1 // Der programmierbare, intelligente EV3-Stein

Der programmierbare, intelligente EV3-Stein, umgangssprachlich auch Brick (engl. für Stein) genannt, ist bildlich gesprochen das Gehirn eines jeden LEGO-Mindstorms-EV3-Roboters. Der EV3-Stein vereint das Grundprinzip der Datenverarbeitung: Eingabe, Verarbeitung und Ausgabe (EVA-Prinzip). Die Sprache des Menüs ist Englisch.

Beim EV3-Stein gibt es keine physischen Unterschiede hinsichtlich der Home bzw. der Education Edition. Er ist in allen LEGO-Mindstorms-EV3-Bausätzen vorhanden. Unterschiede gibt es aber hinsichtlich der Möglichkeit zur Datenerfassung (Logdaten). Diese ist nur mit der Education Edition möglich. Der EV3-Stein besitzt vier Eingabeschnittstellen (*engl. Ports*) und vier Ausgabeschnittstellen. Zudem eine USB-Schnittstelle, damit du eine Kabelverbindung mit deinem Computer (PC oder Mac) herstellen kannst. Zusätzlich besteht die Möglichkeit einer Funkverbindung per Bluetooth. Mit einem kleinen Zusatzgerät (*engl. Dongle*) kannst du sogar eine WLAN-Verbindung einrichten. Hierzu eignet sich zum Beispiel der WLAN-USB-Adapter WNA1000M-100PES N150 von der Firma Netgear.

Ein ARM9-Prozessor mit Linux-basiertem Betriebssystem ist quasi die Verarbeitungszentrale des EV3-Steins. Sein integrierter Programmspeicher umfasst 16 MB. Hinzu kommen noch weitere 64 MB an Arbeitsspeicher. Dieser kann mit einer microSD-Karte mit bis zu 32 GB erweitert werden. Die Speicherkarte dient dazu, den internen Speicher zu erweitern, zum Beispiel für größere Programme, Bilder, Audiodaten oder Logdaten. Ebenso wird die Speicherkarte dazu verwendet, um die Programmier-Firmware leJOS zu verwenden. So können neben dem Standardbetriebssystem auch Java-Programme ausgeführt werden. Mehr dazu wird in Kapitel 2.4.4 beschrieben.

Die technischen Daten auf einen Blick

- ARM9-Prozessor mit Linux-basiertem Betriebssystem
- Vier Eingänge zur Messwerterfassung mit einer Abtastrate von maximal 1.000 Messungen pro Sekunde
- Vier Ausgänge zur Ausführung von Befehlen
- Integrierter Programmspeicher mit 16 MB Flash-Speicher und 64 MB RAM
- microSDHC-Kartenleser zur Erweiterung des Speichers um 32 GB
- Beleuchtetes, dreifarbiges Bedienfeld mit sechs Tasten; die Farbe zeigt den jeweiligen Status des Steins an.
- Hochauflösendes Display (178 x 128 Pixel) zur detaillierten Anzeige von Graphen und zur Beobachtung der Sensordaten
- Hochwertiger Lautsprecher
- Die auf dem Stein vorgenommene Programmierung und Messwerterfassung kann in die EV3-Software hochgeladen werden.
- Die Kommunikation zwischen Computer und Stein kann über den integrierten USB-Port oder drahtlos über das externe WLAN bzw. mit Bluetooth erfolgen.
- Der USB-2.0-Host ermöglicht die Kommunikation zwischen mehreren EV3-Steinen und gestattet zudem die drahtlose Kommunikation über WLAN und den Anschluss von USB-Speichersticks.
- Stromversorgung durch sechs AA-Batterien oder den EV3-Lithium-Ionen-Akku (Kapazität: 2.050 mAh)

Die Bedienung erfolgt über die sechs dreifarbig beleuchteten Tasten, wobei die Farbe den jeweiligen Status des Steins anzeigt:

Status	Bedeutung
Rot	Einschalten, Aktualisieren, Abschalten
Rot pulsierend	Beschäftigt/Besetzt
Orange	Warnung, Bereit
Orange pulsierend	Warnung, in Betrieb
Grün	Bereit
Grün pulsierend	Programm wird ausgeführt

Die grauen Steuerungstasten sind um die mittlere Bestätigungs- bzw. Eingabetaste (deutsch für Enter) gruppiert. Links oben befindet sich die Taste, um eine Aktion zu unterbrechen oder einen Schritt zurückzugehen (Zurück-Taste). Das monochrome Display hat eine Auflösung von 178 × 128 Pixel.

2.2 Die LEGO-Bausätze

Herzstück der EV3-Sets ist der intelligente EV3-Stein – ein kleiner, kompakter und programmierbarer Computer. Zusammen mit der intuitiv bedienbaren Programmiersoftware und der Software für Messdatenerfassung (beide im Set enthalten) erlaubt der EV3-Stein das Steuern von Motoren sowie die Erfassung und Verarbeitung von Sensordaten.

Bei EV3 handelt es sich übrigens um die dritte Generation der LEGO-Mindstorms-Plattform und »EV« steht für »Evolution« – zusammen ergibt das den Namen »EV3«.

2.2.1 LEGO Mindstorms EV3

Das Set mit der Artikelnummer 31313 enthält die Bauanleitung für den Einstiegsroboter TRACK3R, ein USB-Kabel, 594 LEGO-Technic-Elemente, einen EV3-Stein, zwei große interaktive Servomotoren, einen mittleren interaktiven Servomotor, einen Berührungssensor, einen Farbsensor und einen Infrarotsensor. Dieses Set kann im Einzelhandel erworben werden.

2.2.2 LEGO Mindstorms Education EV3 – Grundset

Abb. 2–2 // Das Grundset LEGO Mindstorms Education EV3

Das Education-Set enthält Software und Unterrichtsmaterialien, drei interaktive Servomotoren mit integrierten Rotationssensoren, jeweils einen Ultraschallsensor, Farb-/Lichtsensor und Gyrosensor sowie zwei Berührungssensoren, einen EV3-Lithium-Ionen-Akku, ein Kugelrad, ein USB-Kabel, schwarze flache Anschlusskabel in den Längen: 25, 35 und 50 cm, eine Bauanleitung, LEGO-Technic-Bausteine und eine stabile Aufbewahrungsbox mit Sortierkasten. Das 10-V-Gleichstrom-Ladegerät mit der Artikelnummer 45517 kann separat erworben werden.

2.3 Die Ergänzungssets

LEGO-Education-Ergänzungsset Erneuerbare Energien

Unter den vielen Ergänzungssets gibt es ein geeignetes für das Thema Erneuerbare Energien (Artikelnummer 9688). Dieses enthält ein Solarmodul, Rotorblätter, einen Motor/Generator, LED-Lämpchen, ein Verlängerungskabel, ein LEGO-Energiemessgerät und farbige Bauanleitungen für sechs realitätsnahe LEGO-Modelle, die mit dem Baukasten Naturwissenschaft und Technik (Artikelnummer 9686) konstruiert werden können. Durch Kopplung mit dem EV3-Stein lässt sich das Energiemessgerät als Sensor nutzen und sowohl zur Programmierung als auch zur Datenerfassung verwenden. Die zugehörigen Unterrichtsmaterialien helfen bei der Gestaltung des Unterrichts zum Thema Solar-, Wind- und Wasserenergie.

Das Ergänzungsset kann gemeinsam mit dem Baukasten Naturwissenschaft und Technik (Artikelnummer 9686) und LEGO Mindstorms Education EV3 (Artikelnummer 45544) genutzt werden. Nach Angaben von LEGO ist das Set ab einem Alter von acht Jahren zu empfehlen.

2.4 Die LEGO-Software

2.4.1 Herstellen einer Verbindung mit dem EV3-Stein

Der EV3-Stein kann auf verschiedene Weise mit deinem Computer verbunden werden. Es gibt die Möglichkeit, den Baustein über Bluetooth, WLAN oder mithilfe eines USB-Kabels zu verbinden.

Per USB-Kabel

Das benötigte USB-Kabel verfügt über zwei unterschiedliche Steckertypen: Typ A ist flach und wird mit deinem Computer verbunden. Das andere Ende ist ein Mini-B-Stecker, der in deinen EV3-Stein passt. Schalte deinen EV3-Stein ein und verbinde ihn mit dem Computer über das USB-Kabel. Die Erkennung des EV3-Steins funktioniert auf Computern unter macOS oder Linux automatisch. Für die Programmierung mit der symbolbasierten EV3-Software gilt dies auch für Windows.

Hinweis:

Für die Programmierung unter leJOS, siehe Kapitel 2.4.4, muss im Betriebssystem Windows der RNDIS-Treiber installiert werden. In manchen Fällen wird das vom Betriebssystem übernommen, falls dies nicht geschieht, lade dir den Treiber im Internet herunter und installiere ihn manuell. Auf unserer Begleitwebsite stellen wir eine Linksammlung bereit, mit deren Hilfe du die Software findest und installieren kannst.

Drahtlosverbindung per Bluetooth

Wie man den Brick mit Bluetooth steuert, erklären wir anhand von Screenshots aus dem Betriebssystem Windows 8.1, die Erläuterungen sind aber auf Windows 10 übertragbar.

Zuallererst muss die Funktion Bluetooth auf dem EV3-Stein aktiviert werden. Navigiere im Menü zum Eintrag »Connections« (engl. für Verbindungen). Benutze die Nach-oben-Taste und Nach-unten-Taste, um den Menüpunkt »Bluetooth« auszuwählen. Drücke nun die mittlere Taste. Das Häkchen symbolisiert dir, dass Bluetooth erfolgreich aktiviert wurde. Links oben auf dem Display des EV3-Steins wird ein Bluetooth-Symbol angezeigt.

Das Gerät mit deinem Computer koppeln: Hierzu wird eine PIN benötigt, die auf dem EV3-Stein im Bluetooth-Menü unter »Change PIN« festgelegt wird. Die Steuerungstasten hoch und runter verändern den aktuellen Stellenwert, die Tasten links und rechts wechseln die Stelle. Bestätige deine PIN mit der mittleren Taste. Kopple nun deinen EV3-Stein mit deinem Computer. Hier siehst du ein Beispiel unseres EV3-Steins »Segway«.

Wechsle nun in die Systemsteuerung und dort zur Kategorie »Hardware und Sound«. Navigiere eine weitere Kategorie tiefer zu »Geräte und Drucker«. Mache einen Rechtsklick auf deinen EV3-Stein. Stelle nun eine Verbindung über den Zugriffspunkt her.

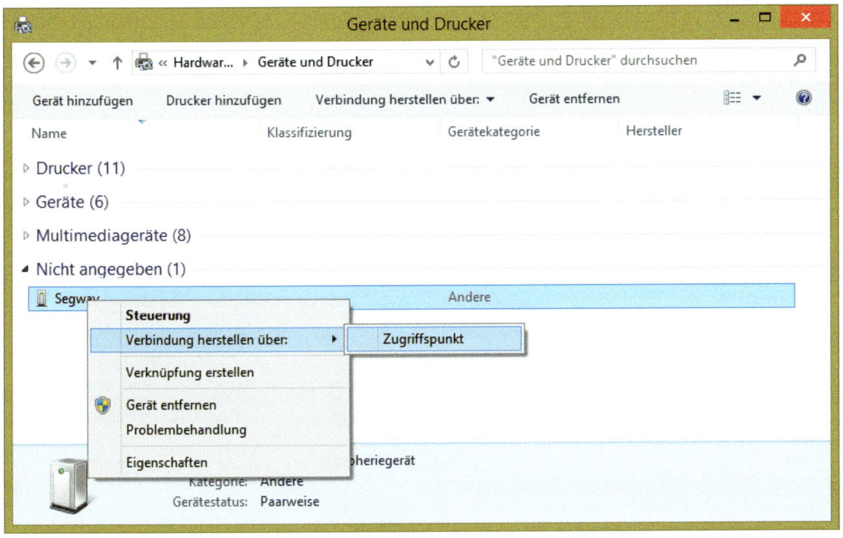

Drahtlosverbindung per WLAN

Damit du eine Funkverbindung herstellen kannst, benötigst du einen WLAN-USB-Dongle, weil der EV3-Stein diese Funktion nicht integriert hat. Eine Liste der kompatiblen Dongles findest du auf der offiziellen Website von LEGO Mindstorms.

Als Nächstes benötigst du Zugriff auf ein drahtloses Netzwerk. Zum Beispiel kannst du ein eigenes WiFi-Netzwerk aufbauen (ad hoc) oder den EV3-Stein mit einem WLAN-Router oder WLAN Access Point verbinden. Auf Softwareseite wird die Funkverbindung, wie schon bei Bluetooth, im Menü »Connections« aktiviert. Benutze die Nach-oben-Taste und Nach-unten-Taste, um das Wort »WiFi« auszuwählen und bestätige den Menüpunkt mit der mittleren Taste. Das Häkchen neben dem Feld »WiFi« symbolisiert dir die erfolgreiche Aktivierung und auch links oben auf dem Display des EV3-Steins wird ein WiFi-Symbol angezeigt. Der EV3-Stein sucht nun nach sichtbaren Netzwerken.

Verbinde dich mit einem dir bekannten Netzwerk. Hierzu benötigst du in den meisten Fällen einen Benutzer und ein Passwort. Falls dein Netzwerk versteckt ist, kann es der EV3-Stein nur dann finden, wenn die Option »Add hidden« (ausgeblendetes Netzwerk hinzufügen) ausgewählt ist. Daraufhin wirst du aufgefordert, den Namen, den Verschlüsselungstyp und das Passwort für das hinzuzufügende ausgeblendete Netzwerk einzugeben, wobei du auf die Groß- und Kleinschreibung achten musst. Nach diesen Eingaben wird der EV3-Stein mit dem ausgeblendeten Netzwerk verbunden und das Netzwerk wird in die Netzwerkliste aufgenommen.

Erfolgreiche Verbindungen merkt sich der EV3-Stein und fügt ein Stern-Symbol » * « an den Menüeintrag.

Eine weitere Verbindungsmöglichkeit besteht darin, eine USB-Verbindung herzustellen, wobei die WLAN-Funktion auf deinem EV3-Stein aktiviert sein sollte. In der LEGO-Mindstorms-Software findest du das Hardwarefenster. Verwende das Werkzeug »Einrichtung von drahtloser Verbindung«. Erkannte Netzwerke werden angezeigt. Wähle das Netzwerk aus, zu dem du eine Verbindung herstellen möchtest, und klicke dann auf »Verbinden«, um die Verbindung zu konfigurieren. Um ein Netzwerk hinzuzufügen, das seinen Netzwerknamen (SSID) nicht überträgt, klickst du auf »Hinzufügen«. Klicke auf »Bearbeiten«, um die Einstellungen eines bereits früher eingerichteten Netzwerks zu bearbeiten. Klicke auf »OK«, um eine drahtlose Verbindung herzustellen. Nachdem die Verbindung hergestellt wurde, kannst du das USB-Kabel trennen.

2.4.2 Symbolbasierte LEGO-Mindstorms-EV3-Software

Die benutzerfreundliche Software für Programmierung und Messwerterfassung basiert auf LabVIEW™ von National Instruments. Beim Programmieren mit der EV3-Software werden Symbole per Drag & Drop zu einer Befehlssequenz angeordnet. Die Benutzeroberfläche der EV3-Software macht es dir leicht, deine Fähigkeiten von der einfachen Programmierung bis hin zur Programmierung komplexer Algorithmen zu entwickeln.

Es gibt auch wie bei den Sets zwei Versionen: Home und Education. Die wesentlichen Unterschiede liegen darin, dass die Education Edition über die Möglichkeit zur Datenerfassung sowie einen Inhaltseditor verfügt. Gleichermaßen unterscheiden sich die beiden Firmware-Versionen.

Hinweis:

Es gibt in diesem Buch nur einen Roboter, für den du die Education Edition benötigst: das Energiesystem in Kapitel 6.4. Für alle anderen kannst du die Home Edition verwenden.

Home Edition

Die EV3-Software kann sowohl auf Mac- als auch auf PC-Plattformen verwendet werden, um LEGO-Mindstorms-EV3-Steine zu programmieren. Die Software gibt es kostenlos auf *LEGO.com/Mindstorms* zum Herunterladen. Häufig gestellte Fragen zur Software werden auf *LEGO.com/de-de/Mindstorms/support* beantwortet.

Education Edition

Diese Software wurde für den Einsatz im Unterricht in Kombination mit dem Bausatz LEGO Mindstorms Education EV3 (45544) entwickelt. Die meisten Aufgaben in der Software sowie Bauanleitungen, vorgefertigte Unterrichtseinheiten,

Programmierbeispiele und Videos können nur unter Verwendung dieses EV3-Bausatzes umgesetzt werden.

Diese Edition enthält eine Messwerterfassungsfunktion zu Durchführung von Experimenten, mit der sich Daten von Sensoren erfassen, anzeigen, analysieren und verarbeiten lassen sowie in einer interaktiven Grafik dargestellt werden können. Typische Anwendungsgebiete sind Schwellenwerte für Sensoren einstellen, um beispielsweise ein Signal ertönen zu lassen, sobald der Temperatursensor eine bestimmte Temperatur erkennt.

Mit dem Inhaltseditor kannst du Unterrichtsinhalte anpassen und eigene Unterrichtsstunden gestalten. Besonders nützlich ist dies für die Dokumentation der Arbeiten von Schülerinnen und Schülern und zur Erstellung digitaler Protokollbücher. Im Robot Educator werden 48 Schritt-für-Schritt-Multimedia-Anleitungen für einfache und anspruchsvollere Programmierungen und Hardware- und Messwerterfassungsfunktionen bereitgestellt.

Zum Download der Software, der aktuellen Firmware und zur Produktaktivierung wird eine LEGO-ID benötigt. Diese ermöglicht dir Zugang zu vielen Angeboten und Ressourcen auf *LEGO.com*. Die Registrierung einer LEGO-ID ist für jeden, egal ob Privatperson, Bildungseinrichtung oder Unternehmen, kostenlos möglich.

2.4.3 Firmware-Updates

Von Zeit zu Zeit werden Fehler im EV3-Stein durch sogenannte Firmware[1]-Updates behoben. Je nachdem, welche Mindstorms-EV3-Edition du hast, wählst du die passende Firmware, also Home oder Education. Die Dateien sind entsprechend unterschiedlich mit der Endung H für Home und E für Education benannt, für letztere zum Beispiel `EV3 Firmware V1.09E.bin`. Die neueste Firmware findest du auf der LEGO-Website. Denk daran, dass bei einem Firmware-Update alle Daten vom EV3-Stein gelöscht werden. Zur Vorbereitung sollten die sechs Batterien bzw. der Lithium-Ionen-Akku vollgeladen sein. Verbinde deinen EV3-Stein mit deinem Computer mithilfe des USB-Kabels. Ein Update per Funkverbindung ist nicht möglich.

Wenn du die Datei auf deinem Computer heruntergeladen hast, öffnest du die LEGO-Mindstorms-EV3-Software. Beim weiteren Vorgehen macht es keinen Unterschied, ob du die Home- oder Education-Software besitzt. Gehe in der Menüleiste auf »Werkzeuge« und klicke auf »Firmware-Aktualisierung«. Klicke auf »Durchsuchen« und navigiere zu dem Ordner, in den du die EV3-Firmware zuvor gespeichert hast. Wähle die Datei aus und klicke sie an, um sie zu öffnen.

---

1 Unter Firmware (engl. firm »fest«) versteht man Software, die in elektronischen Geräten auf bestimmten Chips gespeichert und fest mit der Hardware verbunden ist. Im Wesentlichen ist sie notwendig, damit der Betriebssystemkern das Betriebssystem laden und ausführen kann.

Schalte den EV3-Stein an und klicke auf »Herunterladen« im Firmware-Aktualisierungsfenster. Der Vorgang kann eine Weile dauern. Während das Update läuft, solltest du die Verbindung nicht trennen. Sobald der Vorgang abgeschlossen ist, startet der EV3-Stein neu.

2.4.4 leJOS

Dieses Kapitel zeigt dir, wie du deinen EV3-Baustein vorbereiten kannst, damit du in Kapitel 7 die Roboter programmieren und starten kannst.

leJOS (Aussprache wie das spanische Wort »lejos« (lechos) mit der Bedeutung »weit«) ist eine alternative Firmware für die programmierbaren LEGO-Bausteine LEGO Mindstorms RCX (leJOS RCX), NXT (leJOS NXJ) und EV3 (leJOS EV3). Die Bezeichnung leJOS ist ein Akronym aus den Worten LEGO Java Operating System (JOS). Diese Software ermöglicht es, die Steuerung von LEGO-Konstruktionen in der Sprache Java zu programmieren. Hierzu wurde ein Teil der Java Virtual Machine (JVM)[2] anfänglich auf den RCX/NXT portiert.

leJOS bietet dir unbegrenzt viele kreative Möglichkeiten bei der Programmierung, die weit über die gegebenen Funktionen der symbolbasierten Softwareentwicklung hinausgehen. Mehr dazu erfährst du in Kapitel 5.2. Einen kleinen Vorgeschmack zeigt das folgende Listing 2–1.

Listing 2–1 // Code-Schnipsel aus dem Programm TicTacToe.

```
...
public class LogicalDecisions {
...

/**
* Berechnet den nächsten Zug.
*
* @param field : the latest state of the field
* @return The <class>Position</class> for the next move. {@link tech-
nical.Position}}
*/

public Position nextMove(GameField field) {
    this.possibilities = new ArrayList<Position>();
```

2 Die Java Virtual Machine (abgekürzt Java VM oder JVM) ist der Teil der Java-Laufzeitumgebung (Java Runtime Environment, JRE) für Java-Programme, der für die Ausführung des Java-Bytecodes verantwortlich ist. Der Bytecode ist eine Programmversion, die nach dem Übersetzen von Quellcode (*to compile*, engl. für kompilieren) in eine hardwareunabhängige Version entsteht. Hierbei wird im Normalfall jedes gestartete Java-Programm in seiner eigenen virtuellen Maschine (VM) ausgeführt.

```
    this.internField = new int[field.getField().length][field.get-
Field()[0].length];

    //Prüft alle Felder auf dem Spielfeld.
    for (int i = 0; i < internField.length; i++) {
      for (int j = 0; j < internField[i].length; j++) {

        //Prüft, ob das Spielfeld vom Computer markiert ist.
        if (field.getField()[i][j] == field.getColorComputer())
          this.internField[i][j] = 1;

        //Prüft, ob das Spielfeld vom Spieler markiert ist.
        else if (field.getField()[i][j] == field.getColorPlayer())
          this.internField[i][j] = -1;

        // Das Feld ist nicht markiert und kann vom Computer markiert
           werden.
        else {
          this.internField[i][j] = 0;
          possibilities.add(Position.getPOS(i, j));
        }
      }
}
...
```

José Solórzano entwickelte 1999 unter dem Namen TinyVM die heute unter dem Namen leJOS bekannte Firmware für die programmierbaren LEGO-Mindstorms-Bausteine. Was als Hobby-Open-Source-Projekt begann, wurde erst später zu leJOS. Durch die Beteiligung von vielen Mitwirkenden wurden wichtige Erweiterungen entwickelt. Nachdem sich Solórzano aus dem Projekt zurückgezogen hatte, übernahmen Brian Bagnall, Jürgen Stuber und Paul Andrews das Projekt.

Mit der Generation EV3 wurde der LEGO-Baustein deutlich erweitert und basiert nun auf einem Linux-System. Oracle selbst bietet eine auf ARM portierte Version der aktuellen Java-Runtime an, sodass keine spürbaren Einschränkungen gegenüber anderen Systemen die Entwicklung von eigenen Programmen beeinträchtigen. Mit dem SD-Slot des EV3 ist es auch nicht mehr nötig, die originale Firmware zu flashen. leJOS EV3 wird von einer bootbaren microSD-Karte gestartet, ohne die auf dem LEGO-Baustein gespeicherten Daten zu verändern. Ebenso werden WiFi-Dongles für den USB-Port unterstützt, sodass ohne Kabelverbindung eine Kommunikation für die Fehlersuche (*engl. debuggen*), die Übertragung von Programmen und ein Login via SSH direkt auf den LEGO-Baustein jederzeit möglich sind.

leJOS wird als freie Software unter den Bedingungen der Mozilla Public License 1.0 (MPL) verbreitet.

Installation

Die Installation setzt folgende Hardware voraus:

- LEGO-Mindstorms-EV3-Bausatz. Dabei spielt es keine große Rolle, ob du die Home oder Education Edition besitzt. Es können auch Sensoren und Motoren aus dem LEGO-Mindstorms-NXT-Bausatz verwendet werden.
- Computer mit Windows, macOS oder Linux
- microSD-Karte mit einer Speicherkapazität von mind. 4 GB bis max. 32 GB

Hinweis:

Die microSD-Karte sollte eine Speicherkapazität von höchstens 32 GB haben, da sich der EV3-Stein ansonsten während des Startvorgangs aufhängt.

Für die Installation brauchst du folgende Software, deren Installation anschließend schrittweise erklärt wird:

- JDK – Java Development Kit
- Eclipse – Integrierte Programmierumgebung (IDE) für die Unterstützung der Implementierung
- RNDIS-Treiber – Kommunikation des EV3-Steins mit dem PC
- leJOS – Betriebssystem und Bibliothek der LEGO-Implementierung

JDK – Java Development Kit

Das JDK kannst du direkt von Oracle herunterladen. Es musst nicht unbedingt die aktuellste Version sein, das sie nur in der IDE zum Einsatz kommt. Die Installation wird mithilfe eines Installers (engl. für Installationsprogramm) unterstützt.

Eclipse

Lade dir die integrierte Entwicklungsumgebung Eclipse herunter. Auch hier ist es nicht wichtig, die aktuellste Version zu verwenden. Die Installation kann entweder manuell als ZIP Archiv in ein beliebiges Verzeichnis auf deinem Computer erfolgen oder mithilfe des Installationsassistenten durchgeführt werden.

Die Erweiterung für den Support von leJOS EV3 wird direkt über den Eclipse Marketplace installiert.

```
Menüleiste > Help > Eclipse Marketplace
```

Suche nach dem Begriff »ev3«, wie in der Abbildung gezeigt.

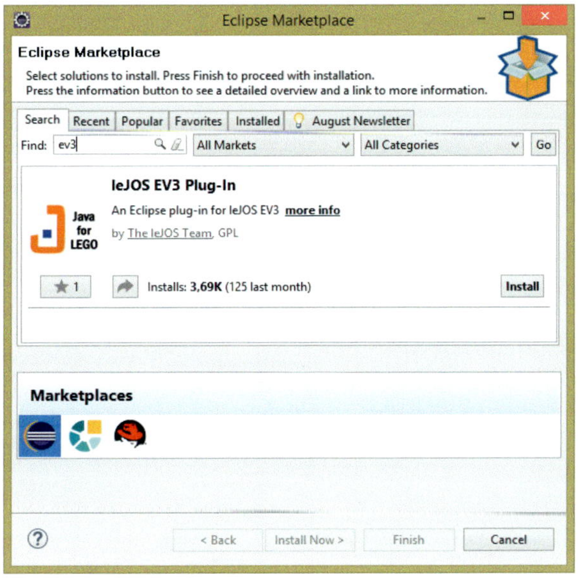

Abb. 2–3 // leJOS-EV3-Erweiterung für Eclipse

Klicke anschließend auf »Install«. Folge nun der Installationsanleitung. Es erscheint eine Warnmeldung, in der auf die Herkunft möglicherweise schädlicher Software hingewiesen wird. Nimm diese Warnung zur Kenntnis und bestätige den Dialog. Zum Schluss muss Eclipse neu gestartet werden. Jetzt siehst du in der Menüleiste einen neuen Eintrag »leJOS EV3« mit den Untermenüpunkten »Start EV3SDCARD« und »Start EV3Control«. Diese beiden Menüpunkte werden später noch erklärt.

RNDIS-Treiber

Remote Network Driver Interface Specification (RNDIS) ist ein eigenes Protokoll von Microsoft, das oft auf das USB-Protokoll aufgesetzt wird. Es bietet eine virtuelle Ethernet-Verbindung für die meisten Versionen von Windows, Linux und FreeBSD. Für die Kommunikation des EV3-Steins mit dem PC benötigst du je nach Version eines Windows Betriebssystem den RNDIS-Treiber. Lade dir den Treiber herunter (siehe Kapitel 9.6) und installiere ihn.

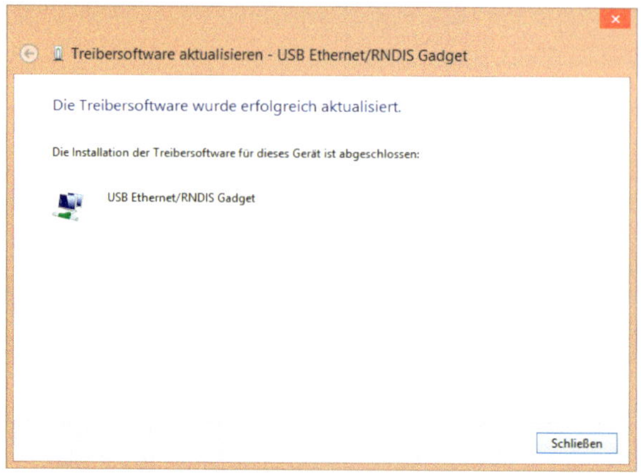

Abb. 2–7 // Erfolgreiche Installation des RNDIS-Treibers.

Nach der erfolgreichen Installation findest du im Windows Geräte-Manager einen neuen Eintrag unter Netzwerkadapter.

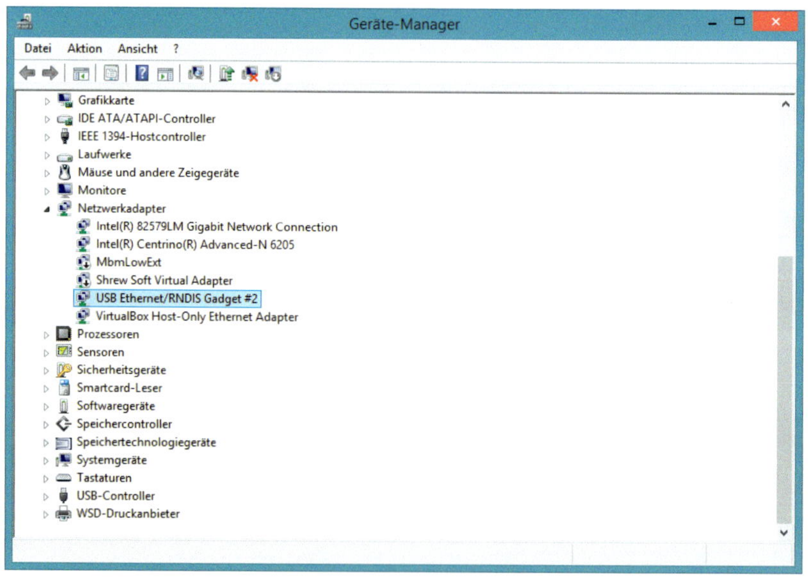

Abb. 2–4 // Neuer Netzwerkadapter für die Kommunikation des EV3-Steins mit dem Computer.

leJOS

leJOS ist einerseits das Betriebssystem, das auf dem Brick läuft. Auf der anderen Seite ist es eine Sammlung von Bibliotheken für die Entwicklung und die Kommunikation mit den einzelnen physischen/elektronischen LEGO-Bausteinen.

Die Software findest du auf der leJOS-Website. Dabei musst du wissen, welche LEGO-Mindstorms-Generation du besitzt. In diesem Fall verwenden wir EV3 und benötigen deshalb leJOS in der Version 0.9.1. Die Installation kann entweder manuell als ZIP-Archiv in ein beliebiges Verzeichnis auf deinem Computer erfolgen oder mithilfe des Installationsassistenten durchgeführt werden.

> **Tipp:**
> Ältere Versionen als die zu installierende sollten zuvor sauber deinstalliert werden.

API-Installation

Installiere das heruntergeladene leJOS. Der Download beinhaltet einen Installationsassistenten, der die Installation vereinfacht, um die leJOS-API[3] auf deinem PC bereitzustellen.

microSD-Karte

Du benötigst eine microSD-Speicherkarte, zum Beispiel die SanDisk Ultra microSDHC 32 GB, und eventuell einen passenden SD-Kartenadapter für deinen Computer bzw. Notebook. Auf die Speicherkarte wird leJOS als Betriebssystem installiert und später kommen deine Projekte als Anwendung sowie die Entwicklungsumgebung z. B. Eclipse hinzu.

> **Tipp:**
> Falls du Probleme beim Formatieren der microSD-Karte mithilfe deines Betriebssystems haben solltest, dann versuche es mit der Software SD Formatter 4.0, verfügbar für Windows und macOS.

JRE für den EV3-Baustein

Es wird eine spezielle Java-SE-Embedded-Laufzeitumgebung benötigt. Diese kannst du bei Oracle herunterladen. Zum Download stehen die beiden Versionen 7 und 8 bereit.

> **Hinweis:**
> Für den Download wird ein kostenfreier Oracle-Account benötigt.
>
> Bitte verwende nur eine Java-Version. Die Version der Installation auf der microSD-Karte muss identisch sein mit der Version, die verwendet wird, um das leJOS-Projekt unter Eclipse zu entwickeln und auf den EV3-Baustein zu kompilieren. Wenn du zum Beispiel die JDK 1.8 verwendest, solltest du im Java Build Patch deines Projektes unter Bibliotheken (*engl. Libraries*) die gleiche Version verwenden, also JRE System Library [jdk1.8.0_101].

Speichere die Datei in dein bevorzugtes Download-Verzeichnis und merke dir den Verzeichnispfad.

3 API: Application Programming Interface, engl. für Programmierschnittstelle.

Implementierung mit Eclipse

Für deine leJOS-Projekte wird das Betriebssystem leJOS auf dem EV3-Stein benötigt. Wir benutzen dazu die microSD-Karte. Das bietet den Vorteil, dass leJOS zusätzlich zum vorhandenen Betriebssystem ohne größere Anpassungen parallel verwendet werden kann.

Mit Eclipse kann anschließend ein Java-leJOS-Projekt erstellt werden. Projekte können mit nur einem Klick kompiliert und auf die Speicherkarte im EV3-Stein verschoben und ausgeführt werden. Das folgende Beispiel zeigt dir, wie es geht:

1. Lege die microSD-Karte in deinen Computer ein. Dein Betriebssystem sollte die Karte erkennen und einen Laufwerksbuchstaben zuweisen.
2. Starte Eclipse und gehe zum Menü leJOS EV3 und klicke auf »Start EV3SDCard«
3. Ein neues Fenster öffnet sich. Wähle das Laufwerk (Select SD Drive), in dem deine microSD-Karte steckt. In unserem Fall ist es das Laufwerk F.

Warnung:

Vergewissere dich, das richtige Laufwerk ausgewählt zu haben, denn es werden durch die Formatierung alle Inhalte auf dem Laufwerk gelöscht!

---

4. Wähle die Datei der leJOS-EV3-Installation »Select the SD card image zip file from your leJOS EV3 installation«. Dies ist meistens vorbelegt. Die ZIP-Datei liegt in der Regel im Installationsverzeichnis deiner leJOS-Installation. Du kannst dich an unserem Eingabefeld orientieren.

Die nächste benötigte Datei ist die Java-SE-Embedded-Laufzeitumgebung, die du bereits in der Version 7 oder Version 8 heruntergeladen hast. Klicke auf den Knopf »JRE« und wähle deinen Speicherort. Falls du die Datei noch nicht heruntergeladen hast, klicke auf den »link« im Text »Click the link to download the EV3 Oracle JRE«. Abschließend startest du den Erstellvorgang, indem du auf den Knopf »Create« klickst. Der Fortschritt wird dir anhand des Balkens und der Prozentangabe angezeigt. Nach erfolgreichem Erstellen erscheint ein Dialog und du kannst die microSD-Karte sicher aus deinem Computer entfernen.

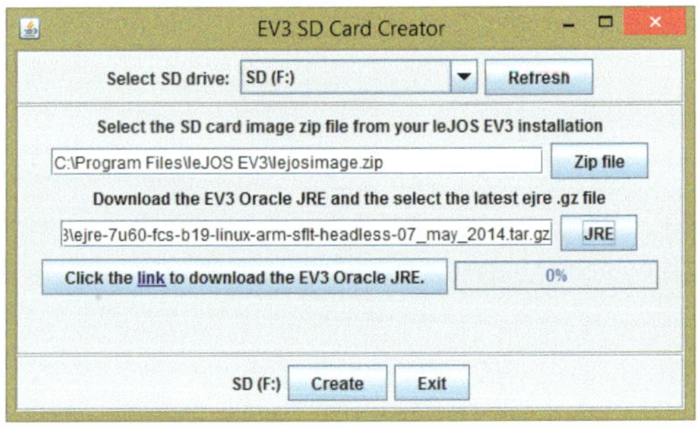

Abb. 2–5 // EV3 SD Card Creator: Erstellen einer leJOS-EV3-Installation auf einer microSD-Karte

1. Lege die microSD-Karte in den ausgeschalteten EV3-Stein ein.
2. Starte wie gewohnt den EV3-Stein. Der initiale Startvorgang dauert diesmal etwas länger. Schließlich startet der EV3-Stein mit dem leJOS-Betriebssystem und zeigt dir ein Menü an.

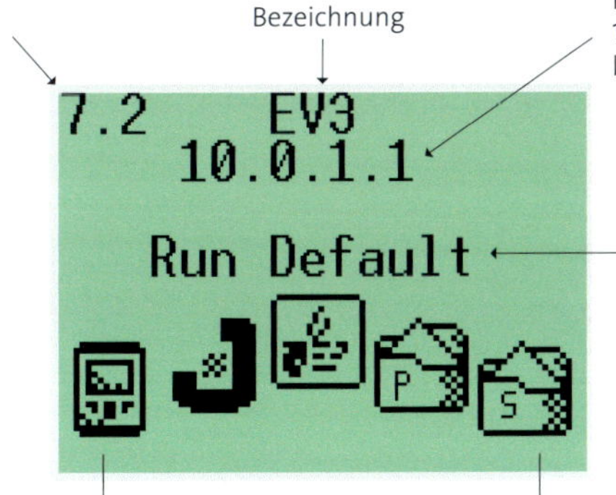

Abb. 2–6 // leJOS-Startmenü

Auf dem Bildschirm (*engl. Display*) wird nach dem Start das Hauptmenü angezeigt, mit »Run Default« (Standardprogramm ausführen) als ausgewähltem Menüpunkt. Zwischen den verschiedenen Menüpunkten kann mit der linken und rechten Taste navigiert werden. Das jeweils mittige Symbol stellt den aktuell angewählten Menüpunkt dar. Um diesen Menüpunkt auszuführen, wird die mittlere Taste gedrückt. Für den Schritt zurück wird die sogenannte Escape-Taste (links oben) verwendet.

An dieser Stelle ist die Einrichtung deiner Programmierumgebung abgeschlossen. Jetzt kannst du anfangen, deine eigenen Projekte zu erstellen. In Kapitel 7 findest du drei unterschiedliche Roboter, an denen du dich orientieren kannst.

3 Einen Roboter entwickeln

Bei Robotik geht es auch um das Verstehen der Interaktion zwischen Mensch und Maschine. Die physische Welt soll auf Prinzipien der Informationstechnik sowie auf eine technisch machbare Kinetik[1] reduziert werden. Das Ziel ist es, Roboter zu bauen und zu programmieren. Hierbei liegt der Fokus auf der Interaktion von Mensch und Maschine.

Von der Idee zum lauffähigen Roboter kann es ein langer Weg sein. Je mehr Aufgaben der Roboter erfüllen soll, desto umfangreicher sind seine Funktionen und entsprechend mehr LEGO-Bausteine werden in eine sinnvolle und zusammenarbeitende Mechanik verbaut. Ebenso komplex kann sich auch die Programmierung gestalten. Damit ihr einen guten Startpunkt findet, haben wir uns einige grundlegende Tipps überlegt und in einem kurzen Fragenkatalog zusammengestellt.

3.1 Herangehensweise an neue Projekte/Roboter

Welche Art von Roboter möchte ich bauen? Stellt euch selbst Fragen wie: Soll der Roboter fahren können? Und falls ja, auf Rädern, Raupenketten und in welche Richtung? Auf welchem Untergrund soll der Roboter fahren? Wir schließen in unseren aktuellen Überlegungen aus, dass der Roboter im Wasser oder auf Schnee und Eis zum Einsatz kommen soll.

Soll der Roboter von der Natur inspiriert ein Abbild eines Tieres sein? Und falls ja, welche Eigenschaften soll er übernehmen?

Möchtet ihr vielleicht ein bekanntes Brett- oder Gesellschaftsspiel mit einer Roboterunterstützung bauen? Zum Beispiel das bekannte Spiel »Vier gewinnt«[2].

1 Der Begriff Kinetik ist ein Teilgebiet der Technischen Mechanik. Er beschreibt die Änderung der Bewegungsgrößen (Ort, Geschwindigkeit und Beschleunigung) unter Einwirkung von Kräften, wobei auch die Masse der bewegten Körper berücksichtigt wird.

2 Siehe: https://de.wikipedia.org/wiki/Vier_gewinnt.

Abstraktion

- Welche Funktionen soll der Roboter erfüllen?
- Welche Funktionen kann der Roboter mit den mir zur Verfügung stehenden Bauteilen erfüllen?
- Welche Handlungen soll der Roboter vollziehen?
- Welchem Ablauf (Programmablauf) sollen die Handlungen folgen? Was kommt wann in welcher Reihenfolge, nacheinander oder auch parallel?
- Zerlegung der Handlungen in Teilabläufe
- Welche Schnittstellen zur Außenwelt (Sensoren/Aktoren und Instanziierung im Programmcode) möchte ich verwenden?
- Schreibe dein Programm als Pseudocode[3] mit kurzen Anweisungen und verwende einfache Beispiele, die zu den Funktionen passen.

3.2 Designmethoden

Es gibt verschiedene Methoden, wie ihr allein, zu zweit oder zu mehreren einen neuen Roboter entwickeln könnt. Nachdem ihr euch zunächst Gedanken darüber gemacht habt, was euer Bot alles können soll, heißt es nun in einem zweiten Schritt, ein entsprechendes Design zu entwerfen. Zunächst bedeutet das für euch, dass ihr Ideen sammeln und bewerten müsst. Eine Methode, von der ihr vielleicht schon einmal gehört habt, ist das klassische Brainstorming. Aber es gibt auch weiter gehende Kreativitätstechniken, wie zum Beispiel das *Design Thinking*, die den gesamten Prozess von der Problemstellung, über die Lösungssuche bis hin zur Umsetzung begleiten (weiterführende Informationen zum *Design Thinking* findet ihr unter https://hpi.de/school-of-design-thinking.html). Wir wollen euch diese Techniken an dieser Stelle nicht im Einzelnen vorstellen, aber dennoch einige Tipps mit auf den Weg geben. Interessanterweise wird bei Schulungen zum *Design Thinking* oftmals auch LEGO verwendet, da LEGO so universell einsetzbar und vielfältig, gleichzeitig aber auch so einfach ist.

---

3 Unter Pseudocode versteht man einen verbalen Schritt-für-Schritt-Entwurf deines Codes, den du nach und nach in eine Programmiersprache umschreiben kannst. Viele Programmierer planen damit ihren Algorithmus, bevor sie an die technische Umsetzung gehen. Pseudocode dient als freie Anleitung und als Werkzeug, um Problemstellungen zu durchdenken. Ebenso wird er als Kommunikationsform verwendet, der dir dabei helfen kann, anderen Personen deine Ideen zu erklären.

Einige wichtige Grundsätze, die ihr beachten solltet, sind:

- Denkt immer vom Problem her, das ihr lösen wollt!
- Je mehr Ideen ihr produziert, umso besser. Auch wenn eine Idee mal nicht umsetzbar ist, könnte sie doch einen guten Ansatz enthalten, der dann weiterentwickelt werden kann. Darum könnt ihr durchaus auch ganz wilde Ideen ins Spiel bringen, von denen ihr eigentlich wisst, dass sie nicht umsetzbar sind.
- Baut bei euren Vorschlägen ruhig auf den Ideen der anderen auf und spinnt sie weiter!
- Scheitern ist in diesem Stadium noch gar kein Problem. Je früher ich eine Sackgasse erkenne, desto besser! »Fail early and often« heißt es im *Design Thinking*! Scheitern ist keine Schande! Ganz im Gegenteil!
- Damit dennoch ein wenig Ordnung herrscht, solltet ihr die anderen jeweils ausreden lassen und die Ideen der anderen auch weder positiv noch negativ bewerten. Ihr solltet auch nicht enttäuscht oder sogar beleidigt sein, falls die anderen eure Idee nicht gut finden.
- Außerdem solltet ihr immer die ursprüngliche Ausgangsproblematik im Kopf haben, für die ihr eine Lösung finden wollt. Bleibt also fokussiert.
- Legt fest, wie viel Zeit ihr euch für das Entwickeln eines Lösungsansatzes nehmen wollt. In der modernen Softwareentwicklung spricht man vom sogenannten *time boxing*. Nur was ihr in diesem vorher definierten Zeitfenster schafft, darf verwendet werden. Die Zeitfenster sollten dabei auch streng eingehalten werden und stellen praktisch zeitliche Grenzen dar.
- *Think visual!* Benutzt ruhig auch mal Stift und Papier, um Lösungen zu entwickeln oder kurz auszuprobieren! Malt, bastelt oder verteilt alle LEGO-Bauteile auf einer Fläche und baut einfach drauflos.
- Ihr werdet sehen, dass diese Kreativphase sehr viel Spaß machen kann, wenn ihr die obigen Grundsätze beachtet!

Im nächsten Kapitel beschreiben wir, mit welchen Softwarewerkzeugen eure kreativen Ideen verwirklicht werden können.

4 Design und Modellierung eines Roboters

4.1 Design – Erstellen einer Bauanleitung

Inhaltsübersicht

- Vorstellen der Programme
- Vorgehen beim Erstellen eines LEGO-Modells
- Beschreibung von Problemen und Tricks
- Arten von Bauanleitung: linear oder mit Komponenten (*engl. parts*)

Hat man einen eigenen neuen Roboter entwickelt, geht man meist schnell zum nächsten Projekt über. Während man das Programm, mit dem ihr den Bot steuert, leicht speichern kann, fällt einem dies beim physischen Roboter schon schwerer. Will man den Roboter einige Zeit später erneut bauen, kommen Fragen wie die folgenden auf: Wie habe ich die Halterung angebracht? Wie waren die Sensoren positioniert? Wie hatte ich das Problem mit dem instabilen Seitenarm nochmal gelöst? In welcher Reihenfolge mussten die Teile montiert werden? Ein Foto, das ihr von eurem tollen Roboter gemacht habt, reicht in der Regel nicht aus, um diese und andere Fragen zu beantworten. Aus den LEGO-Sets kennt ihr alle diese praktischen Schritt-für-Schritt-Anleitungen, die euch dabei helfen, das Set richtig aufzubauen. In diesem Kapitel möchten wir euch zeigen, wie ihr eine solche Bauanleitung selbst erstellen könnt, um eure Roboter zu dokumentieren!

LDraw-Download-Adressen:
All in One Package (ohne LDD):
http://www.ldraw.org/article/104.html
LDD:
http://ldd.lego.com/de-de/

Im Internet gibt es dazu eine Vielzahl an Softwareprogrammen. Wir haben uns für die Programme LDD, MLCad, LDView und LPub3D entschieden. LDraw wird an dieser Stelle als Softwarepaket genannt, da es mit seinem großen Funktionsumfang als Quasistandard für LEGO CAD Programme angesehen wird. Benutzern ist es möglich virtuelle LEGO Modelle und Landschaften zu erstellen. Das

Softwarepaket kann beispielsweise auch für die Dokumentation physikalischer Modelle verwendet werden, oder um Bauanleitungen zu erstellen, die jenen der Firma LEGO ähnlich sind. Des Weiteren können fotorealistische 3D Modelle der virtuellen Modelle erstellt und sogar animiert werden. Die Möglichkeiten erscheinen endlos. Es wird hier nicht auf die Bedienung der einzelnen Programme eingegangen, sondern auf deren relevante Eigenschaften. Die zielgerichtete Kombination der Programme im Zusammenspiel mit einem Texteditor ermöglicht dir den Computer-unterstützten Designprozess (CAD, von *engl. Computer Aided Design*). Das Ablaufdiagramm in Abb. 4–6 auf Seite 45 veranschaulicht diesen Prozess.

Jetzt steht einem erneuten Aufbau eures Roboters nichts mehr im Weg. Oder ihr könnt die Bauanleitung mit euren Freunden teilen, damit sie den Roboter auch bauen können!

LEGO Digital Designer

Der LEGO Digital Designer (LDD) ist eine kostenlose Software zum Erstellen von LEGO-Modellen und Bauteilen die offiziell von LEGO bereitgestellt wird und mit einer eigenen Bibliothek (also nicht mit der LDraw-Bibliothek) arbeitet.

Anders als in MLCad müssen die Teile hier nicht aufwendig manuell zusammengeschoben werden, sondern schnappen automatisch in passende Positionen mit anderen Bauteilen in ihrer Nähe. Die Bauanleitungen sind allerdings kaum zu gebrauchen, da die Reihenfolge der Schritte nicht festlegbar ist.

Das automatische Einschnappen birgt einen Nachteil, denn »überlappende« Bauteile lassen sich hier nicht realisieren. Wenn ein Modell sich also in der Realität aufgrund von Flexibilität im Konstrukt durchaus zusammenbauen lässt, kann dieses in LDD nicht abgebildet werden, da Konstrukte hier nur bedingt flexibel sind. In so einem Fall sollte das Modell so optimal wie möglich in LDD gebaut werden, um anschließend in MLCad vervollständigt werden zu können.

Für LDD gibt es einen Expertenmodus, der zusätzliche LEGO-Bauteile und Funktionen freischaltet. LDD (Format .lxf) verwendet eine eigene Bauteilbibliothek, die nicht mit der LDraw-Bauteilbibliothek kompatibel ist. Beim Export in das LDraw-Format (.ldr) konvertiert es die Bauteilnummern und deren Koordinaten in das LDraw-Format. Zur Konvertierung wird dabei die Datei ldraw.xml verwendet, die standardmäßig nur wenige Bauteile und keine Mindstorms-Komponenten enthält. Wenn LEGO-Teile exportiert werden sollen, die nicht in der Datei hinterlegt sind, werden diese einfach ignoriert. Die Datei lässt sich aber durch eine inoffizielle ldraw.xml ersetzen, die zusätzlich mehr als 1.700 Bauteile konvertieren kann.

Hinweis:

Es ist also möglich, dass beim Export in das LDraw-Format (.ldr) Bauteile verloren gehen, da diese in der LDraw-Bibliothek nicht vorhanden sind oder nicht korrekt konvertiert werden können. Diese werden später nachträglich eingefügt.

Expertenmodus aktivieren

Beende zunächst LDD. Es muss die schreibgeschützte Konfigurationsdatei »preferences.ini« von LDD angepasst werden. Diese befindet sich im Verzeichnis:

Für 64-Bit Windows:

```
C:\Program Files (x86)\LEGO Company\LEGO Digital Designer\
preferences.ini
```

Für 32-Bit Windows:

```
C:\Program Files\LEGO Company\LEGO Digital Designer\preferences.ini
```

Starte zunächst deinen Editor als Administrator (Rechtsklick ⟶ »Als Administrator ausführen«). Unter »Datei ⟶ Öffnen« musst du die Drop-down-Auswahl auf »Alle Dateien« ändern. Anschließend unter dem angegebenen Pfad die »preferences.ini« öffnen und folgende Zeile ans Ende einfügen.

```
ThemeAccess = LDDExtended
```

Nach dem Speichern der Datei stehen dir in LDD nun zusätzliche Teile zur Verfügung.

LDraw-Bauteilbibliothek erweitern

Hierbei ersetzt du die Standard »ldraw.xml« mit einer erweiterten Version, welche von verschiedenen Nutzern der Lego-Community bereitgestellt werden. Eine davon findest du unter folgendem Link:

```
https://www.eurobricks.com/forum/index.php?/forums/topic/137193-more-
up-to-date-ldrawxml-lddldraw-conversion-file/&page=1
```

Im Forenbeitrag sind sehr viele nützliche und hilfreiche Informationen vorhanden. Die Datei findest du aber gleich am Anfang.

Öffne die lokale »ldraw.xml« wie du auch oben die »preferences.ini« geöffnet hast und ersetze ihren Inhalt mit dem der heruntergeladenen »ldraw.xml«. Du findest die lokale Datei im selben Verzeichnis wie auch die »preferences.ini« oben.

WICHTIG:

Zum Speichern benutzt du »Datei ⟶ Speichern unter...« In der Codierungs-Drop-down-Auswahl wählst du »UTF-8«. Nur so wird die Datei im richtigen Format abgespeichert.

Anschließend werden die zusätzlichen Bauteile exportiert.

Beispiele für den fehlerhaften Export von lxf nach ldr und wie dies behoben werden kann:

- Problem: EV3-Motoren werden in zwei Komponenten exportiert.
- Lösung: Im Texteditor in der LDR-Datei nach 99550c01.dat suchen und durch 95658.dat ersetzen. Danach löschen der Zeilen, in denen der Eintrag 54725c01.dat vorkommt.
- Problem: Der Drucksensor wird in zwei Komponenten exportiert.
- Lösung: Im Texteditor in der LDR-Datei nach 99385c01.dat suchen und durch 95648.dat ersetzen. Danach löschen der Zeilen, in denen der Eintrag 99386.dat vorkommt.

Wichtig:

In LDD sollten keine Gruppen gebildet werden, da diese von den anderen Programmen nicht erkannt werden können und die Datei somit unbrauchbar würde. Dazu verwenden wir im nächsten Schritt MLCad.

Wenn das Modell, so weit wie möglich, fertiggestellt ist, wird es in das ldr-Dateiformat exportiert. Anschließend wird es mit MLCad weiterverarbeitet. Zu beachten ist, dass man ab diesem Schritt das Modell nicht mehr mit LDD bearbeiten kann. Das Modell sollte also jetzt schon so aussehen, wie es am Ende in der Anleitung abgebildet werden soll. Änderungen mit MLCad durchzuführen ist wesentlich aufwendiger. Falls man also Teile in MLCad positionieren muss, weil sie in LDD nicht in die richtige Position gebracht werden können, empfiehlt es sich, diese zuvor in LDD einfach neben das Modell zu legen.

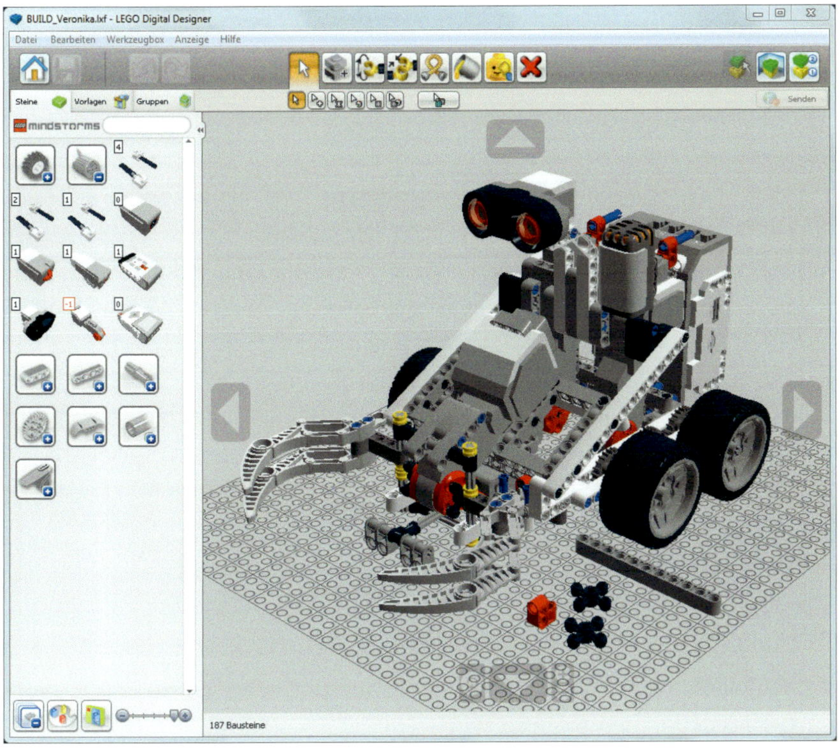

Abb. 4–1 // Designentwurf des Bots Veronika mit der Software LDD

MLCad

Mit MLCad lassen sich Modelle erstellen und bearbeiten. Die Software arbeitet dabei mit Koordinaten und hat keine automatische Ausrichtfunktion am nächstgelegenen Objekt. Hier hat LDD einen Vorteil.

Zunächst sollen, falls notwendig, fehlende Bauteile, die beim Export von LDD verloren gegangen sind oder dort nicht positioniert werden konnten, eingefügt werden. Dabei kann nach der Bauteilnummer oder nach einen Namen gesucht werden.

Bauteile einfügen: Neue Teile lassen sich mit Rechtsklick in die Bauteilliste einfügen ⟶ Suchen nach Name und Bauteilnummer. Anschließend können diese einfach in eine der 2D-Ansichten gezogen und positioniert werden (Drag & Drop).

Bauteile positionieren: In den 2D-Ansichten lassen sich Bauteile einfach mit der Maus verschieben. Das ist bequem, aber oft zu ungenau. Zum Feinjustieren kann man die Bauteile mit den Buttons in der Menüleiste je um wenige Einheiten in eine Richtung verschieben. Das geht auch mit den Pfeiltasten, dann allerdings nur auf den zwei Achsen des aktuell gewählten Koordinatenfensters. Die Rasterung lässt sich in der Menüleiste auch auf sehr fein stellen, falls notwendig.

Bauteile drehen: Es ist möglich, Bauteile mithilfe der Buttons in der Menüleiste oder durch das Tastenkürzel Strg+Pfeiltaste je um eine Achse zu drehen.

Bauteile einfärben: Bauteile können neu eingefärbt werden mit Rechtsklick auf das Bauteil.

Wenn alle fehlenden Bauteile eingefügt wurden, gibt es zwei Möglichkeiten:

1. Falls das Modell nicht in Baugruppen unterteilt werden soll, sollten jetzt die einzelnen Schritte für die Bauanleitung eingefügt werden. Wie das funktioniert, erklären wir in einem Abschnitt weiter unten.
2. Falls das Modell in verschiedene Baugruppen (Untermodelle) unterteilt werden soll, werden zuerst die Baugruppen in Form von Untermodellen erstellt, bevor die Schritte eingefügt werden.

Neues Modell erstellen: Im Menüpunkt Multipart ⟶ Neues Modell lässt sich ein neues Modell erstellen. Es öffnet sich ein Fenster, in das du den Modellnamen und die Beschreibung eingeben kannst. Dann öffnet sich eine neue leere Ansicht.

Wichtig:

Der Modellnamen sollte so kurz wie möglich gewählt werden. Bei zu langen Namen kann LPub3D später keine oder nur fehlerhafte Anleitungen produzieren.

Ansicht des Modells wechseln: Im Fenster »Aktives Modell« findest du direkt hinter der Bezeichnung »Aktives Modell:« ein Drop-down-Menü, bei dem du die einzelnen Modelle auswählen kannst.

Bauteile in das Modell einfügen: Um Bauteile zum Modell hinzuzufügen, wechselst du zunächst wieder zurück in das oberste/erste Modell. Du siehst wieder dein vollständiges Projekt. Jetzt markierst du in beiden 2D-Ansichten so viele Teile wie möglich, die zu einem Untermodell zusammengefasst werden sollen. Am besten geht das, indem du die Taste Strg gedrückt hältst und dann die Bauteile anklickst (Multiselect). Anschließend werden diese ausgeschnitten (Strg + x). Wähle jetzt im Drop-down-Menü das Untermodell aus und füge es dort ein (Strg + v). Die Teile erscheinen in ihrem neuen Untermodell. Wiederhole diese Schritte, bis du alle Teile aus dem Hauptmodell in das Untermodell verschoben hast. Erstelle so viele Untermodelle wie nötig, bis das Hauptmodell leer ist, also alle Bauteile in Baugruppen aufgeteilt wurden.

Du hast jetzt Baugruppen, die du einfach in andere Modelle einfügen kannst. Es ist also möglich, dass du die einzelnen Baugruppen schrittweise in verschiedene Modelle oder alle auf einmal in einem neuen Gesamtmodell integrieren kannst.

Baugruppen in andere Modelle einfügen: Im linken Bereich kannst du verschiedene Kategorien auswählen. Unter dem Menüpunkt »Document« auf der linken Seite in MLCab findest du alle Baugruppen. Zusätzlich werden diese in einer Ansicht darunter angezeigt. Ziehe jetzt Baugruppen aus der Liste oder der Ansicht einfach in dein Modell. Anschließend positionierst du alle Baugruppen so, wie sie zusammengebaut werden sollen.

Wenn du die Schritte befolgt hast, sieht dein Gesamtprojekt folgendermaßen aus: Dein erstes Modell ist komplett leer. Nachfolgend gibt es die einzelnen Baugruppen in je einem Modell, die miteinander verbaut werden, und im letzten Modell befindet sich die Endmontage, also dein zusammengebautes LEGO-Modell.

Tipp:

Verschiebe nicht die Teile während des gesamten Modellierungsphase, also dem Auseinanderbauen und Wiederzusammenfügen. Die Koordinaten bleiben beim Unterteilen in Baugruppen stets unverändert. Wenn du dein Hauptmodell wieder zusammensetzt, sind die Bauteile an exakt der Stelle, an der sie zuvor entfernt/ausgeschnitten wurden. Es ist also keine weitere Anpassung nötig.

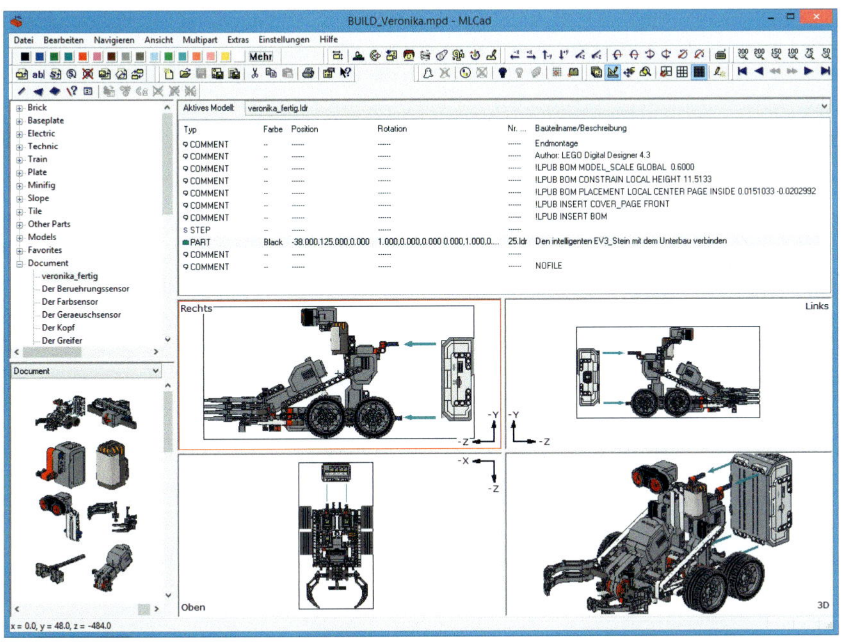

Abb. 4–2 // Modellierung der Baugruppen von Veronika mit der Software MLCad

Wichtig:

Im ersten Modell muss dein endmontierter Roboter als einzelnes Modell eingefügt werden. Ziehe also im ersten Modell einfach das endmontierte Modell aus der Brick-Ansicht links in in die Ansicht hinüber.

Sobald du Baugruppen/Untermodelle anlegst, ändert sich die Endung deiner Datei von .ldr in .mpd (Dateityp für Multipart Documents). Für unser weiteres Vorgehen ist dies allerdings nicht von besonderer Bedeutung.

Schrittfolge einbauen: Nun kannst du die einzelnen Steps (engl. für Schritte) in dein Modell oder deine Baugruppen einfügen, falls diese aus mehreren logischen Abschnitten bestehen, die nur schrittweise zusammengebaut werden sollen. Dazu öffnest du das Modell über die Auswahl »Aktives Modell« und fügst mittels Rechtsklick in die Bauteilliste ⟶ Einfügen... ⟶ Schritt einen neuen Step ein. Die Bauteilliste ist das zentrale Fenster unterhalb der Menüleiste. Du kannst die Bauteile in der Reihenfolge beliebig verschieben (Drag & Drop, Rückgängig machen mit Strg + z) und beliebig viele Steps einfügen. In der Reihenfolge der Steps von oben nach unten wird später auch dein Modell zusammengebaut.

Wenn du dein Modell mithilfe von MLCad wieder vervollständigt, Untermodelle erstellt und Schritte eingefügt hast, kann im nächsten Arbeitsschritt die Bauanleitung erstellt werden.

LDView

LDView ist ein Echtzeit-3D-Viewer für die Anzeige von LDraw-Modellen mit hardwarebeschleunigten 3D-Grafiken. Das Programm kann sowohl ldr-Dateien als auch mpd-Dateien lesen. Die einfache Bedienung mit der Maus ermöglicht es, ein Modell um jeden Winkel zu drehen oder hineinzuzoomen. Für die Anzeige komplexer Modelle wird dringend ein schneller Computer oder eine Videokarte mit T & L-Unterstützung (Transform & Lighting) empfohlen. Es ist im Softwaregesamtpaket LDraw enthalten.

Tipp:

Verwende LDView zur Überprüfung deines Modells, seiner Untermodelle (Baugruppen) und deren Schrittfolge. Hierzu startest du das Programm einfach parallel zum Programm MLCad. Änderungen am Modell in MLCad werden direkt nach dem Speichern durch ein Dialogfenster in LDView signalisiert.

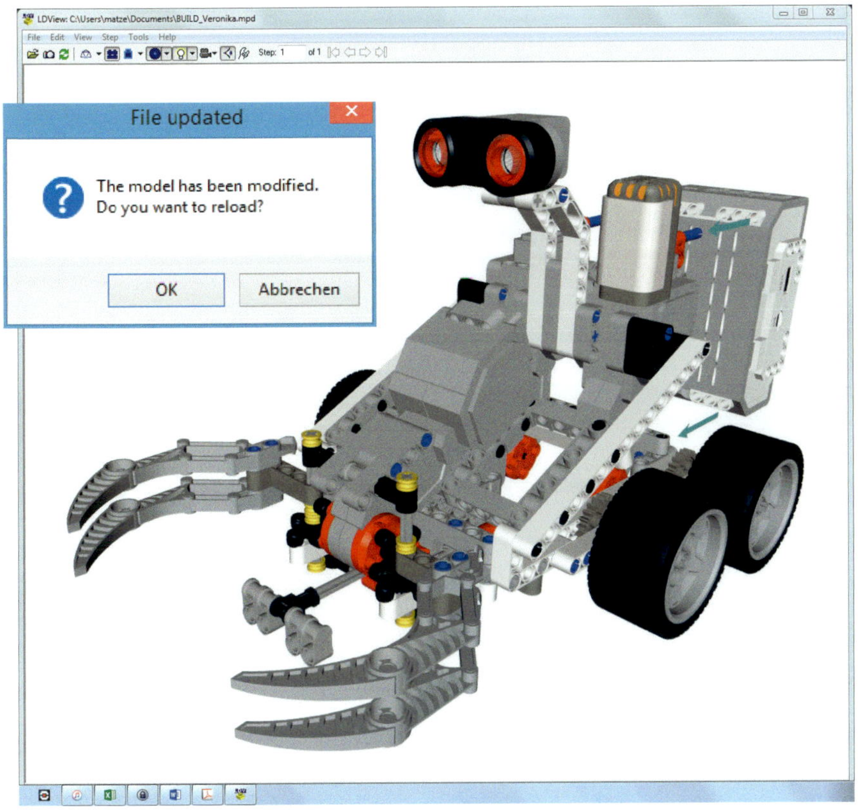

Abb. 4–3 // 3D-Ansicht der Veronika

LPub3D

LPub3D ist ein Open-Source-Programm, das zum Erstellen und Design von LEGO-Bauanleitungen entwickelt wurde. Es benutzt dabei ebenfalls die LDraw-Bibliothek und kann das LDR- und MPD-Dateiformat lesen.

Wenn du deine Projektdatei öffnest, wird LPub3D zunächst alle Anleitungsschritte berechnen und dazu im Verzeichnis deiner Projektdatei einen eigenen Ordner anlegen. Dies kann je nach Projekt und Hardware einige Zeit in Anspruch nehmen. Anschließend kann man die generierte Bauanleitung Seite für Seite »durchblättern« und, falls erforderlich, Änderungen direkt am Code vornehmen.

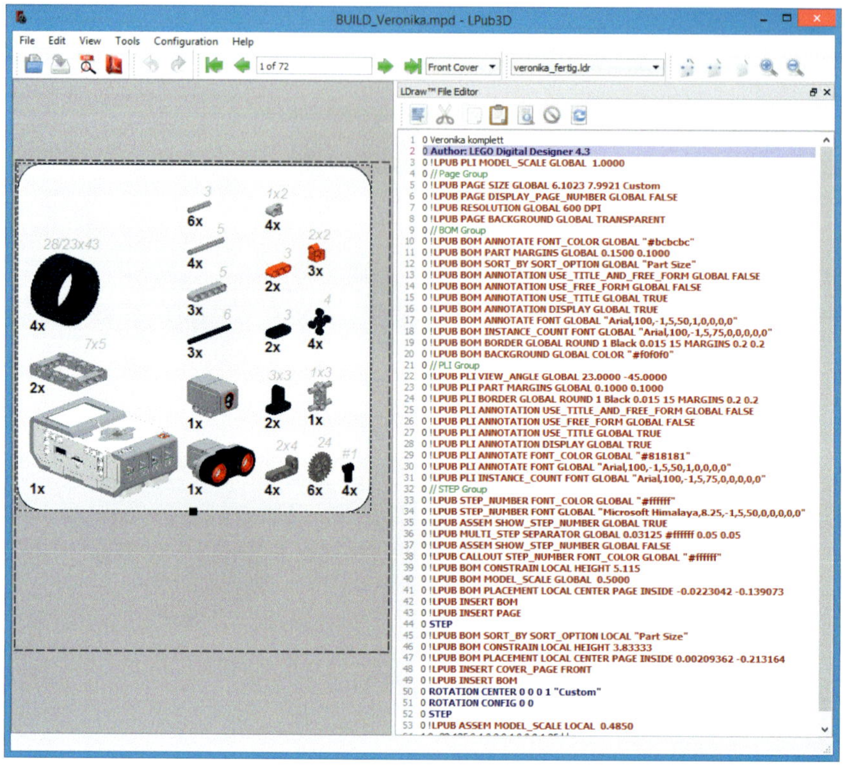

Abb. 4–4 // Veronikas Bauanleitung bei der Fertigstellung mit LPub3D

Tipp:

Um bei der Durchsicht der Schritte Zeit zu sparen, empfehlen wir dir, alle Schritte zu exportieren (Menü: Datei ⟶ Export ⟶ PNG). Dabei werden automatisch alle Bauteile gerendert. Nun können die Bilder mit einer bevorzugten Bildbetrachtungssoftware geöffnet werden, um mögliche Fehler zu finden und anschließend nur diese in LPub3D aufzurufen und zu bearbeiten. Der Export generiert Dateinamen, die die Seite in der Bauanleitung beinhalten.

Bauteilübersicht (engl. Bill of Material, kurz BOM): Um eine Übersicht über alle benötigten Teile einzufügen, wird zunächst eine Deckblatt benötigt (Menü: Edit ⟶ Insert Front Cover Page). Anschließend kann man darauf die Bauteilübersicht (Menü: Edit ⟶ Add Bill of Materials) einfügen.

LPub3D bietet viele Funktionen, um die Anleitung nach Bedarf und Belieben anzupassen. Man kann zum Beispiel mehrere Schritte auf einer Seite zusammenfassen. Außerdem ist es möglich, diverse Formatierungen vorzunehmen: Seitenlayout, Schriftgröße, Schriftart und Farbgestaltung. Diese können alle sehr intuitiv

in der grafischen Oberfläche gefunden werden. Darum werden wir hier nicht weiter auf diese Formatierungsmöglichkeiten eingehen.
An dieser Stelle möchten wir »versteckte« Funktionen von MLCad beschreiben, die man über die grafische Oberfläche nicht erreichen kann. Dazu ist es nötig, den Code der Datei direkt zu bearbeiten. Diesen kannst du dir direkt in LPub3D parallel zu deiner Anleitung anzeigen lassen (View ⟶ LDraw File Editor).

Schritte einfügen: Angenommen, es sollen Schritte in der Bauanleitung verändert werden. Schritte werden im Code mit dem Befehl `0 STEP` unterteilt. Hier kannst du zwischen Bauteilen einfach neue Schritte einfügen, indem du den `0 STEP`-Befehl dazwischenschiebst. Es ist außerdem möglich, die Reihenfolge der Bauteile einfach zu verändern, indem Zeilen verschoben werden. Es ist auch erlaubt, Schritte zu entfernen.

Bauteil drehen: Manchmal sind Schritte nicht richtig sichtbar, da die Modellansicht nicht passend ist. Um das zu ändern, kann das Bauteil gedreht werden. Genau genommen kann man einzelne Schritte drehen. Dazu fügt man nach dem betreffenden `0 STEP`-Befehl den Befehl `0 ROTSTEP x y z REL` ein. `X, Y` und `Z` geben dabei die Drehung um die jeweilige Achse in Grad an. Zu beachten ist, dass die Ansicht für alle nachfolgenden Schritte dieses Modells gedreht ist. Im Folgeschritt muss also, sofern nötig, die Ansicht wieder zurückgedreht/gesetzt werden. Dies geschieht mit dem Befehl `0 ROTSTEP 0 0 0 REL`. Weitere Informationen findest du beispielsweise in Onlineforen, die wir in unseren Ressourcen aufgelistet haben.

Tipp:

Falls du mehrere Bauanleitungen erstellst, wirst du möglicherweise feststellen, dass sich die Darstellung der Bauteile in den exportierten Dateien anhand ihrer Größe unterscheiden. Deutlich wird dies bei der Bauteilübersicht BOM. Ein Lösungsweg besteht darin, einen Vergleichsmaßstab herzustellen. Füge in jedes deiner Modelle dasselbe Bauteil ein, zum Beispiel einen Technic-Träger der Länge 15. Dieses Bauteil muss nicht Bestandteil deines Roboters sein. Eine andere Möglichkeit wäre, für LPub3D einheitliche Anweisungen festzulegen, wie die Erstellung des Seitenlayouts, die Darstellung der Bauteile und der BOM zu erfolgen hat.

Damit die Produktionsanweisungen bei jedem deiner Projekte einheitlich gestaltet sind, haben wir uns einige Gedanken dazu gemacht. Als Ergebnis findest du hier den Code, den wir für die Bauanleitungen in diesem Buch verwendet haben:

Listing 4–1 // Produktionsanweisungen in LPub3D

Listing von Produktionsanweisungen in LPub3D

```
0 !LPUB PLI MODEL_SCALE GLOBAL  1.0000
0 // Page Group
0 !LPUB PAGE SIZE GLOBAL 6.1023 7.9921 Custom
0 !LPUB PAGE DISPLAY_PAGE_NUMBER GLOBAL FALSE
0 !LPUB RESOLUTION GLOBAL 600 DPI
0 !LPUB PLI  BACKGROUND GLOBAL TRANSPARENT
0 // BOM Group
0 !LPUB PLI  ANNOTATE FONT_COLOR GLOBAL "#bcbcbc"
0 !LPUB PLI  PART MARGINS GLOBAL 0.1500 0.1000
0 !LPUB PLI  SORT_BY SORT_OPTION GLOBAL "Part Size"
0 !LPUB PLI  ANNOTATION USE_TITLE_AND_FREE_FORM GLOBAL FALSE
0 !LPUB PLI  ANNOTATION USE_FREE_FORM GLOBAL FALSE
0 !LPUB PLI  ANNOTATION USE_TITLE GLOBAL TRUE
0 !LPUB PLI  ANNOTATION DISPLAY GLOBAL TRUE
0 !LPUB PLI  ANNOTATE FONT GLOBAL "Arial,100,-1,5,50,1,0,0,0,0"
0 !LPUB PLI  INSTANCE_COUNT FONT GLOBAL "Arial,100,-1,5,75,0,0,0,0,0"
0 !LPUB PLI  BORDER GLOBAL ROUND 1 Black 0.015 15 MARGINS 0.2 0.2
0 !LPUB PLI  BACKGROUND GLOBAL COLOR "#f0f0f0"
0 // PLI Group
0 !LPUB PLI  VIEW_ANGLE GLOBAL 23.0000 -45.0000
0 !LPUB PLI  PART MARGINS GLOBAL 0.1000 0.1000
0 !LPUB PLI  BORDER GLOBAL ROUND 1 Black 0.015 15 MARGINS 0.2 0.2
0 !LPUB PLI  ANNOTATION USE_TITLE_AND_FREE_FORM GLOBAL FALSE
0 !LPUB PLI  ANNOTATION USE_FREE_FORM GLOBAL FALSE
0 !LPUB PLI  ANNOTATION USE_TITLE GLOBAL TRUE
0 !LPUB PLI  ANNOTATION DISPLAY GLOBAL TRUE
0 !LPUB PLI  ANNOTATE FONT_COLOR GLOBAL "#818181"
0 !LPUB PLI  ANNOTATE FONT GLOBAL "Arial,100,-1,5,50,1,0,0,0,0"
0 !LPUB PLI INSTANCE_COUNT FONT GLOBAL "Arial,100,-1,5,75,0,0,0,0,0"
0 // STEP Group
0 !LPUB STEP_NUMBER FONT_COLOR GLOBAL "#ffffff"
0 !LPUB STEP_NUMBER FONT GLOBAL "Microsoft Himala-
ya,8.25,-1,5,50,0,0,0,0,0"
0 !LPUB ASSEM SHOW_STEP_NUMBER GLOBAL TRUE
0 !LPUB MULTI_STEP SEPARATOR GLOBAL 0.03125 #ffffff 0.05 0.05
0 !LPUB ASSEM SHOW_STEP_NUMBER GLOBAL FALSE
0 !LPUB CALLOUT STEP_NUMBER FONT_COLOR GLOBAL "#ffffff"
0 !LPUB BOM CONSTRAIN LOCAL HEIGHT 5.115
```

```
0 !LPUB BOM MODEL_SCALE GLOBAL 0.5000
0 !LPUB BOM PLACEMENT LOCAL CENTER PAGE INSIDE -0.0223042 -0.139073
0 !LPUB INSERT BOM
0 !LPUB INSERT PAGE
0 STEP
0 !LPUB BOM SORT_BY SORT_OPTION LOCAL "Part Size"
0 !LPUB BOM CONSTRAIN LOCAL HEIGHT 3.83333
0 !LPUB BOM PLACEMENT LOCAL CENTER PAGE INSIDE 0.00209362 -0.213164
0 !LPUB INSERT COVER_PAGE FRONT
0 !LPUB INSERT BOM
0 ROTATION CENTER 0 0 0 1 "Custom"
0 ROTATION CONFIG 0 0
0 STEP
0 !LPUB ASSEM MODEL_SCALE LOCAL 0.4850
```

Legende

`0 // <Kommentar>`	Kommentartext, der von keinem der CAD Programme verarbeitet wird.
`0 !LPUB`	Nachfolgende Anweisung wird von LPub3D verarbeitet.
`0 <Anweisung>`	Nachfolgende Anweisung wird von MLCad interpretiert.
`PAGE`	Nachfolgende Anweisung verändert die Eigenschaft der Bauanleitungsseite.
`BOM`	Nachfolgende Anweisung verändert die Darstellung der Stückliste.
`PLI`	Nachfolgende Anweisung verändert die Darstellung der Bauteilübersicht auf Bauanleitungsseite.

Wichtige Codezeilen

`0 !LPUB PAGE SIZE GLOBAL 6.1023 7.9921 Custom`

Beschreibt das Seitenmaß in Zoll. 1 Zoll entspricht 2,54 cm.

`0 !LPUB RESOLUTION GLOBAL 600 DPI`

DPI = dots per inch (englisch für Punkte pro Zoll), beschreibt die Bildauflösung der Bauanleitung. Je höher der DPI-Wert, desto länger dauert die Berechnung der Bilddateien.

`0 !LPUB PLI MODEL_SCALE GLOBAL  0.5000`

Legt den Maßstab fest, in dem die BOM skaliert wird. Dies ist vor allem bei großen BOMs wichtig. Ansonsten können BOMs auf mehrere Seiten aufgeteilt werden. Anweisung in LPub3D: Split BOM.

Illustration der CAD-Prozessschritte

Um einen besseren Überblick über die Arbeitsschritte zu erhalten, haben wir alle verwendeten Softwarewerkzeuge und deren Exportdatei in einer Darstellung zusammengefasst. Ausgehend vom ersten Designentwurf in LDD erfolgt die Arbeitsweise in Pfeilrichtung. Falls Anpassungen an der CAD-Datei notwendig sind, kannst du die LDR- bzw. MPD-Datei in deinem bevorzugten Texteditor bearbeiten.

Abb. 4–5 // CAD-Prozessschritte bei der Erstellung von LEGO-Modellen

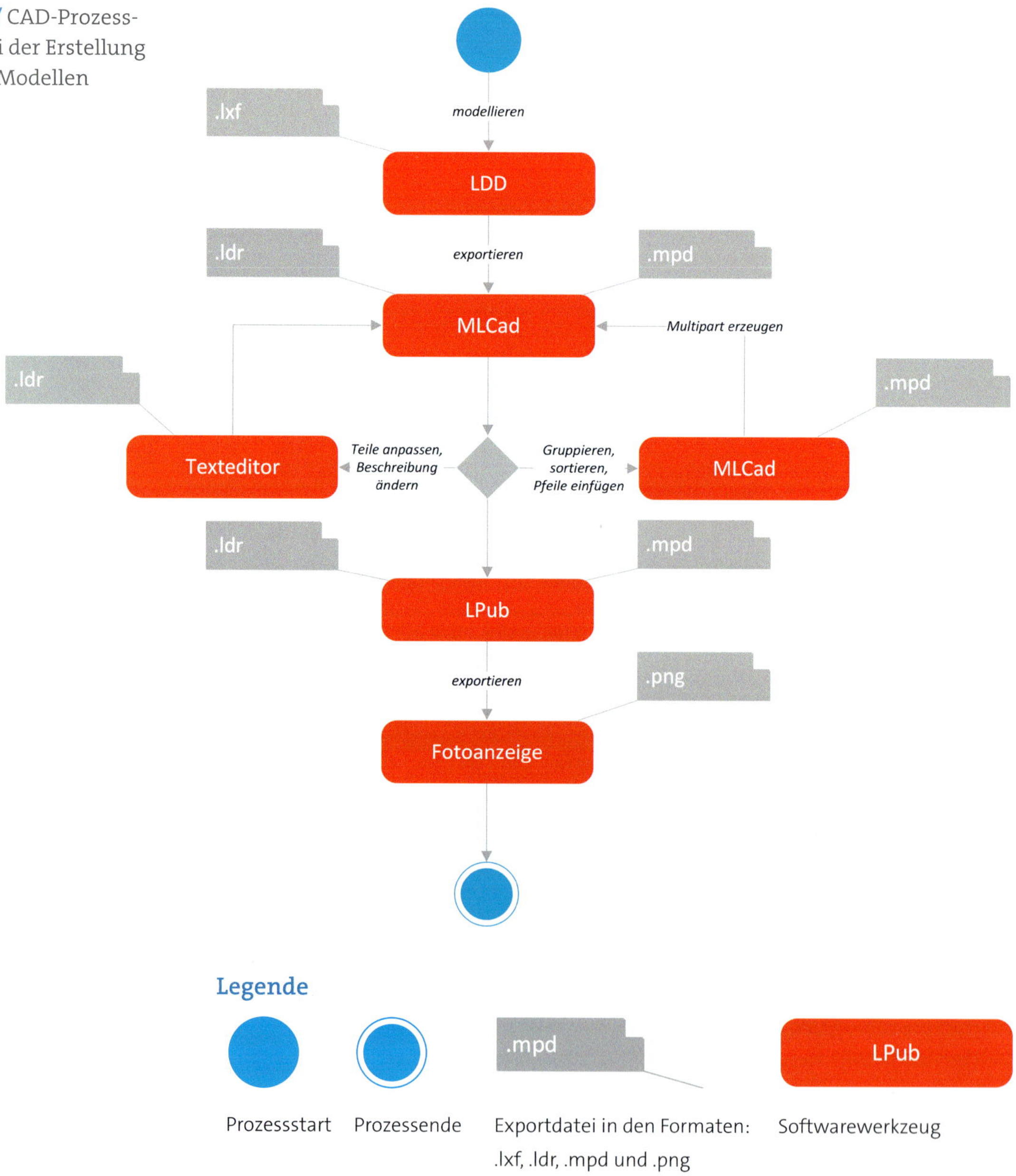

4.2 Erstellen von Stücklisten

Zu einer vollständigen Dokumentation eines Roboter-Projektes gehört auch immer eine Stückliste, wir sprechen hier häufig von der BOM (engl. für Bill of Materials). Diese kann auf Basis deiner bisherigen Arbeit mithilfe der unterschiedlichen CAD-Werkzeuge erstellt, werden, die du schon kennengelernt hast. Wir stellen dir die Möglichkeiten im Einzelnen vor.

LDD

`Menü ⟶ Datei ⟶ Export BOM (Strg+B)`

Die Software generiert eine sauber aufgebaute XLSX-Datei, die z. B. mit MS Excel geöffnet werden kann.

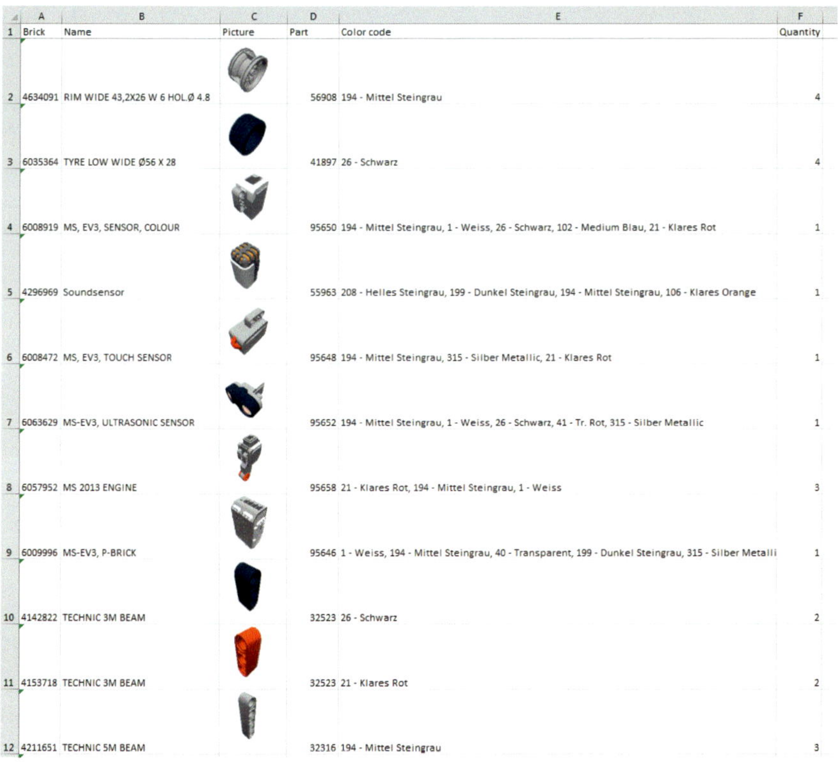

	A	B	C	D	E	F
1	Brick	Name	Picture	Part	Color code	Quantity
2	4634091	RIM WIDE 43,2X26 W 6 HOL.Ø 4.8		56908	194 - Mittel Steingrau	4
3	6035364	TYRE LOW WIDE Ø56 X 28		41897	26 - Schwarz	4
4	6008919	MS, EV3, SENSOR, COLOUR		95650	194 - Mittel Steingrau, 1 - Weiss, 26 - Schwarz, 102 - Medium Blau, 21 - Klares Rot	1
5	4296969	Soundsensor		55963	208 - Helles Steingrau, 199 - Dunkel Steingrau, 194 - Mittel Steingrau, 106 - Klares Orange	1
6	6008472	MS, EV3, TOUCH SENSOR		95648	194 - Mittel Steingrau, 315 - Silber Metallic, 21 - Klares Rot	1
7	6063629	MS-EV3, ULTRASONIC SENSOR		95652	194 - Mittel Steingrau, 1 - Weiss, 26 - Schwarz, 41 - Tr. Rot, 315 - Silber Metallic	1
8	6057952	MS 2013 ENGINE		95658	21 - Klares Rot, 194 - Mittel Steingrau, 1 - Weiss	3
9	6009996	MS-EV3, P-BRICK		95646	1 - Weiss, 194 - Mittel Steingrau, 40 - Transparent, 199 - Dunkel Steingrau, 315 - Silber Metalli	1
10	4142822	TECHNIC 3M BEAM		32523	26 - Schwarz	2
11	4153718	TECHNIC 3M BEAM		32523	21 - Klares Rot	2
12	4211651	TECHNIC 5M BEAM		32316	194 - Mittel Steingrau	3

Abb. 4–6 // BOM für Veronika, erstellt mit LDD über die Funktion »Export BOM«

Alternativ kann eine Bauteilliste auch über den Bauanleitungsmodus generiert werden:

`Menü ⟶ Anzeige ⟶ Bauanleitungsmodus (F7) ⟶ Button HTML`

Die Software generiert eine statische Website, die du an einem beliebigen Ort speichern kannst. Öffne die Website mit einem Browser und navigiere mit den Pfeiltasten zur letzten Seite. Dort werden dir alle verwendeten Bauteile angezeigt. Die Darstellung beinhaltet die Anzahl, die grafische Darstellung, die LEGO-Element-ID sowie die englische Beschreibung der Bauteile mit deutscher Bezeichnung der Farbe. Am Beispiel unseres Bots Veronika würde die BOM ausschnittsweise so aussehen:

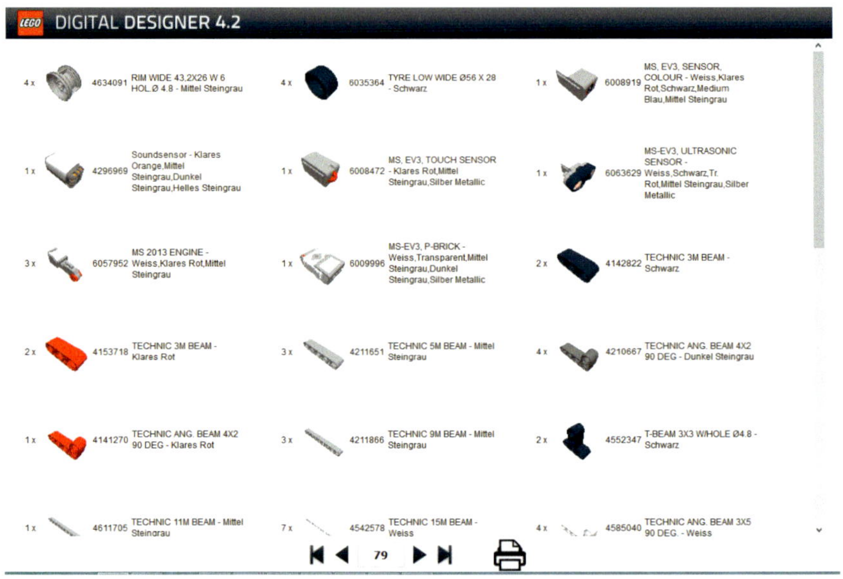

Abb. 4–7 // BOM für Veronika, erstellt mit LDD über den Bauanleitungsmodus

MLCad

`Menü` ⟶ `Extras` ⟶ `Reporte` ⟶ `Bauteile…`
oder
`Menü` ⟶ `Datei` ⟶ `Speichern Bauteilliste…`
In beiden Fällen danach Checkbox »`Bausteine pro Schritt`« und »`Untermodelle`« ausgewählt, dann: ⟶ `Speicherort wählen` ⟶ `MLCad_BOM_Veronika.txt`

Die Software generiert eine Textdatei, die du an einem beliebigen Ort speichern kannst. Am Beispiel unseres Bots Veronika würde die BOM ausschnittsweise so aussehen:

```
Modell: Endmontage (veronika_fertig.ldr)
Schritt   Nr. Farbe      Nr. Bauteil  Bauteilname
------------------------------------------------------------------------------
    1      1 Black      25.ldr       Den intelligenten EV3_Stein mit dem Unterbau verbinden

Modell: Der Beruehrungssensor (01.ldr)
Schritt   Nr. Farbe      Nr. Bauteil  Bauteilname
------------------------------------------------------------------------------
    1      1 Light_Bluish_Gray 95648.dat    Electric Mindstorms EV3 Touch Sensor
    2      1 Light_Bluish_Gray 55615.dat    Technic Pin Connector Perpendicular  3 x  3 Bent 90
with 4 Pins
    3      1 Light_Bluish_Gray 48989.dat    Technic Cross Block 1 x 3 (Pin/Pin/Pin) with 4 Pins
    4      1 Light_Bluish_Gray 40490.dat    Technic Beam  9
    5      2 Dark_Bluish_Gray 32140.dat    Technic Beam  2 x  4 Liftarm Bent 90
    5      2 Blue        6558.dat     Technic Pin Long with Friction and Slot
    5      2 Black       2780.dat     Technic Pin with Friction and Slots

Modell: Der Farbsensor (02.ldr)
Schritt   Nr. Farbe      Nr. Bauteil  Bauteilname
------------------------------------------------------------------------------
    1      1 Light_Bluish_Gray 95650.dat    Electric Mindstorms EV3 Color Sensor
    2      2 Blue        43093.dat    Technic Axle Pin with Friction
    2      1 Black       2780.dat     Technic Pin with Friction and Slots
    3      1 Red         32140.dat    Technic Beam  2 x  4 Liftarm Bent 90
    3      2 Black       2780.dat     Technic Pin with Friction and Slots
```

Listing 4–2 // Ausschnitt aus der BOM, wie sie von MLCad generiert wird.

Die Weiterverarbeitung kann beispielsweise mit einem Textverarbeitungswerkzeug deiner Wahl erfolgen.

LDView

Menü ⟶ `Tools` ⟶ `Parts List...`

Wähle passende Optionen:

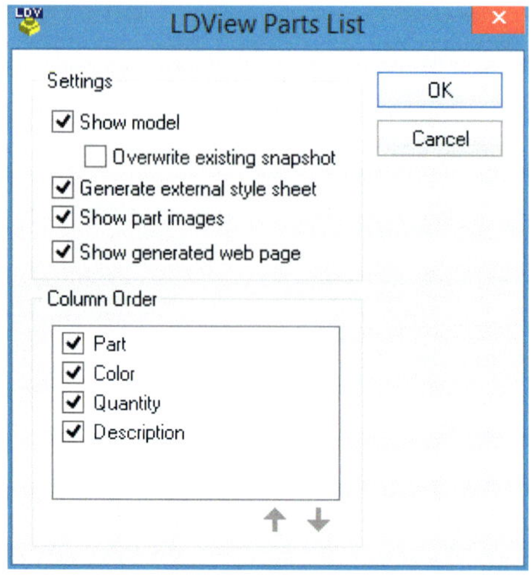

Abb. 4–8 // Bauteilliste mit LDView erstellen – wähle deine passenden Optionen.

Die Software generiert eine statische Website, die du an einem beliebigen Ort speichern kannst. Öffne die Website mit einem Browser. Dort werden dir alle verwendeten Bauteile angezeigt. Die Darstellung beinhaltet u.a. die grafische Darstellung, die LEGO-Element-ID, den LEGO-Farbcode, die Anzahl sowie die englische Beschreibung der Bauteile. Am Beispiel unseres Bots Veronika würde die BOM ausschnittsweise so aussehen:

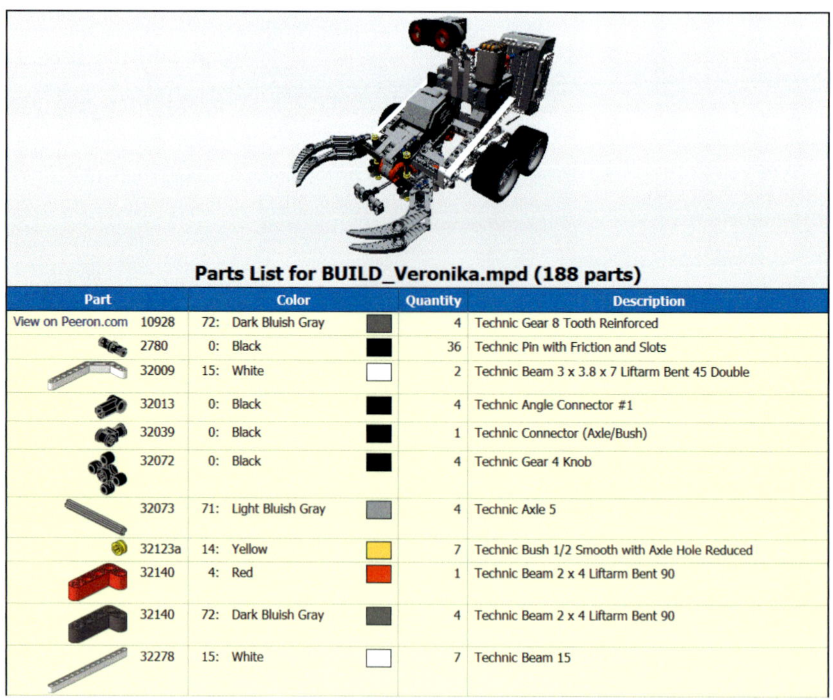

Parts List for BUILD_Veronika.mpd (188 parts)

Part		Color			Quantity	Description
View on Peeron.com	10928	72:	Dark Bluish Gray		4	Technic Gear 8 Tooth Reinforced
	2780	0:	Black		36	Technic Pin with Friction and Slots
	32009	15:	White		2	Technic Beam 3 x 3.8 x 7 Liftarm Bent 45 Double
	32013	0:	Black		4	Technic Angle Connector #1
	32039	0:	Black		1	Technic Connector (Axle/Bush)
	32072	0:	Black		4	Technic Gear 4 Knob
	32073	71:	Light Bluish Gray		4	Technic Axle 5
	32123a	14:	Yellow		7	Technic Bush 1/2 Smooth with Axle Hole Reduced
	32140	4:	Red		1	Technic Beam 2 x 4 Liftarm Bent 90
	32140	72:	Dark Bluish Gray		4	Technic Beam 2 x 4 Liftarm Bent 90
	32278	15:	White		7	Technic Beam 15

Abb. 4–9 // LDView generiert die BOM als statische Website.

LPub3D

In der Software LPub öffnest du die MPD- oder LDR-Datei deines Modells. Anschließend ergänzt du die Datei um eine neue Seite und fügst die BOM hinzu. Am Beispiel Veronika sieht das folgendermaßen aus:

```
Menü ⟶ Insert Front Cover Page
Menü ⟶ Add Bill of Materials
```

Die Darstellung der BOM kannst du im Menü unter `Configuration ⟶ Bill of Material Setup` anpassen. Diese Einstellungen werden in der Codeansicht angezeigt sowie jede weiter Änderung.

In Kapitel 4.1 findest du unsere Mustervorlage (siehe Listing 4–1). Am Beispiel unseres Bots Veronika würde die BOM ausschnittsweise so aussehen:

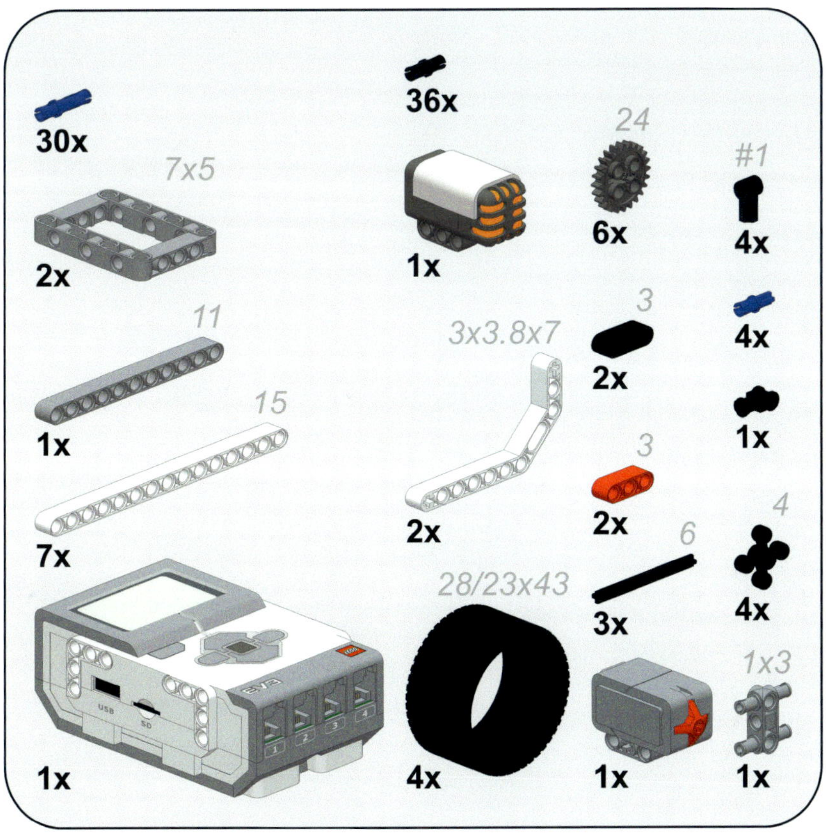

Abb. 4–10 // Grafische Darstellung der BOM (Teil 1/2) von Veronika, wie sie mit LPub3D generiert werden kann.

Tipp:

Erstelle dir vor der Bearbeitung stets eine Sicherungskopie und gewöhne dir eine ordentliche Dateinamenkonvention an und setze sie auch konsequent um, zum Beispiel: 20170815-BOM_Veronika-v10.txt.

5 Roboter programmieren

5.1 Symbolbasierte Programmierung

Ein Programm ist im Allgemeinen mit einer Anleitung vergleichbar, die einem System sagt, was es wie und wann zu tun hat. Es besteht aus einer oder mehreren Anweisungen, die dem System übergeben werden. Das System kann zum Beispiel ein Roboter, ein Fahrzeug oder ein Computer sein, der diese Befehle in der angegebenen Reihenfolge ausführen soll.

Die meisten Systeme basieren auf Maschinensprache, einer Sprache, die für uns Menschen nur schwer zu lesen ist. Programmiersprachen helfen dabei, die Kommunikation zwischen Menschen und Maschinen zu erleichtern. Sie sind für uns einfacher zu verstehen und können vom System wiederum in Maschinensprache übersetzt werden.

Die symbolbasierte Programmierung geht hier noch einen Schritt weiter als die gängigen Programmiersprachen. Hier erfolgt die Programmierung nicht in der Codeform einer bestimmten Programmiersprache, sondern setzt sich aus unterschiedlichen elementaren grafischen Bausteinen zusammen, die sich einzeln konfigurieren lassen. Die symbolbasierte Programmierung verpackt Konventionen und Regeln, die beim Schreiben eines Programms zu beachten sind, in grafische Objekte. Diese symbolisieren die grundlegenden Elemente, aus denen Programme in nahezu allen Programmiersprachen gebaut werden. Dank ihrer grafischen Darstellung sind sie für den Nutzer anschaulicher und einfach zu handhaben und ermöglichen so einen guten Einstieg in die Welt der Programmierung. Du wirst viele der Elemente, die im weiteren Verlauf erklärt werden, in anderen Programmiersprachen wiedererkennen können.

Zur symbolbasierten Programmierung der EV3-Steine wird eine kostenlose Software von LEGO Mindstorms angeboten. Wo diese heruntergeladen werden kann und wie die Verbindung des EV3-Steins zum PC erfolgt, wird in Kapitel 2.4 beschrieben. Ist die Software installiert, kann mit der Programmierung begonnen werden. Im letzten Abschnitt dieses Kapitels findest du außerdem ein paar Tipps zur Vorgehensweise.

5.1.1 Anweisungen

Anweisungen sagen dem System, was es als Nächstes zu tun hat. Einfache Anweisungen bestehen dabei aus schlichten Befehlen. Die Kategorie »Aktionen« (die grün markierten Elemente) der EV3-Software bietet eine Auswahl an solchen Befehlen. Dabei handelt es sich um Anweisungen an Motorblöcke, das Display des EV3-Steins, dessen Lautsprecher oder Statusleuchte. Sprich, es geht hier um Befehle, bei denen der Roboter etwas nach außen Sicht- oder Hörbares tun soll.

Betrachten wir beispielsweise den Anfang des Programms der Veronika, die wir in Kapitel 6.2 bauen und programmieren werden. Nach der Startsequenz erhält sie den Befehl, geradeaus nach vorne zu fahren. Dazu wird die Motorkomponente in den Programmablauf integriert (hier direkt an den Start des Programms) und mit entsprechenden Parametern gefüttert. Die erste Konfiguration links unten besagt, dass der Motor bei diesem Befehl angeschaltet wird und losfährt. Man könnte hier auch festlegen, dass nur eine bestimmte Anzahl an Radumdrehungen gefahren werden soll. Als Nächstes wird die Richtung bestimmt, die hier auf 0 gesetzt wird, da wir geradeaus fahren wollen. Als Letztes wird die Schubkraft bzw. die Leistung festgelegt. Mit den hier angegebenen 70 % Leistung fährt der Roboter bereits recht flott. Da der Motorblock im Roboter »auf dem Kopf stehend« verbaut wird, muss der Motor in die entgegengesetzte Richtung drehen, sodass die Veronika bei einer Leistungsangabe von -70 vorwärtsfährt. Es muss außerdem angegeben werden, an welche Ports der oder die anzusprechenden Motorblöcke angeschlossen sind. In unserem Beispiel befinden sich die Motoren an Port B und C.

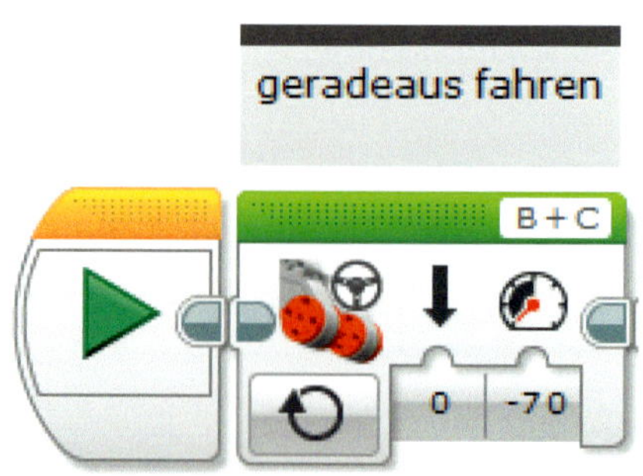

Abb. 5–1 // Auszug aus dem Programm des Roboters Veronika: Anweisung – geradeaus fahren

5.1.2 Bedingte Anweisungen

Manche Befehle sollen erst ausgeführt werden, wenn eine bestimmte Situation eintritt oder eine dafür notwendige Bedingung erfüllt wird. Ein passendes Beispiel dafür wäre ein Fußgänger, der die Straße überqueren möchte: Er sollte nur über die Straße gehen, wenn die Ampel auf Grün geschaltet ist. Umgangssprachlich ausgedrückt sind bedingte Anweisungen programmierte »wenn (Bedingung), dann (Anweisung)«-Szenarien – wenn es grün ist, dann geht der Fußgänger. Zunächst wird also die Bedingung selbst festgelegt. Anschließend folgen die Anweisungen, die im Falle einer erfüllten Bedingung auszuführen sind. Wird die Bedingung nicht erfüllt, kann man auch für diesen Fall Anweisungen festlegen. In unserem Beispiel wäre folgende Überlegung möglich: Wenn es nicht grün ist, soll der Fußgänger stehen bleiben und den Ampelknopf drücken. Ansonsten folgt das System (z. B. der Roboter oder in unserem Beispiel der Fußgänger) dem nächsten Befehl seiner Programmierung.

Um dies in der symbolbasierten Programmierung umzusetzen, gibt es zwei verschiedene Möglichkeiten:

1. Es wird eine Anweisung so lange ausgeführt, bis die gewünschte Situation eintritt, worauf dann eine neue Anweisung folgt. Der gezeigte Programmausschnitt der Veronika folgt direkt der obigen Anweisung des Geradeausfahrens. Das erste Element mit dem orangenen Farbbalken ist dabei das Steuerelement, das auf den Signalinput des Farbsensors achtet. Dieses wartet so lange, bis der Sensor die Farbe »Rot« (Farbcodenummer 5) erkennt. Wenn also ein rotes Signal vom Sensor wahrgenommen wird, dann soll das folgende Element ausgeführt werden. Der Farbsensor selbst ist über die Portnummer 2 angeschlossen. Bei einem roten Signal wird die nächste Anweisung ausgeführt: Die Motoren werden gestoppt, die Veronika hält kurz an. Nach einer Sekunde Wartezeit fährt sie dann wieder los.

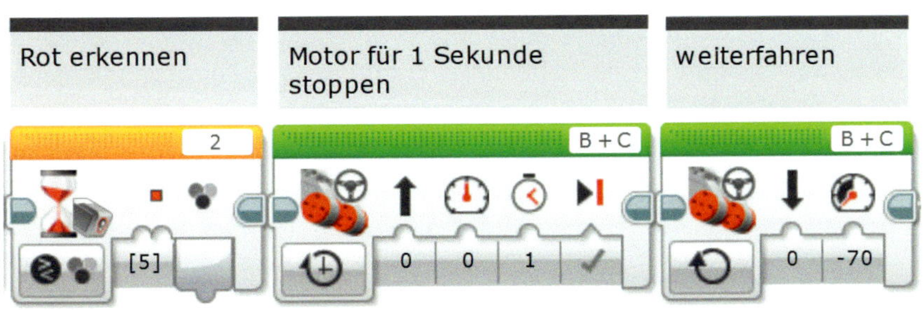

Abb. 5–2 // Auszug aus dem Programm des Roboters Veronika: Bedingte Anweisung

2. Eine andere Möglichkeit ist der Einsatz eines if-else-Steuerelements (übersetzt: Wenn-dann-Steuerelement). Auch bei dieser Ablaufregelung wird auf einen bestimmten Input (engl. für Eingabe) auf eine Situation hin geprüft. Im oberen Bereich des Steuerblocks befinden sich die Anweisungen, die ausgeführt werden, wenn die Bedingung zutrifft. Im unteren Bereich des Steuerelements finden sich die alternativen Anweisungen, falls die Bedingung nicht eintritt. Der abgebildete if-else-Block enthält auf der linken Eingangsseite die Bedingung, die geprüft werden soll. In diesem Fall wird geschaut, ob der Ultraschallsensor

der Veronika vor dem Roboter ein Hindernis erkennt (die Bedingung ist dabei so formuliert, dass sie als erfüllt gilt, sobald die Entfernung zu einem Hindernis weniger als 20 cm entspricht). Ist dies der Fall, erhalten die Motoren den Befehl, anzuhalten. Wenn kein Hindernis erkannt wird, soll der Roboter weiterfahren. Diese Anweisungskonstellation wird oft verwendet, um zu verhindern, dass der Roboter irgendwo dagegenfährt.

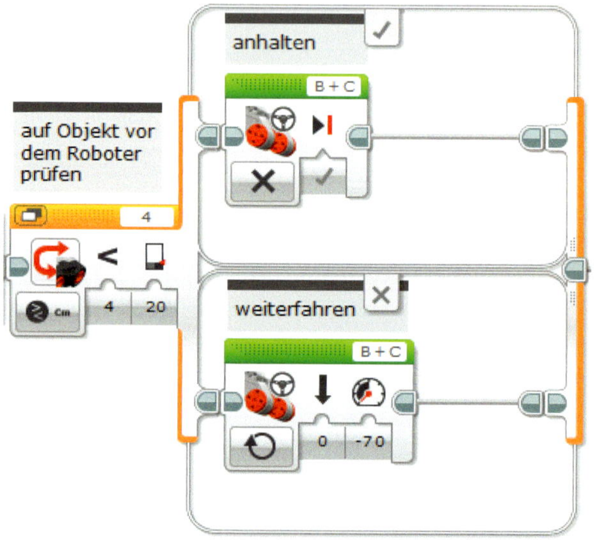

Abb. 5–3 // Auszug aus dem Programm des Roboters Veronika: Bedingte Anweisung – if-else-Block

An dieser Stelle ist bereits zu sehen, dass manche Anweisungen nicht nur einmal ausgeführt werden müssen, sondern öfter bzw. über einen bestimmten Zeitraum hinweg durchgeführt werden sollten. Während der Roboter fährt, ist es beispielsweise sinnvoll, nicht nur einmal nach Hindernissen Ausschau zu halten, sondern während der ganzen Zeit des Fahrens. Dabei ändert sich die Konstellation der Anweisungen nicht, die für die Erkennung von Hindernissen zuständig sind. Für solche Wiederholungen derselben Anweisungen sind Schleifen zuständig.

5.1.3 Schleifen

Anweisungen, die mehrere Male hintereinander ausgeführt werden sollen, werden beim Programmieren in Schleifen abgehandelt. Dabei gibt man die Anweisung(en) nur ein einziges Mal an und legt fest, wie oft dieser Teil wiederholt werden soll. Schleifen sind ein wichtiger Bestandteil der Programmierelemente, denn sie verbessern die Lesbarkeit eines Programms und verringern den Programmieraufwand ungemein.

In der symbolbasierten Programmierung sehen Schleifenblöcke mit enthaltenen Blocksequenzen wie folgt aus:

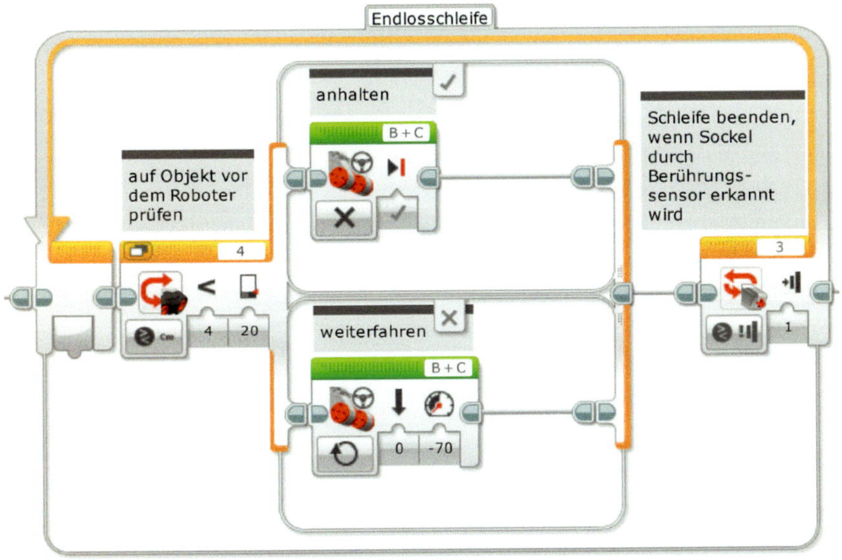

Abb. 5–4 // Auszug aus dem Programm des Roboters Veronika: Schleifenanweisung – überprüfe den Abstand zu einem Objekt

Die oben erwähnte Erkennung von Hindernissen wurde nun in einen Schleifenblock integriert. Hier handelt es sich um eine Endlosschleife, die die Anweisungen so lange wiederholt, bis die Abbruchbedingung an der rechten Seite der Schleife erfüllt wird. Die Schleife wird also verlassen, wenn der Taster gedrückt wird. Danach wird das Programm mit den Blöcken nach der Schleife fortgesetzt. Eine Schleife kann auch so konfiguriert werden, dass sie einer vorher festgelegten Anzahl an Durchläufen folgt. Darüber hinaus gibt es noch viele weitere Modi dieses nützlichen Programmierblocks. Welche das genau sind, erfährst du in der LEGO-Mindstorms-Software, wenn du die Kontexthilfe zu diesem Block verwendest.

5.1.4 Vorgehensweise mit Beispielprogramm

Der erste Schritt in der Programmierung sollte die Erstellung eines Plans sein. In dieser Planung sollte enthalten sein, was das System, hier der Roboter, tun soll. Auf den Entwurf und das passende Design eines Roboters geht Kapitel 5 genauer ein. Mit einem Plan programmiert man nicht blindlings drauflos, was vielleicht auch mal ganz nett sein kann, aber doch eher die Ausnahme darstellt.

Um nun die geplante Funktionalität des Roboters in einem Programm umzusetzen, zerlegt man den Ablauf zunächst in mehrere Teilschritte. Die Teilschritte bestehen wiederum aus einzelnen Handlungen. Der Roboter Veronika zum Beispiel fährt beim Start des Programms von Abb. 5–1 auf Seite 52 bis zur roten Linie und hält dann an, vgl. Abb. 5–2 auf Seite 53. Das wäre der erste Teilschritt des Programms. Klar ist, dass die Handlungen hier nicht von einer Komponente alleine ausgeführt werden. Welche Aktoren und Sensoren sind also daran beteiligt? Ein Aktor ist allgemein eine Komponente, die eine nach außen sichtbare Aktion ausführt, in diesem Fall der Motor. Er beginnt direkt beim Start den Roboter nach vorne zu bewegen. Nun muss der Roboter die rote Linie »finden«. Die Sensoren eines Roboters agieren als Schnittstellen zur Außenwelt und ermöglichen ihm die Wahrnehmung von Signalen aus seinem Umfeld. Für unser Beispiel bietet sich ein Farbsensor an, der auf den Boden gerichtet ist. Hat er die rote Linie entdeckt, gibt er dies an das Programm weiter, das daraufhin dem Motor befiehlt, anzuhalten. Der Motor und der Sensor sind demnach die beteiligten Komponenten. Jetzt haben wir alle Informationen, um die passenden Programmierelemente auszuwählen und die Parameter entsprechend zu setzen. Fertig ist der erste Abschnitt unseres Programms.

Nach diesem Schema lassen sich nach und nach auch komplexere Programme in einfache Häppchen unterteilen. Wichtig ist natürlich, dass der Roboter schlussendlich auch das tut, was man möchte. Deshalb sollte das Testen ein fester Bestandteil der Programmierung sein. Vor allem bei komplexeren Programmen empfiehlt sich ein regelmäßiger Testlauf, beispielsweise alle 2 bis 3 Abschnitte. So werden Fehler oder Optimierungen frühzeitig gefunden und sind schneller behoben bzw. umgesetzt. Dazu kann der jeweilige Stand des Programms auf den Roboter geladen und ausgeführt werden. Lässt man den Roboter dabei am PC angeschlossen, so flimmern die farbigen Balken der Programmblöcke während der Laufzeit und zeigen an, an welcher Stelle sich das Programm aktuell befindet. Eine andere Möglichkeit ist der Einsatz von Tönen oder Displayausgaben, die Auskunft über die aktuelle Stelle des Programms geben, wenn der Roboter nicht am PC angeschlossen ist. Damit sind die Fehlerstellen gut zu identifizieren.

Ein kleiner Tipp:

In der Phase der anfänglichen Euphorie möchte man oftmals all die guten Ideen, die einem einfallen, direkt in das Programm einbauen. Dadurch droht aber die Gefahr, das Programm aufzubauschen, wodurch es unübersichtlich wird und im Falle eines Fehlverhaltens, der Fehler erschwert zu finden ist. Daher bietet es sich an, am Anfang eine recht schlichte Basisvariante des gewünschten Programms zu erstellen und zu testen. Wenn diese funktioniert, kann sie nach und nach um weitere Funktionen erweitert werden.

Wir wünschen viel Spaß bei euren Programmiererfahrungen!

5.2 Programmierung mit Java

Java ist eine objektorientierte Programmiersprache. Sie ist plattformunabhängig, kann also auf unterschiedlichen Betriebssystemen operieren und gilt als eine sichere Sprache, da Java keine direkten Speicher- und Hardwarezugriffe unterstützt. Das macht sie insgesamt zu einer beliebten und weitverbreiteten Programmiersprache.

Im Verlauf dieses Abschnitts werden die Grundlagen der Sprache genauer erläutert. Viele der Elemente finden sich auch in anderen Sprachen wieder, daher wird Java oft als Einstieg in die Welt der Programmierung gewählt.

5.2.5 Ein bisschen Fachterminologie

Java gehört den höheren Programmiersprachen an. Das sind Programmiersprachen, die sich in Anbetracht ihrer Komplexität und Lesbarkeit deutlich von der Maschinensprache, der Sprache des Prozessors, unterscheiden. Eine höhere Programmiersprache wird in der Regel über mehrere Ebenen abstrahiert, sodass sie für uns Menschen verständlicher und besser lesbar ist. Damit ein Prozessor die Anweisungen eines Programms ausführen kann, muss also das Programm von einem Compiler über diese Abstraktionsebenen zurück in Maschinensprache übersetzt werden. Um ein erfolgreiches Übersetzen durch den Compiler zu gewährleisten, sind seitens des Programmierers verschiedene Regeln zu beachten.

In diesem Zusammenhang wird oft von Syntax und Semantik gesprochen. Die Syntax gibt an, wie der Code geschrieben werden muss, also an welche Regeln sich die Elemente des Codes zu halten haben. Die Syntax entspricht quasi der Grammatik der Programmiersprache. Beispielsweise werden alle Anweisungen jeweils mit einem Semikolon abgeschlossen. Die Semantik dagegen beschreibt, ob ein Codeelement inhaltlich sinnvoll ist. Eine Variablendeklaration kann beispielsweise syntaktisch richtig sein, jedoch im Programm nicht verwendet werden und ist dadurch nutzlos. Zu beachten ist, dass Menschen zwar dazu fähig sind, grammatikalisch falsche Aussagen zu interpretieren und, sofern sie einen semantischen Wert haben, angemessen zu handeln, Maschinen dies jedoch nicht können – was syntaktisch falsch ist, hat auch keine Semantik.

Im Laufe dieses Kapitels zur Programmierung mit Java werden wir immer wieder Bezug zum leJOS-Plug-in und der zugehörigen API nehmen. Was genau ist also ein Plug-in oder eine API?

Ein Plug-in ist eine Softwareerweiterung, die zusätzliche Funktionalitäten zu einem Anwendungsgebiet bereitstellt. So muss man nicht alles selbst programmieren, sondern kann auf vorgefertigte Funktionen zurückgreifen. Dabei kann es sich um einfache Module handeln oder um komplexe, umfangreiche Softwarebibliotheken. In den meisten Fällen werden die Plug-ins von den Nutzern installiert. Damit eine Software auf diese Weise von Nutzern erweitert werden kann, definieren ihre Hersteller in der Regel eine sogenannte Programmierschnittstelle, eine API, über die Dritte überhaupt erst Zusatzsoftware dafür schreiben können. Gerade dann, wenn Plug-ins zum Schreiben von Quellcode gebraucht werden, besitzen auch diese eine API.

Schnittstellen allgemein schaffen Übergangspunkte, die der Kommunikation zwischen verschiedenen Komponenten dienen. Diese Komponenten können Softwarebibliotheken sein, Systeme, Hardware etc. Sprich, wo immer eine Komponente mit einem anderen kommunizieren will, sei es um eine Funktionalität bereitzustellen oder Daten zu übertragen und weiter zu verarbeiten, werden passende Schnittstellen (*engl. Interfaces*) benötigt. Sie legen fest, welche Funktionen und Eigenschaften eine Komponente nach außen hin repräsentiert und wie ein Datenaustausch erfolgen kann.

Eine API (*engl. für Application Programming Interface, kurz API*) ist nun im Speziellen eine »Schnittstelle zur Anwendungsprogrammierung«. Dadurch kann eine Software durch weitere Bibliotheken ergänzt werden, wie in unserem Fall mit Funktionen zur Programmierung mit EV3-Steinen von LEGO Mindstorms. Wichtig ist dabei eine ausführliche Dokumentation darüber, welche Funktion die Komponente enthält und wie diese Funktion im eigenen Code verwendet werden kann. Ziel einer API ist, dass der Programmierer dank der Dokumentation die Softwareerweiterungen nutzen kann, ohne sich die Implementierung der Funktionalitäten anschauen zu müssen.

Detailliertere Informationen und Beispiele zur Programmierung in Java findest du auf unserer Begleitwebsite. Dort gehen wir auch auf Themen ein, wie Variablen, Schleifen, bedingte Anweisungen und vieles mehr, was wir später verwenden werden. Wenn du noch tiefer in das Thema Java einsteigen möchtest, findest du in Kapitel 9.2 einige Buchtipps.

5.2.6 Auszug aus dem Programm des Roboters Vincent

Hier findest du einen Auszug aus dem Quellcode des Roboters Vincent. Dieses Java-Programm soll als Beispiel dienen, wie der Code aufgebaut sein könnte, und dir die mögliche Ablauflogik eines Roboters zeigen. Eine ausführliche Beschreibung von Vincent findest du in Kapitel 7.4.

Listing 5–1 // Auszug aus dem Programm des Roboters Vincent: Aufbau und Struktur eines Java-Programms

```
import lejos.hardware.port.MotorPort;
import lejos.hardware.port.SensorPort;

public class Vincent implements VincentInterface {

    public void run() {
        Robot.setLeftMotor(MotorPort.A);
        Robot.setRightMotor(MotorPort.B);
        Robot.setSensor(SensorPort.S1);
        Head.setMotor(MotorPort.C);
        Head.setSensor(SensorPort.S2);
        Robot.setSpeed(25);
        Robot.setTurnSpeed(60);

        // Wiederhole die Prozedur, solange die Bedingung (Vincent
        // hat das Ziel nicht erreicht) stimmt.
        while (!Robot.goalReached()) {
            // Drehe den Kopf von Vincent nach rechts. Ist dort eine
            // Wand?
            // Fall "keine Wand"
            // -----------------
            // Dreh Vincent nach rechts, dreh seinen Kopf nach vorne
            // und fahr nach vorne
            Head.lookRight();
            if (!Head.canSeeWall()) {
                Robot.turnRight();
                Head.lookForward();
                Robot.forward();
            } else {
                // Drehe den Kopf von Vincent nach vorne. Ist dort
                // eine Wand?
                // Fall "keine Wand"
                // -----------------
                // Fahr nach vorne
                Head.lookForward();
                if (!Head.canSeeWall()) {
                    Robot.forward();
                } else {
                    // Drehe den Kopf von Vincent nach links. Ist dort
                    // eine eine Wand?
                    // Fall "keine Wand"
                    // -----------------
```

```
                // Dreh Vincent nach links, dreh seinen Kopf nach
                // vorne und fahr nach vorne
                Head.lookLeft();
                if (!Head.canSeeWall()) {
                    Robot.turnLeft();
                    Head.lookForward();
                    Robot.forward();
                } else {
                    // Drehe Vincent um 180 Grad und dreh seinen
                    // Kopf nach vorne
                    Robot.turnAround();
                    Head.lookForward();
                }
            }
        }
    }
}
```

Als Erstes werden die benötigten Bibliotheken des leJOS-Plug-ins für die Motoren und Sensoren eingebunden (Anweisung `import`), sodass diese im Code verwendet werden können. Die Klasse Vincent implementiert zudem die Schnittstelle »VincentInterface«. Die Methode `run()` beschreibt den Programmablauf des Roboters Vincent. Sie startet mit der Übergabe der angeschlossenen Komponenten an den entsprechenden Ports. Der konkrete Programmablauf ist direkt im Programmcode kommentiert. Dies ist erkennbar an den Doppelschrägstrichen //. Die geschweiften Klammern {} grenzen zusammenhängende Anweisungen ein.

5.2.7 Debugging und Testen

Um das Programm auf korrektes Verhalten und Fehler hin zu untersuchen, kann man den geschriebenen Code auf zwei Weisen überprüfen. Zum einen kann der Code durch automatische Tests dahingehend überprüft werden, ob die Methoden das tun, was sie sollten. Zum anderen bietet das Debuggen die Möglichkeit, den Code manuell Schritt für Schritt zur Laufzeit durchzugehen, um genau nachzuvollziehen, was wann, wie und wo ausgeführt wird.

Das Testen kann manuell vorgenommen werden, indem man den Code im Debug-Modus ausführt (in der IDE Eclipse wird die Schaltfläche zum Debuggen durch einen kleinen grünen Käfer symbolisiert). Dazu solltest du an den kritischen Stellen des Codes Breakpoints setzen. Breakpoints signalisieren dem Debugger, an dieser Zeile im Code anzuhalten, sodass du genau nachschauen kannst, welche Werte die Variablen an dieser Stelle haben, und Schritt für Schritt den weiteren Code durchlaufen lassen kannst. Breakpoints werden in den meisten Entwicklungsumgebungen durch ein oder zwei Mausklicks am linken Rand der gewünschten Codezeile gesetzt. Zudem wird beim Start des Debuggers nach der Klasse gefragt, die ausgeführt werden soll. Wähle hier die Klasse, die die Methode enthält, mit der das Programm gestartet wird (bspw. die Main-Methode) oder wie am Beispiel Vincent, die Methode `run()`.

Ein automatisiertes Testen kann mithilfe der JUnit-Tests vorgenommen werden. Dazu wird mindestens eine Testklasse erstellt, die mithilfe von Assert-Methoden die Ergebnisse der zu testenden Methoden bei spezifischen Eingaben überprüft. Weicht das Ergebnis, das korrekterweise erwartet wird, von dem tatsächlich gelieferten Ergebnis ab, wird der Test als fehlgeschlagen markiert. So weißt du, dass diese Methode für das getestete Szenario nicht ordnungsgemäß funktioniert. Zur genauen Aufstellung von automatisierten Tests möchten wir an dieser Stelle auf die weiterführende Literatur verweisen.

5.2.8 Ausgaben

Konsolenausgaben in Java

In Java kann die Konsole zur Ausgabe bestimmter Aufforderungen oder Meldungen adressiert werden. Die Nachricht selbst wird in Form eines Strings übergeben, der vorher jedoch nicht als Variable entsprechenden Typs deklariert werden muss, sondern ganz einfach in doppelten Anführungszeichen direkt eingegeben werden kann. Die Richtlinien und Möglichkeiten, um eine Nachricht aus mehreren Bestandteilen, beispielsweise Variablenwerten, zusammenzusetzen, entsprechen denen der String-Klasse.

Listing 5–2 // Konsolenausgabe in Java – Unterschiedliche Zeilenumbrüche

```
String name = "Vincent";
System.out.print("Guten ");
System.out.print("Morgen, " + name + ".");
//Ausgabe der Konsole: "Guten Morgen, Vincent!"

String hello = "Hello";
System.out.println(hello);
System.out.println("World!");
/*
 * Ausgabe der Konsole:
 * "Hello"
 * "World!"
 */
```

Die System-Klasse enthält einen Print-Stream, der wiederum die Methoden `print` und `println` zur Verfügung stellt. Sie unterscheiden sich darin, dass `println` automatisch nach jeder Nachricht einen Zeilenumbruch einfügt, während `print` in derselben Zeile bleibt. Die Nachricht wird in den Klammern übergeben.

Displayausgabe in leJOS EV3

Soll eine Meldung oder Aufforderung auf dem Display des Roboters ausgegeben werden, so geschieht dies nicht über die Konsole, die Vorgehensweise ist aber recht ähnlich. Zu Beginn des Kapitels zur Java-Programmierung haben wir auf die Installation des leJOS-EV3-Plug-ins hingewiesen, das für die Programmierung der EV3-Roboter benötigt wird. Darin befindet sich die Klasse LCD, die das Display mit allen seinen Methoden repräsentiert. Die genauen Bestandteile sind in der leJOS-API online nachzulesen.

Zur Ausgabe eines Textes auf dem Display des EV3-Bausteins wird also zuerst die Klasse LCD und darin die Methode drawString aufgerufen. Diese Methode erwartet drei Übergabeparameter, die in runden Klammern in der richtigen Reihenfolge und mit Kommas getrennt anzugeben sind: die Nachricht als String sowie die x-Koordinaten und y-Koordinaten in Integer, um die Position auf dem Display anzugeben.

Listing 5–3 // Bildschirmausgabe des Programms von Vincent

```
/**
* Zeichnet den Startbildschirm.
*/
private static void splashScreen() {
   LCD.drawString("Taste druecken", 2, 1);
   LCD.drawString("zum Starten!", 3, 6);
}
// Bildschirmausgabe: "Taste druecken zum Starten!"
```

5.2.9 Tipps zu Programmierung

Du hast nun die grundlegenden Elemente der Programmierung mit Java kennengelernt. Damit ausgerüstet kannst du eine Menge Programme schreiben und deinen Robotern die lustigsten Anweisungen geben.

Doch wie kommt man nun von einer Idee zu einem fertigen, ausführbaren Programm? In diesem Kapitel findest du dazu ein paar Tipps und Informationen zur Vorgehensweise.

Schritt 1: Planung

Überlege dir, was du programmieren möchtest und was dein Programm tun soll. Das kann ein einfacher Satz sein oder ein paar Stichpunkte, die die wesentlichen Bestandteile und Funktionen beschreiben.

Wichtige Fragen sind zum Beispiel: Welche Objekte habe ich? Und wie hängen sie zusammen? Was sollen diese Objekte tun? Die Objekte lassen sich als Klassen formulieren. Die Funktionen können dann in einzelne Schritte unterteilt werden, woraus sich Methoden generieren lassen. Nun kann man auch grob absehen, welche Attribute dafür benötigt werden und welche Hilfsmittel oder Softwarepakete gebraucht werden. Dieser Plan muss selbstverständlich nicht perfekt und bis ins Detail vollständig sein. Die Praxis zeigt, dass sich im Laufe des Programmierens noch etwas ändern kann oder sich eine elegantere Lösung offenbart. Doch mithilfe einer groben Struktur gestaltet sich der Start sehr viel einfacher. Zudem läuft man weniger Gefahr, wichtige Aspekte zu vergessen oder sich zu »verrennen«.

Schritt 2: Arbeitsplatz vorbereiten

Vor allem, wenn du zum ersten Mal mit leJOS programmierst, solltest du sicherstellen, dass die benötigte Programmierumgebung und zusätzliche Softwarepakete installiert und eingebunden sind. Hilfestellung dabei bietet das Kapitel 2.4.4. Nun kannst du loslegen.

Tipp:

Verwende möglichst kurze und aussagekräftige Programmnamen. Dies hilft dir, den Überblick zu behalten, denn die Bildschirmausgabe auf dem EV3-Stein bietet nur einen begrenzten Platz für lange Dateinamen. Bleibe am besten unter 12 Zeichen.

Schritt 3: Codieren und Testen

Beginne mit dem Anlegen eines neuen Projektes und achte bei der Benennung darauf, möglichst eindeutige und selbsterklärende Namen zu verwenden. Dadurch findest du dich später in deinem Projekt besser zurecht. Nun können Klassen und Methoden angelegt und deren Funktionalitäten implementiert werden. Denke daran, dass dir die Softwarebibliotheken des leJOS-Plug-ins zur Verfügung stehen, die du nutzen und dir damit Aufwand ersparen kannst. Nun kann der Plan in Code umgesetzt werden.

Je komplexer der Code wird, desto schwieriger und zeitaufwendiger kann es unter Umständen werden, Fehler zu finden und zu beheben. Daher empfiehlt es sich, in regelmäßigen Etappen, zum Beispiel immer nach Fertigstellung einer neuen Funktionalität, zu debuggen und Tests zu erstellen, um Fehler frühzeitig zu entdecken. Fehler bedeuten nicht immer, dass das Programm abstürzt oder erst gar nicht läuft. Meistens schleichen sich sogenannte Bugs ein. Bugs sind Programmabschnitte, die zwar laufen, aber nicht genau das tun, was sie sollten. Eine Methode, die beispielsweise eine bestimmte Eingabe erwartet, daraufhin aber nicht das gewünschte Ergebnis liefert, könnte so einen Bug produzieren. Sie sind meist etwas schwerer zu finden, daher braucht der Code ein entsprechendes Testkonzept, das auch Randbedingungen oder seltene Fälle miteinbezieht. Das Testen kann dabei manuell durch Debuggen oder automatisiert mithilfe der JUnit-Tests vorgenommen werden.

Schritt 4: Programm exportieren

Ist das Programm fertig und fehlerfrei ausführbar, kann es als JAR-(Java-Archiv-) Datei exportiert werden.

6 Einfache Roboter

In diesem Kapitel stellen wir Roboter vor, die relativ einfach zu bauen und zu programmieren sind. Zunächst möchten wir dich mit den allgemeinen Hinweisen vertraut machen, die dir den Umgang mit den Robotern erleichtern sollen.

Danach wird jeder Roboter mit seinen individuellen Eigenschaften, Funktionen und Aufgaben genau beschrieben. Um die Roboter bauen zu können, benötigst du selbstverständlich die LEGO-EV3-Bauteile und eine Bauanleitung. Für einige der Roboter sind NXT-Sensoren erforderlich, die du bei Bedarf nachkaufen kannst. Eine Auflistung von Onlineshops und Marktplätzen findest du in Kapitel 9.9. Wir listen dir auch weitere Gegenstände auf, die du benötigst, damit der Roboter seine Aufgaben erfüllen kann.

Die Bauanleitung haben wir in geeignete Schritte und Abschnitte untergliedert. Da ein gedrucktes Buch keine 3D-Ansicht bietet, kannst du auf der begleitenden Website den Zusammenbau digital nachvollziehen. Klicke hierzu auf den Link, der bei jedem Roboter angegeben ist. Die Bedienung der 3D-Bauanleitung wird auf der Website erklärt.

Zu jedem Roboter gibt es einen kurzen Abschnitt, der dir auf einen Blick die wesentlichen Merkmale aufzeigt. Bei der Einschätzung der Schwierigkeitsgrade für das Bauen und das Programmieren (1-5) haben wir uns an Erfahrungswerten aus zahlreichen Workshops mit unterschiedlichen Altersklassen orientiert.

6.1 Allgemeine Hinweise

Die allgemeinen Hinweise zur Bedienung gelten für alle einfachen Roboter in diesem Kapitel.

Stromversorgung

Der programmierbare EV3-Stein kann wahlweise mit sechs AA-Batterien bzw. wiederaufladbaren Akkus oder dem EV3-Lithium-Ionen-Akku mit Energie versorgt werden. Die AA-Batterien sollten mindestens 1,5 V und 2.000 mAh liefern. Der EV3-Lithium-Ionen-Akku (Artikelnummer 45501) liefert 2.050 mAh und ist optimal auf das Zusammenspiel mit dem EV3-Stein ausgelegt. Seine Laufzeit ist länger als bei AA-Batterien. Ein weiterer Vorteil ist, dass er aufgeladen werden kann, ohne dass dein Roboter zerlegt werden muss. Du erhältst den Akku im Lieferumfang des EV3-Education-Sets. In ca. drei bis vier Stunden ist er aufgeladen. Du benötigst allerdings auch das separat erhältliche Ladegerät. Es ist dasselbe, das auch für den NXT-Akku verwendet wird.

Einschalten

Die graue Taste in der Mitte des intelligenten EV3-Steins hat mehrere Funktionen. Zunächst drückst du sie, um den Roboter einzuschalten. Das kann bis zu einer halben Minute dauern. Falls du deinen Baustein längere Zeit eingeschaltet lässt und keine Programme laufen oder keine Tasten gedrückt werden, wird die automatische Abschaltung aktiviert. Das ist in der Grundeinstellung nach 30 Minuten der Fall. Um die lange Einschaltzeit zu vermeiden, kannst du das automatische Abschalten (im Menü des EV3-Steins: *Sleep*) verzögern, indem du die Zeit auf 60 Minuten festlegst. Aber du solltest dir bewusst sein, dass dadurch die Batterie entsprechend länger beansprucht wird. Finde am besten selbst heraus, welche Zeit für dich geeignet ist.

Programme starten

Deine Programme werden mit der symbolbasierten LEGO-Mindstorms-EV3-Software typischerweise in Projekten erstellt und gespeichert. Wenn dein Programm fertig ist, kannst du es auf deinen EV3-Stein herunterladen. Prüfe, ob der EV3-Stein angeschaltet und mit dem Computer verbunden ist. Die Verbindung kann per USB-Kabel oder drahtlos per Bluetooth oder WLAN hergestellt werden. Es gibt mehrere Möglichkeiten, dein Programm auf den EV3-Stein zu übertragen. Entweder klickst du das grüne Dreieck auf dem Startblock an oder auf die entsprechende Schaltfläche der Steuerung im Hardwarefenster.

1.
2.
3.

Abb. 6–1 // EV3-Hardwarefenster

1. Herunterladen: Lädt dein aktuelles Projekt komplett auf deinen EV3-Stein herunter.
2. Herunterladen und ausführen: Lädt das Programm auf deinen EV3-Stein herunter und führt es sofort aus.
3. Auswahl herunterladen und ausführen: Lädt nur die markierten Blöcke auf den EV3-Stein herunter und führt sie sofort aus.

Ein Klang signalisiert dir, dass das Programm erfolgreich übertragen wurde.

Im Menü deines EV3-Steins hast du mehrere Register, die du mit den Tasten für links und rechts auswählen kannst. Im Register Datei-Navigation wird für jedes Projekt ein Ordnersymbol angezeigt. Darin befinden sich alle Dateien, die in deinem Projekt verwendet werden, also Programme, Klänge und Bilder etc.

Abb. 6–2 // EV3-Menü – Programmauswahl

Du startest dein Programm, indem du es auswählst und auf die mittlere Taste drückst. Sobald alle Blöcke vom intelligenten EV3-Roboter verarbeitet wurden, ist dein Programm beendet und es erscheint wieder das Menü. Während der Verarbeitung, also während der Laufzeit deines Programms, siehst du auf dem Bildschild entweder die Standardansicht oder die von dir eingestellte Ausgabe.

Lege für jeden deiner Roboter ein eigenes Projekt an. Dies hilft dir, den Überblick zu behalten.

Abb. 6–3 // Standardansicht während der Programmausführung

Programme unterbrechen

Solltest du ein laufendes Programm unterbrechen wollen, dann drücke einmal kurz auf die Zurück-Taste links oben. Anschließend wechselt die Anzeige wieder zurück zum Menü.

Den EV3-Stein zurücksetzen/neu starten

Sollte dein EV3-Stein nicht mehr auf Tastendruck reagieren und auch nicht mehr normal ausgeschaltet werden können, dann kannst du ihn zurücksetzen bzw. neu starten. Hierbei werden die Dateien und Projekte im persistenten Speicher des EV3-Steins nicht gelöscht. Jene, die sich im Kurzzeitspeicher der aktuellen Sitzung befinden, gehen allerdings verloren. Um deinen EV3-Stein zurückzusetzen, halte die Zurück-Taste und die mittlere Taste auf dem EV3-Stein gedrückt. Sobald auf dem Bildschirm nichts mehr zu sehen ist, lässt du die beiden Tasten los. Kurz darauf erscheint die Meldung »*Starting..*« und der normale Startvorgang kann ausgeführt werden.

Ausschalten

In der Grundeinstellung schaltet sich der Baustein nach 30 Minuten Inaktivität von alleine aus. Um den Roboter direkt auszuschalten, drücke so lange auf die Zurück-Taste links oben, bis auf der Anzeige das Symbol für Ein-/Ausschalten erscheint. Wähle das Symbol mit dem Häkchen und bestätige mit der mittleren Taste deine Auswahl. Der EV3-Stein fährt anschließend herunter und zeigt auf dem Display »*Shutting Down*« an, während die Steuerungstasten rot umrandet leuchten. Dies dauert – wie das Einschalten – bis zu einer halben Minute.

Fehlersuche

Bei der Fehlersuche sollen mechanische und softwareseitige Fehler gefunden und behoben werden. Es kann an vielen unterschiedlichen Ursachen liegen, warum dein Roboter nicht mehr funktioniert oder nicht das macht, was du erwartest. An dieser Stelle beschreiben wir Fehler, die häufig auftreten können, und geben dir Tipps, diese mit wenig Aufwand zu beheben. Je mehr du dich mit dem Bauen und Programmieren von Robotern beschäftigst, desto mehr Erfahrung sammelst du im Umgang mit Fehlern.

Eine wesentliche Erkenntnis möchten wir dir noch auf den Weg mitgeben:

Jede Erweiterung deines Roboters um neue Funktionen, sei es mechanisch oder softwareseitig, stellt grundsätzlich eine neue Fehlerquelle dar.

Dies soll dich aber nicht davon abhalten, selbst neue Roboter zu konstruieren, sondern unsere Tipps sollen dich vielmehr dazu befähigen, gelassen auf Fehlersuche gehen zu können.

Am Anfang der Fehlersuche wollen wir herausfinden, warum der Roboter sich nicht einschalten lässt. Kontrolliere zuerst die Stromversorgung. Es kann vorkommen, dass die AA-Batterien nicht richtig eingelegt sind. Vergleiche die Lage der Batterien mit dem Symbol auf der Innenseite des Batteriefachs. Sollte sich der Baustein noch immer nicht einschalten lassen, sind möglicherweise die Batterien entladen. Tausche sie bzw. verwende das Ladegerät für den Lithium-Ionen-Akku. Du kannst den Baustein auch mit angeschlossenem Ladegerät verwenden.

Neben der Stromversorgung kann es auch mal vorkommen, dass Sensoren oder Motoren keine Signale liefern bzw. nicht angesteuert werden können. Kontrolliere den festen Sitz der Stecker an den Ports. Sie müssen alle korrekt eingerastet sein. Manchmal sind die Anschlüsse vertauscht, also Sensoren an den Motor-Ports angeschlossen oder umgekehrt. Verfolge die Kabel vom Sensor bzw. Motor bis zum Anschluss am Baustein. Je nach Robotermodell kannst du dir Zeit sparen, wenn du die Verkabelung entfernst und neu zusammensteckst.

Tipp:

Beschrifte die Kabel am Anschlusspunkt (Port) deiner Sensoren und Motoren mit bunten Klebepunkten und schreibe die entsprechende Portnummer oder den Portbuchstaben darauf. Alternativ kannst du die Kabel zum Beispiel mit bunten Gummibändern umwickeln.

Sollte der Baustein vom Computer nicht erkannt werden, überprüfe zunächst, ob der Stein eingeschaltet ist, und anschließend die Verbindungsart und ändere sie, falls nötig. Im Fall, dass deine USB-Verbindung nicht mehr funktioniert, kontrolliere den festen Sitz beider Kabelenden in den Buchsen am Computer und am EV3-Stein.

Klicke in der EV3-Software auf »Erweitern«, um die Hardwareseite zu erweitern. Hier wird die aktuelle Verbindungsart angezeigt, die zu deinem EV3-Stein hergestellt ist. Bei einer Verbindung per USB-Kabel kann es in seltenen Fällen vorkommen, dass der EV3-Stein an deinem Computer auf demselben USB-Anschluss nicht mehr erkannt wird. Wechsle dann den USB-Anschluss.

Sollte die automatische Treiberinstallation nicht funktionieren, was bei Windows-Betriebssystemen häufiger vorkommt, überprüfe die Berechtigungen deines Benutzers. Möglicherweise benötigst du Admin-Rechte, um neue USB-Geräte einrichten zu dürfen.

Um Sensoren oder Motoren zu testen, kannst du ein simples Testprogramm schreiben. Dieses könnte zum Beispiel einfache Operationen für den EV3-Stein beinhalten. Verwende den Steuerungsblock und passe die Einstellungen an, sodass zum Beispiel zwei Motoren für die Dauer von 2 Sekunden mit der Leistung 80 % angesteuert werden.

Bei der softwareseitigen Fehlersuche sollte Schritt für Schritt vorgegangen werden. Das bedeutet, du solltest zunächst prüfen, ob dein Programm auf den Baustein erfolgreich übertragen werden konnte. Gelingt dies nicht, überprüfe deinen Verbindungsweg zum Baustein, also per USB-Kabel, Bluetooth oder WLAN (siehe Abb. 6–4).

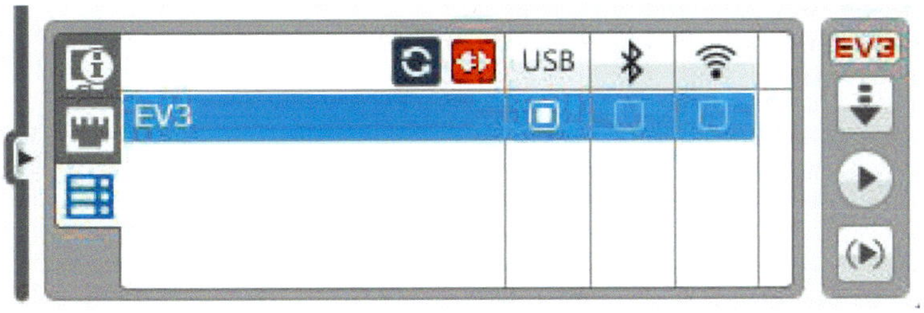

Abb. 6–4 // Verbindungen des EV3-Steins mit der EV3-Software

Wenn du dein Programm zwar starten kannst, aber der Roboter sich anders als von dir erwartet verhält, kann das folgende Gründe haben: Eventuell hast du Sensoren verwendet, deren Anschlüsse nicht mit der Konfiguration der

Programmierbausteine übereinstimmen. Oder du hast Programmierblöcke aus der gelben Palette der Sensoren anstatt aus jener der Ablaufsteuerung (orange Palette) verwendet, damit dein Programm auf Eingabewerte reagiert. Ähnlich verhält es sich mit den Motoren. Prüfe die Konfiguration, insbesondere die Anschlüsse und die Standardsteuerung. Sollte dein Roboter so lange geradeaus fahren, bis beispielsweise ein Sensor aktiviert wird, dann stelle die Standardsteuerung der Motoren auf *An*.

Bei komplexen Programmen, also jenen, bei denen du viele Bausteine und vielleicht sogar mehrere Schleifen und Schalter verwendest, kann es hilfreich sein, an bestimmten Programmstellen eine Ausgabe zu erzeugen. Dies kann entweder ein bestimmter Ton über den internen Lautsprechers der EV3-Steins sein oder die Darstellung eines Wertes auf dem Bildschirm. Somit kannst du herausfinden, an welcher Stelle sich die Ausführung deines laufenden Programms gerade befindet bzw. welche Werte deine Motoren oder Sensoren erfassen.

Eine elegantere Möglichkeit bietet eine nützliche Funktion der EV3-Software. Während der Programmausführung muss hierbei eine Verbindung zwischen deinem Computer und deinem EV3-Stein bestehen, damit der aktive Programmblock angezeigt werden kann. Je nachdem, wie mobil dein Roboter sich verhalten soll, ist das USB-Kabel ausreichend lang. Ansonsten verwende eine Bluetooth- oder die WLAN-Verbindung. Lade dein Programm auf den EV3-Stein herunter und starte es anschließend, ohne dabei die Verbindung zu trennen. Dies kannst du in der EV3-Software mit einem Klick auf *Herunterladen und ausführen* durchführen. Während der Programmausführung wird in der EV3-Software beim Programmbaustein, der aktuell ausgeführt wird, der farbige Balken schraffiert und bewegt dargestellt.

Weitere Tipps, Korrekturen und Updates

Jeder Roboter hat individuelle Funktionen und daher auch individuelle Fehlerursachen. Deshalb findest du unsere Tipps direkt in den jeweiligen Kapiteln beim Roboter hier im Buch.

6.2 Veronika

Abb. 6–5 // Der Greifer-Roboter Veronika

Auf einen Blick

Schwierigkeitsgrad Zusammenbau: 1 (5)
Schwierigkeitsgrad Programmierung: 1 (5)
Kategorie: Fahrzeug
Mindstorms-Generation: EV3
Sensoren: 1 Farbsensor, 1 Berührungssensor, 1 Geräuschsensor (NXT), 1 Ultraschallsensor (optional)
Motoren: 2 große Motoren
Programmierumgebung: Symbolbasierte LEGO-Mindstorms-EV3-Software

---

Beschreibung

Veronika verwendet Sensoren, um ihre Umwelt wahrzunehmen. Ihre Hauptaufgabe ist es, einen Ball zu greifen und auf dem Weg dahin Markierungen am Boden zu erkennen. Dabei kannst du interaktiv mit dem Roboter kommunizieren.

Benötigte Bauteile

Bevor du mit dem Zusammenbau anfangen kannst, besorge dir zunächst alle Bauteile, die wir für dich aufgelistet haben.

Tipp:

Ein Sortierkasten mit vielen Fächern hilft dir, den Überblick über deine Bauteile zu behalten, und der Zusammenbau geht auch schneller. Im EV3-Grundset ist bereits einer enthalten. Alternativ eignen sich robuste Gefrierbeutel mit Reißverschluss.

Anhand dieser Übersicht kannst du feststellen, ob du alle LEGO-Bauteile zur Verfügung hast.

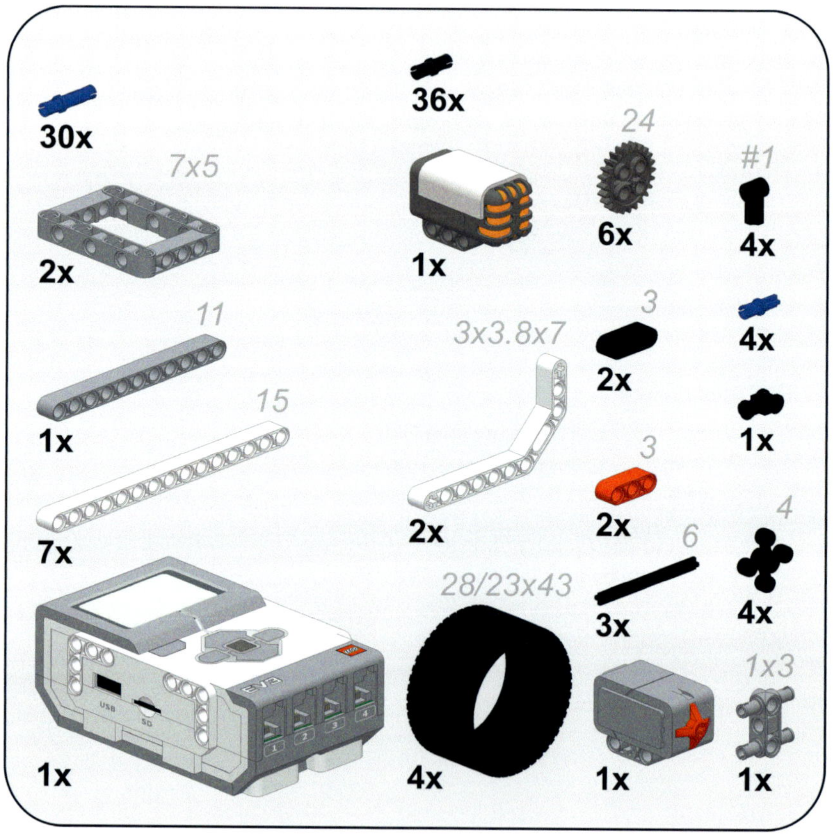

Abb. 6–6 // Bauteilübersicht der Veronika

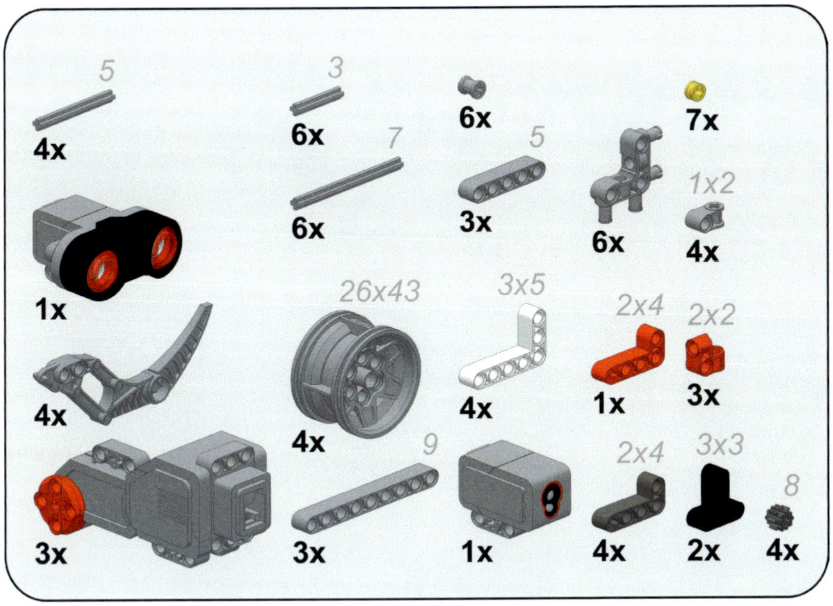

Abb. 6–7 // Bauteilübersicht der Veronika

Eine tabellarische Bauteilübersicht als Stückliste (*engl. Bill of Material*, Kurzform BOM) kannst du auf der Begleitwebsite ansehen.

Tipp:

Für den Fall, dass du Bauteile nicht in der passenden Farbe zur Verfügung hast, kannst du auch baugleiche einer anderen Farbe verwenden. Achte dabei auf die Unterscheidung von drehbaren und unbeweglichen Bauteilen, insbesondere bei den LEGO-Technic-Pins. In der Regel sind jene in Beige und Hellgrau drehbar, Pins in Blau, Rot und Schwarz sind unbeweglich.

Die Bauanleitung

Bei der Veronika erfolgt der Zusammenbau in mehreren Abschnitten, die jeweils eine Baugruppe mit entsprechender Funktion darstellen. Die einzelnen Baugruppen werden anschließend miteinander verbunden. Zum Schluss erfolgt die Verkabelung der Motoren und Sensoren mit dem EV3-Stein.

Der Berührungssensor

1

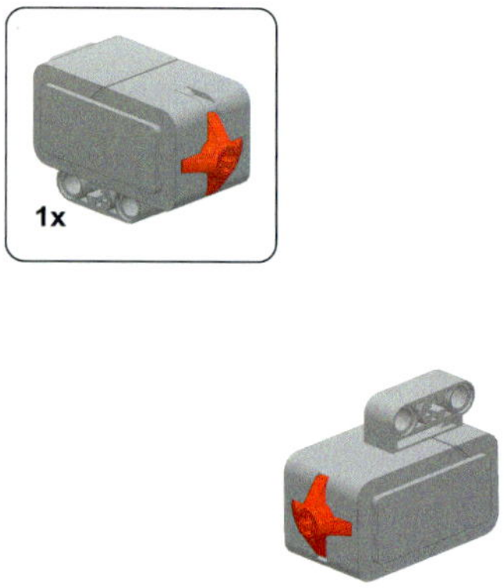

2

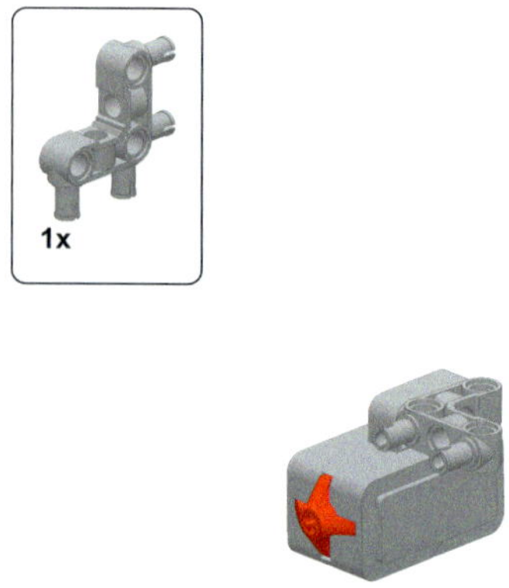

3

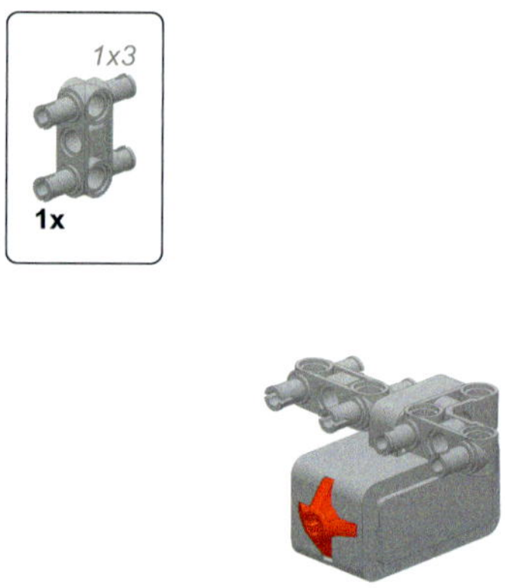

4

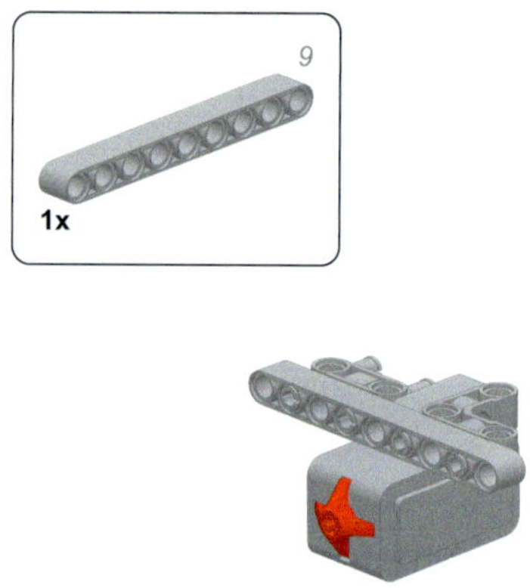

5

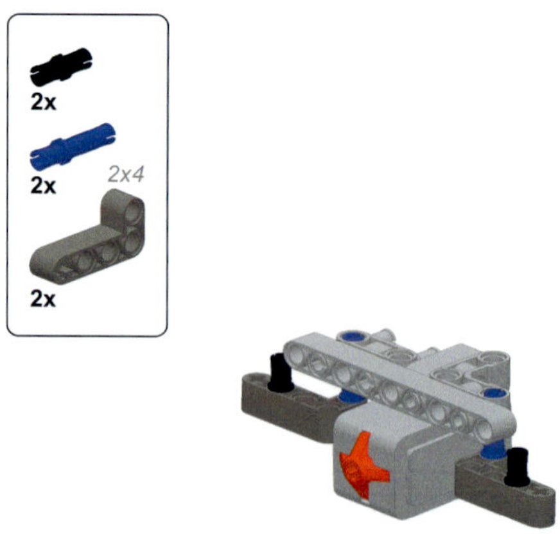

Der Farbsensor

1

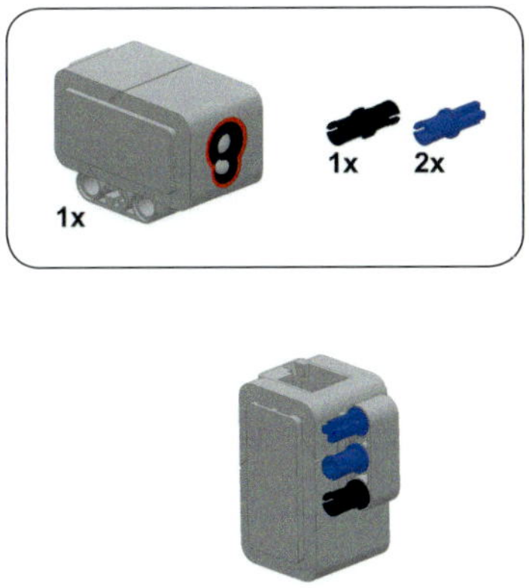

2

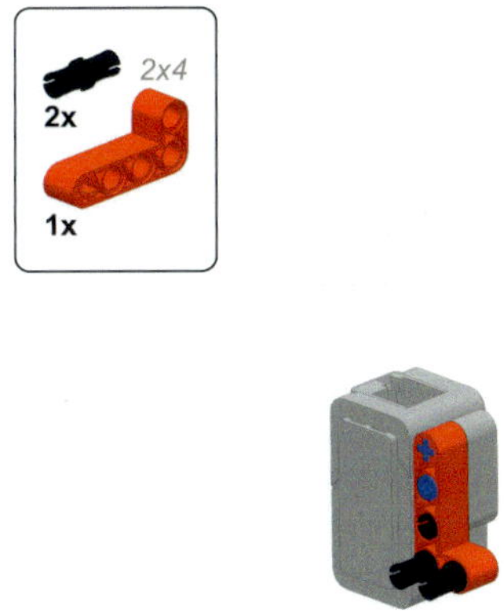

Der Geräuschsensor

1

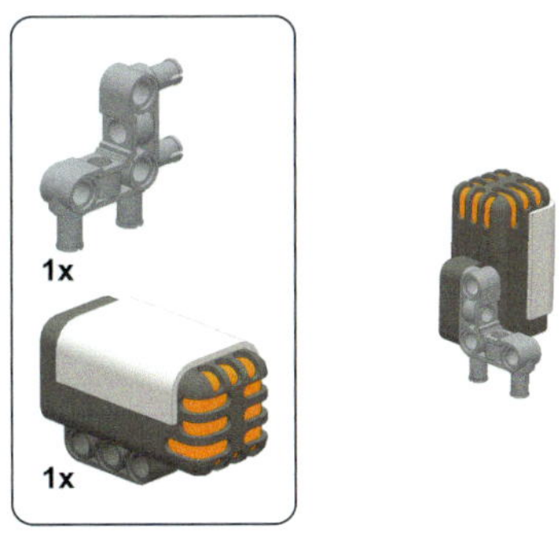

Der Kopf

1

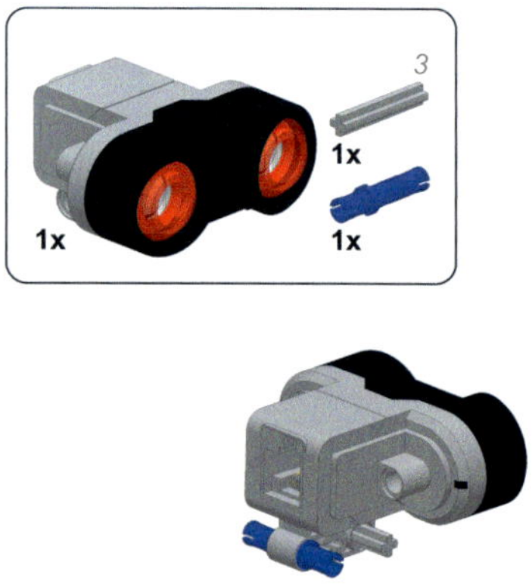

2

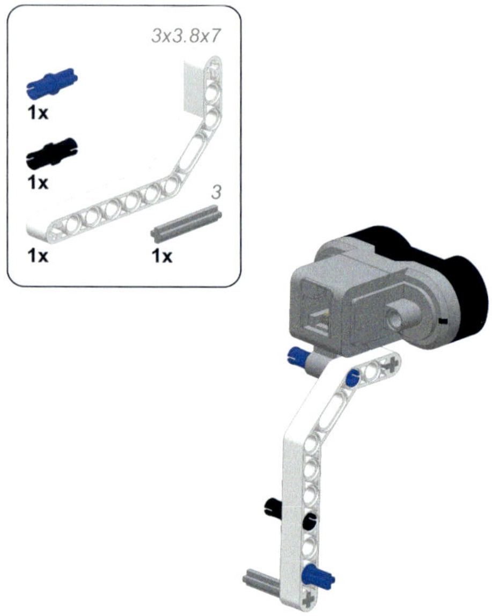

Tipp:

Falls du keinen Ultraschallsensor besitzt, kannst du auch den Infrarotsensor des Home-Sets verwenden. In der Erweiterungsaufgabe am Ende des Kapitels setzt du den entsprechenden Programmblock im Nähemodus ein, um Distanzen zu erkennen.

3

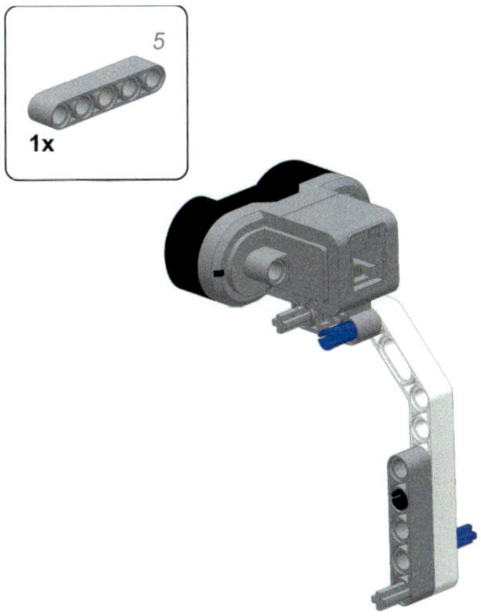

4

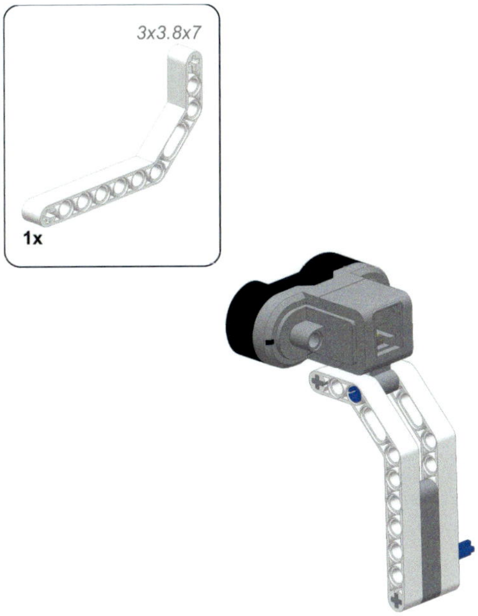

5

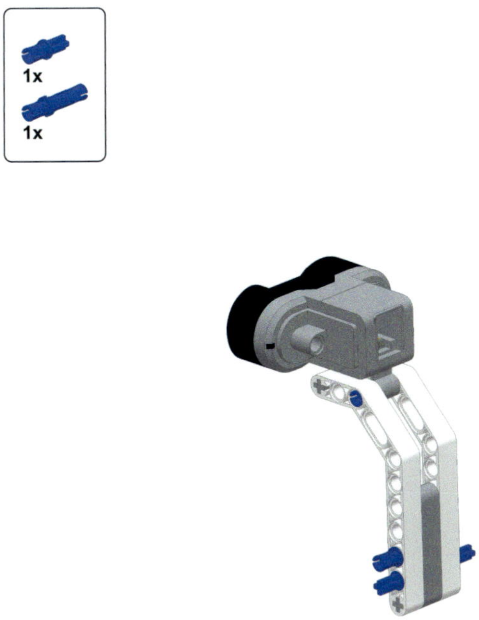

Die Greifer

1

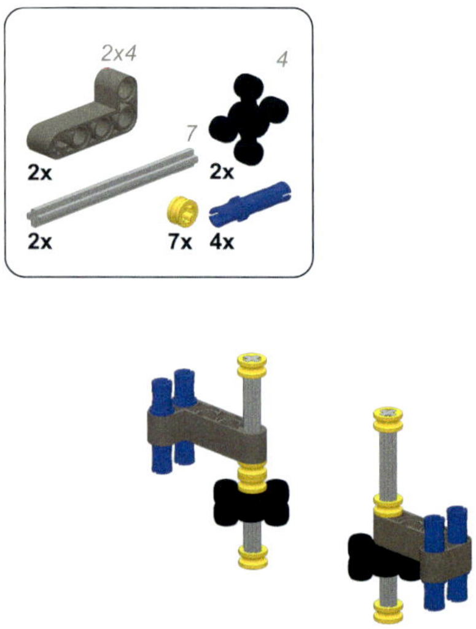

2

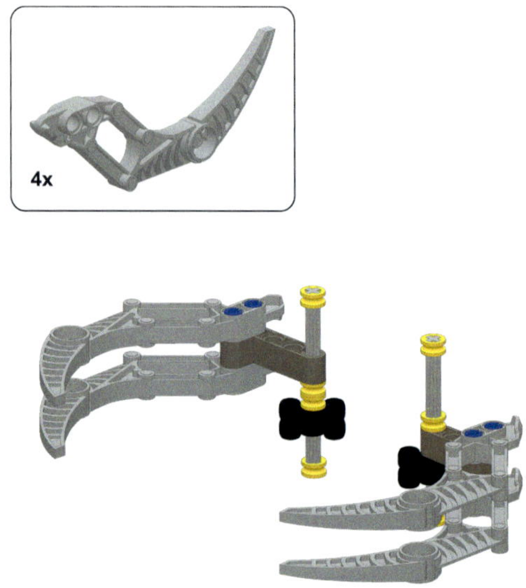

Der Taster

1

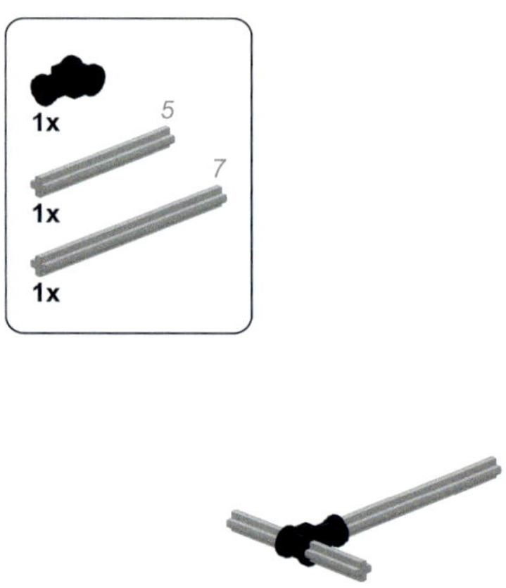

2

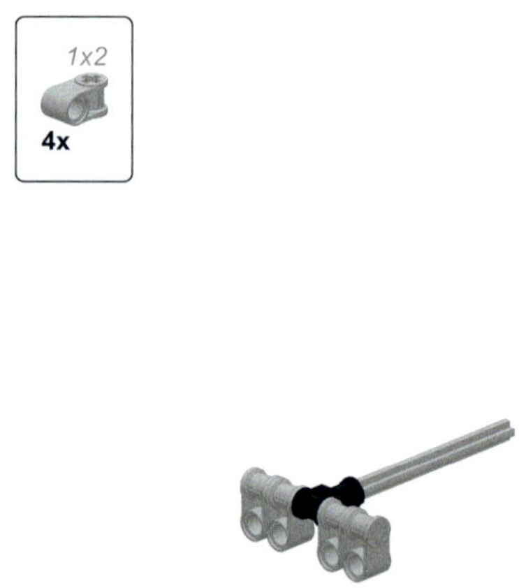

Der Greifermotor

1

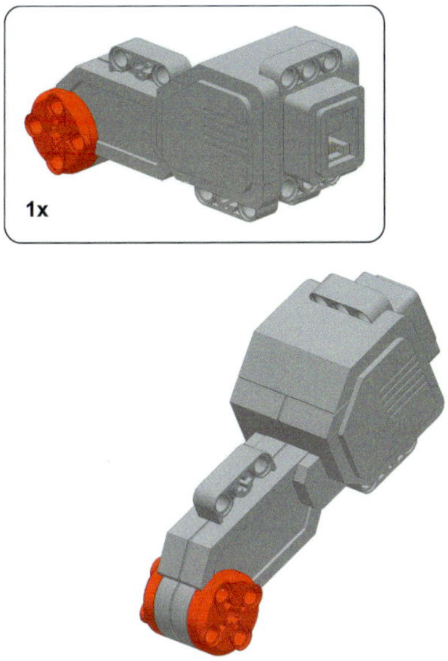

2

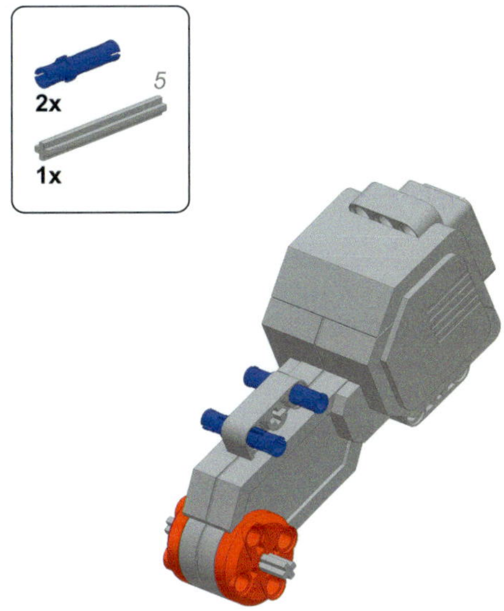

3

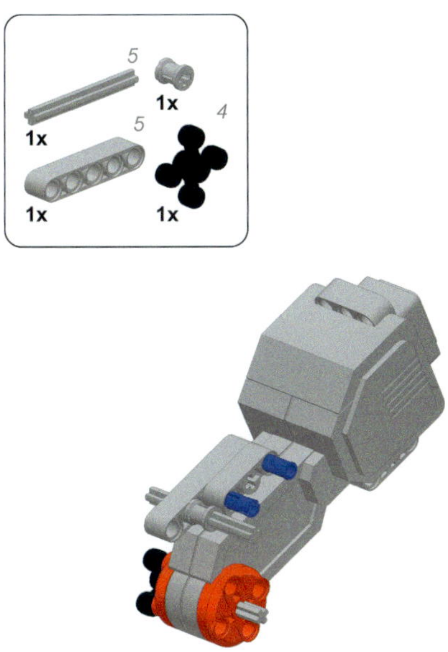

4

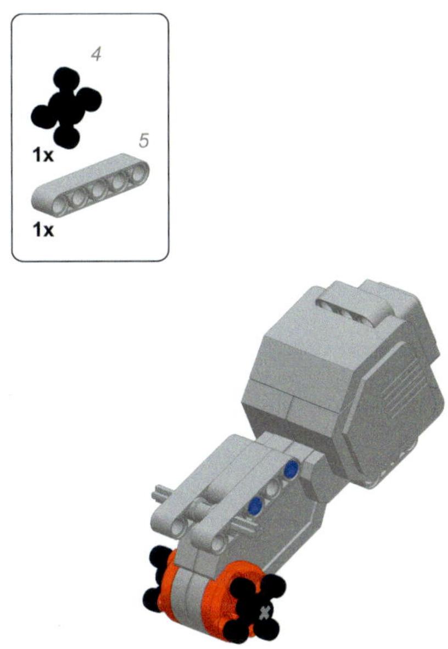

5

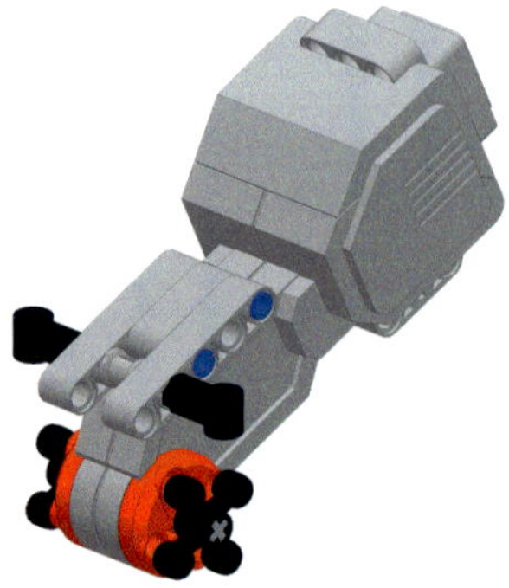

Die Verbindungskonstruktion

1

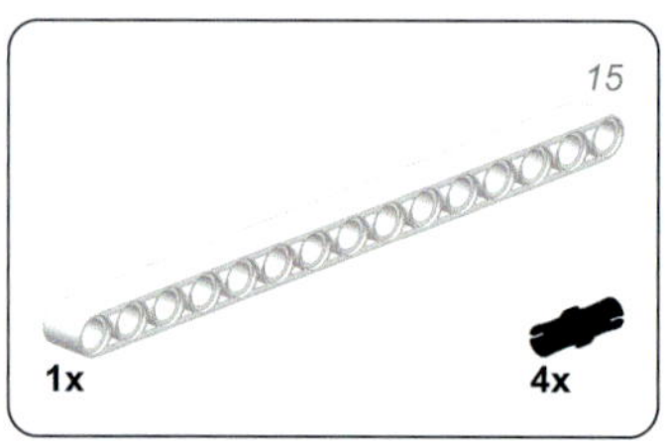

2

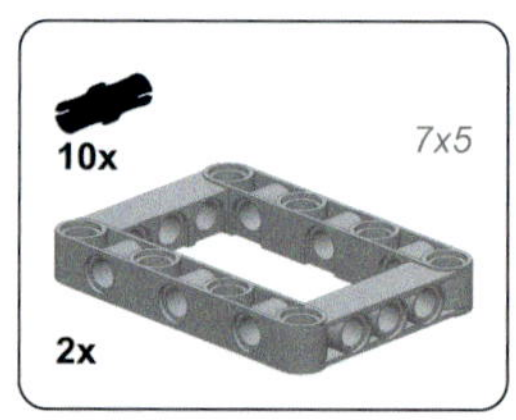

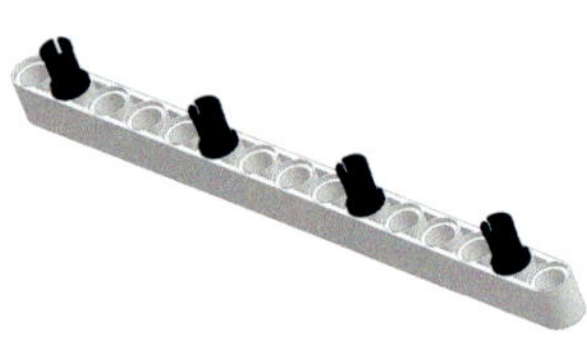

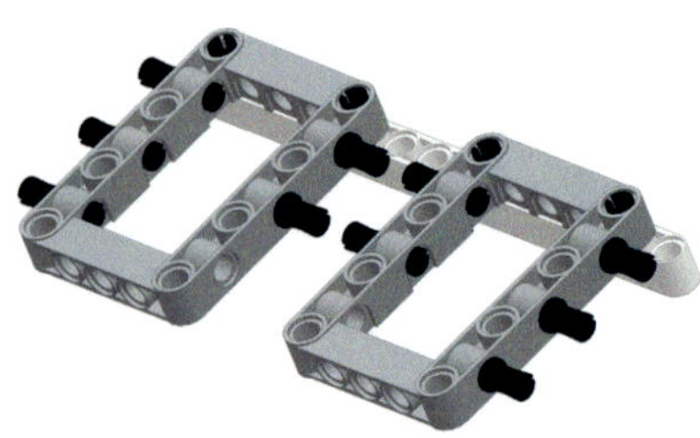

Der Greiferunterbau

1

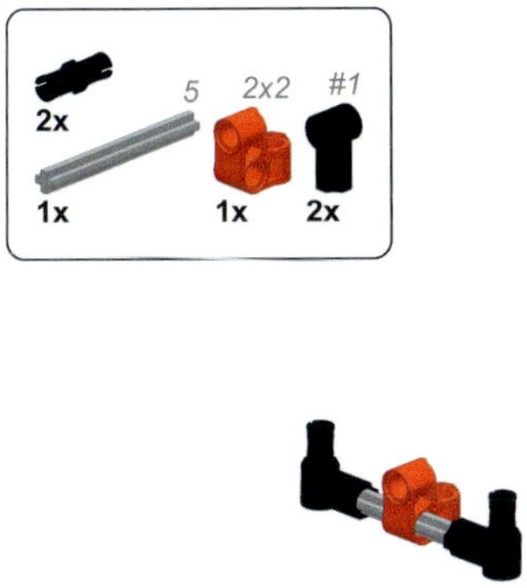

2

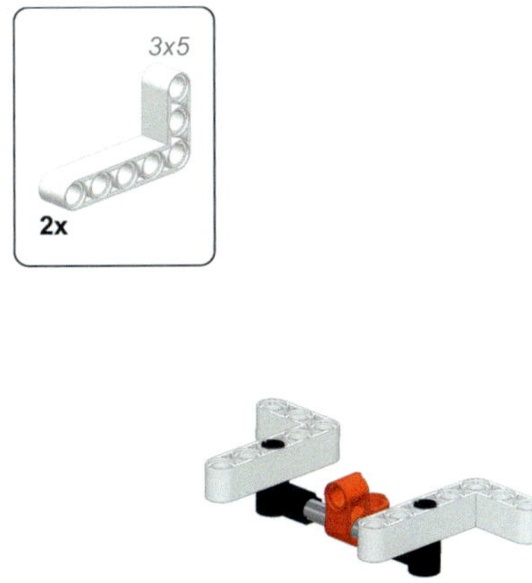

Der linke Motor

1

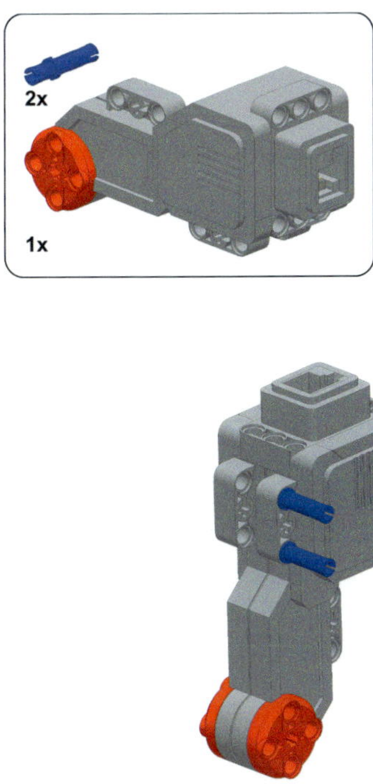

2

3

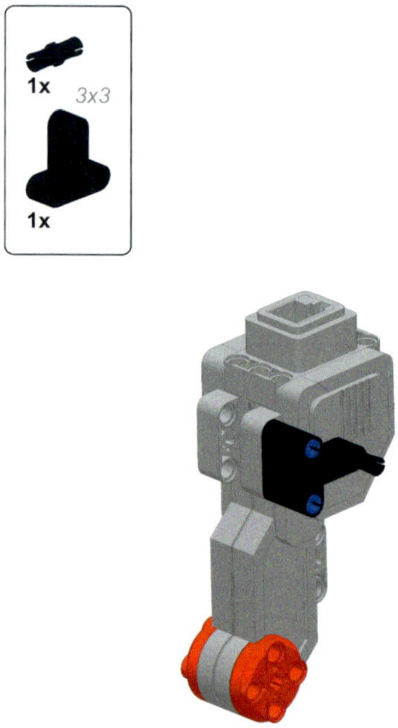

4

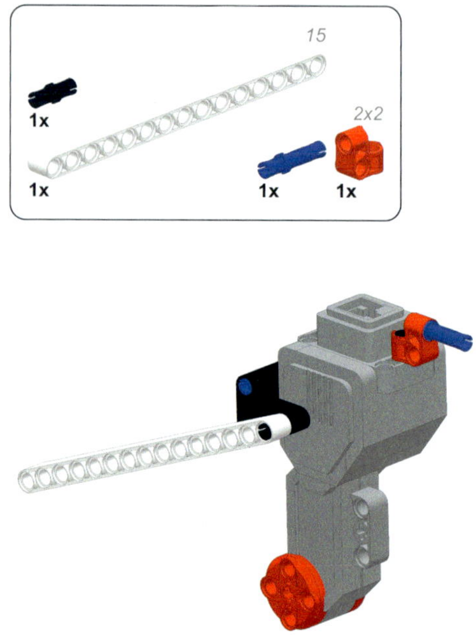

Der rechte Motor

1

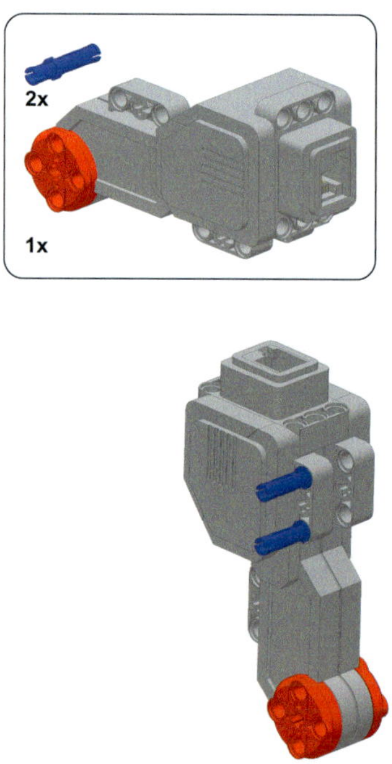

2

3

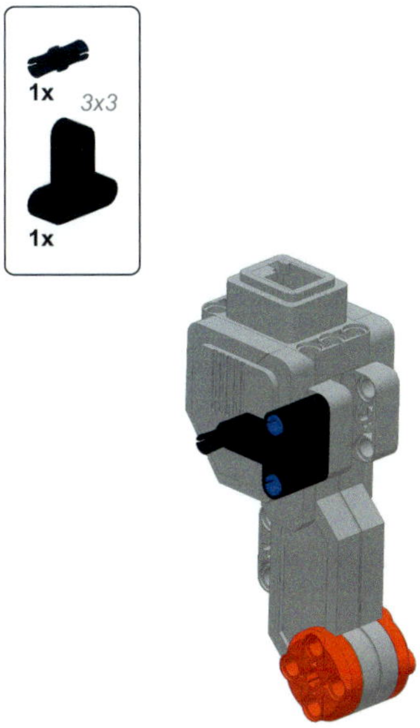

4

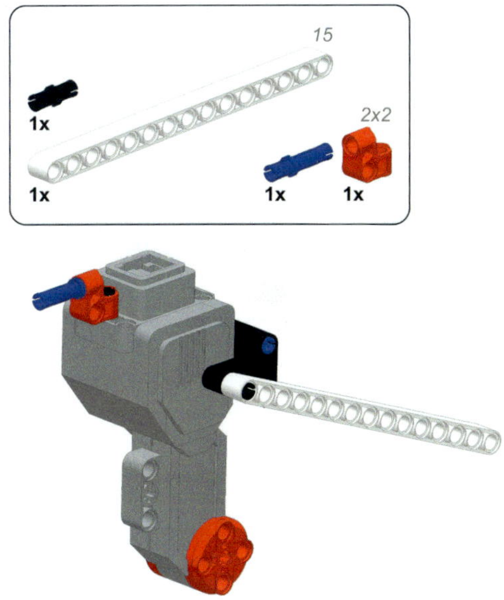

Die linke Radseite

1

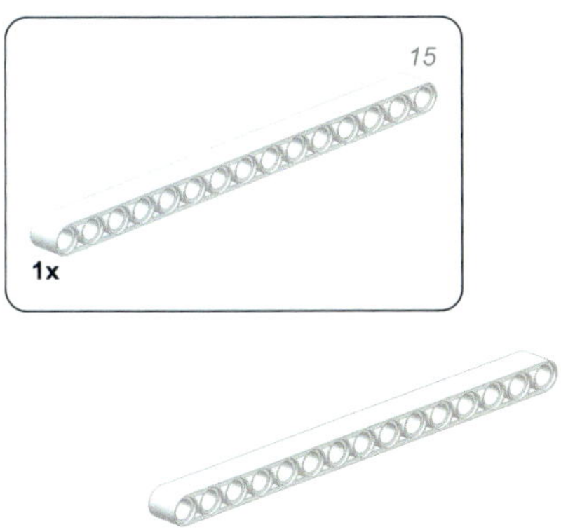

2

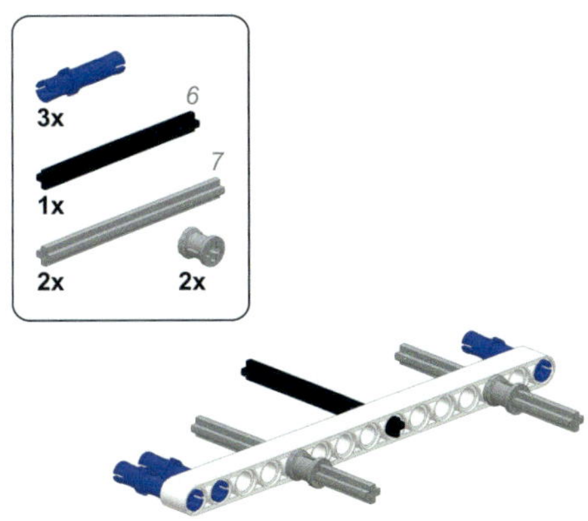

3

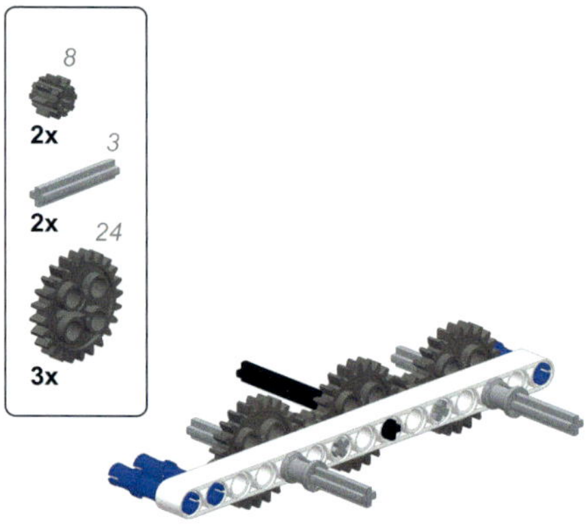

4

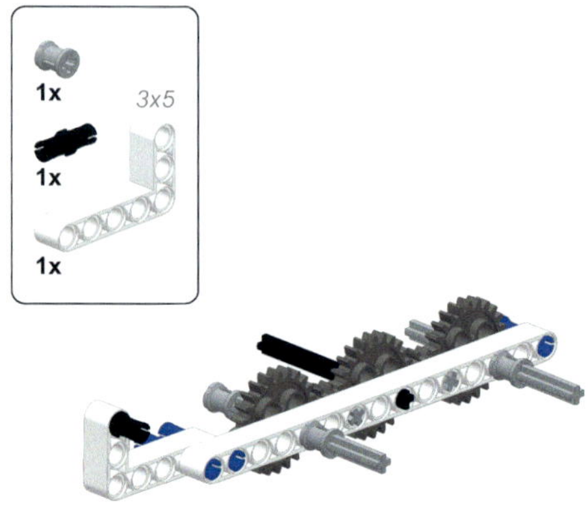

5

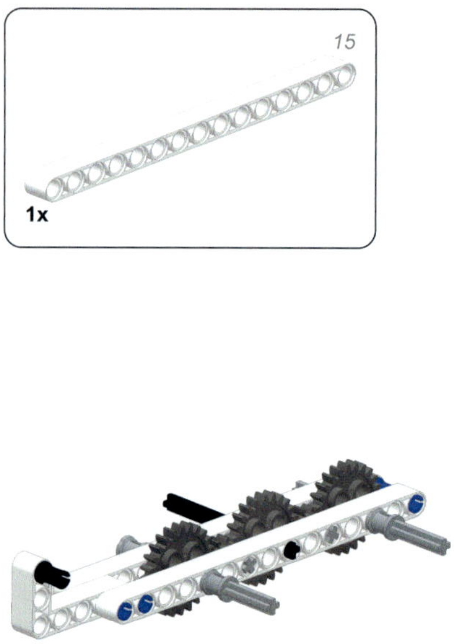

6

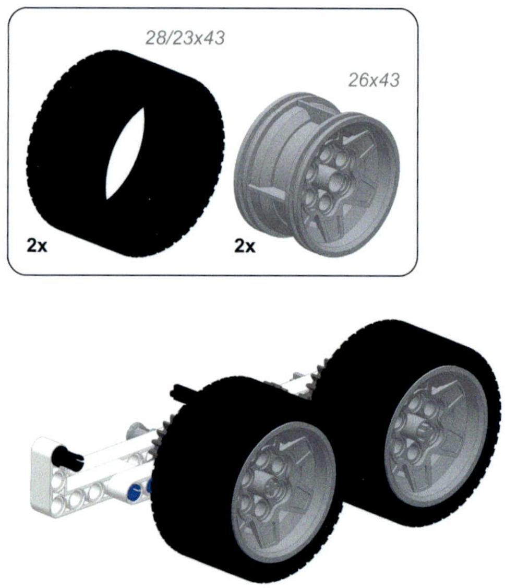

Die rechte Radseite

1

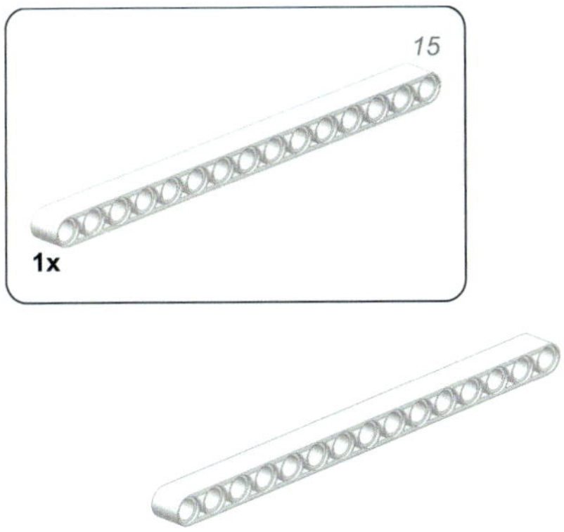

2

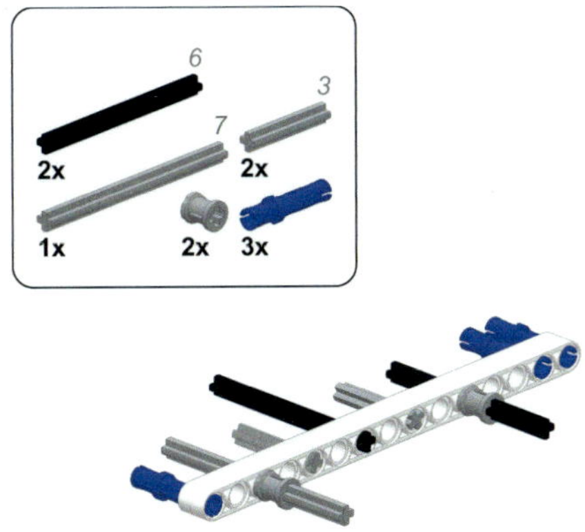

3

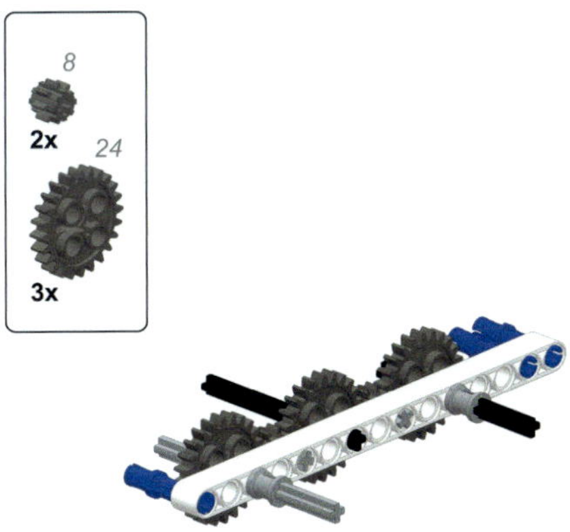

4

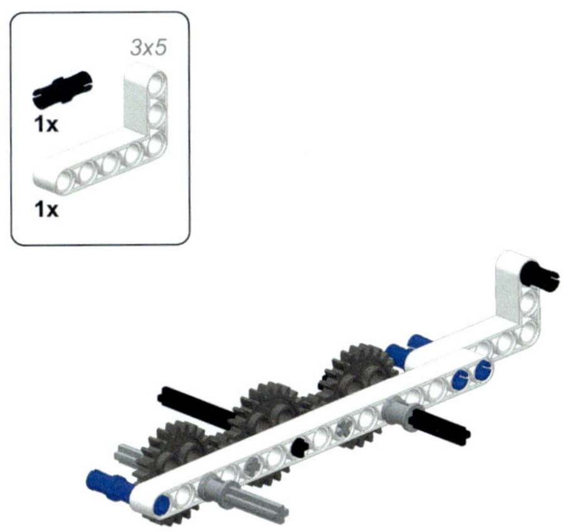

5

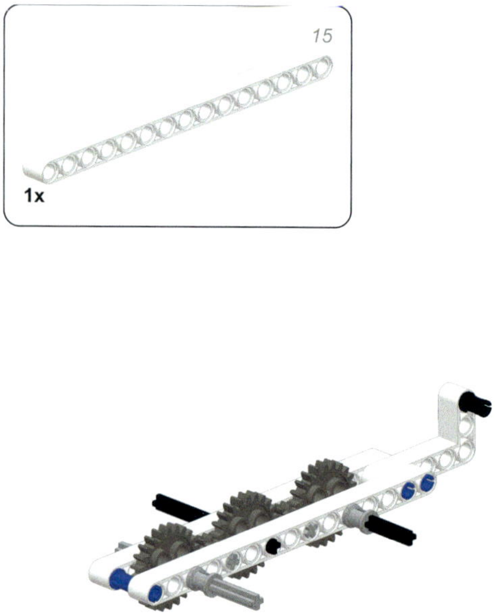

6

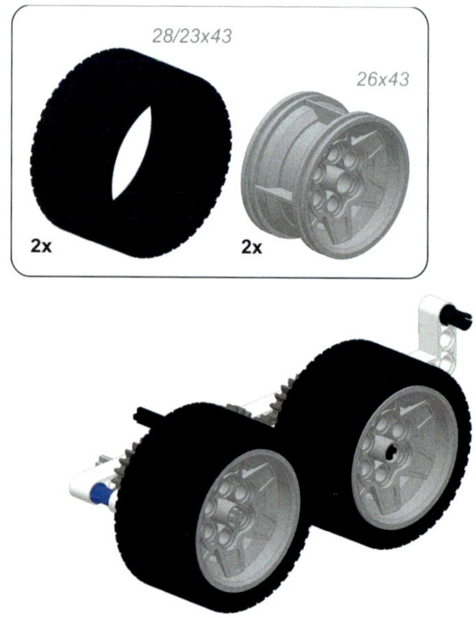

Der hintere Unterbau

1

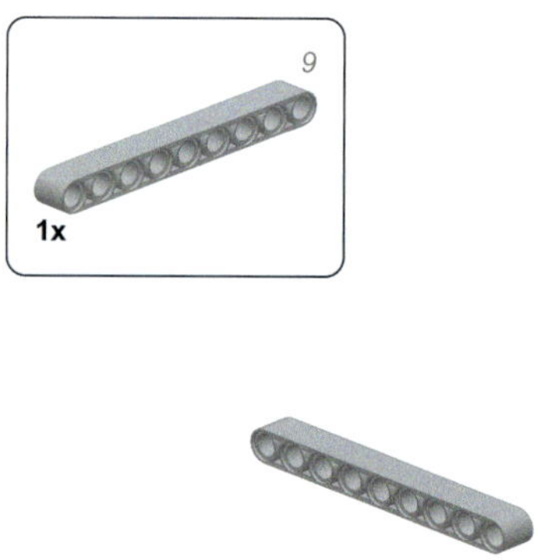

2

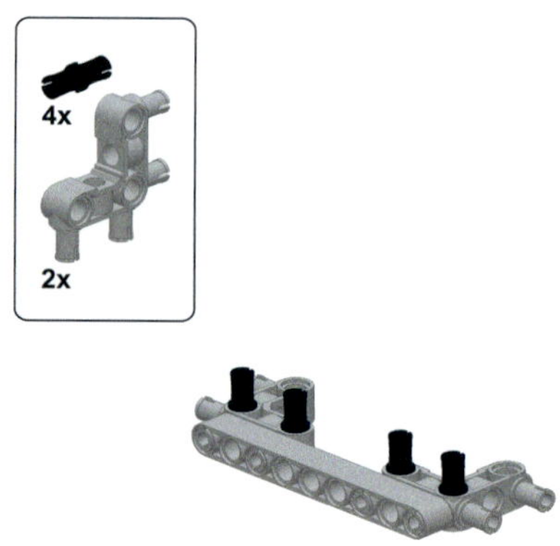

3

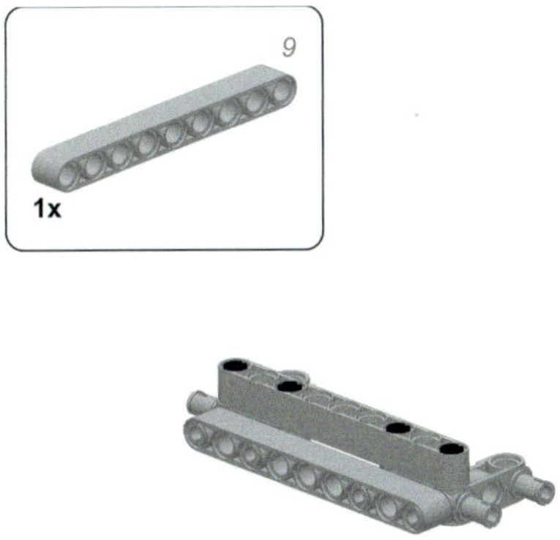

4

Der vordere Unterbau

1

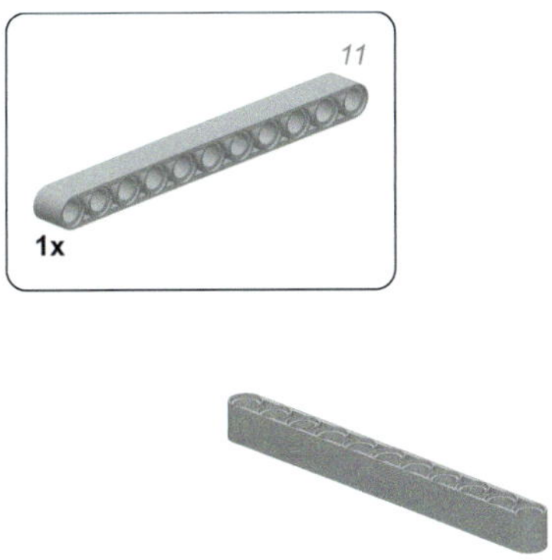

2

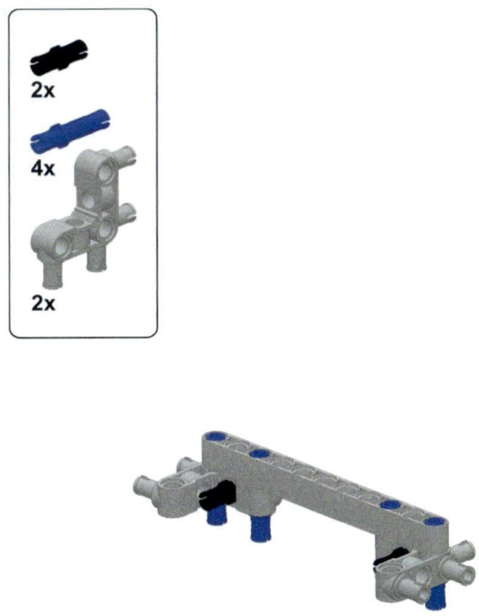

3

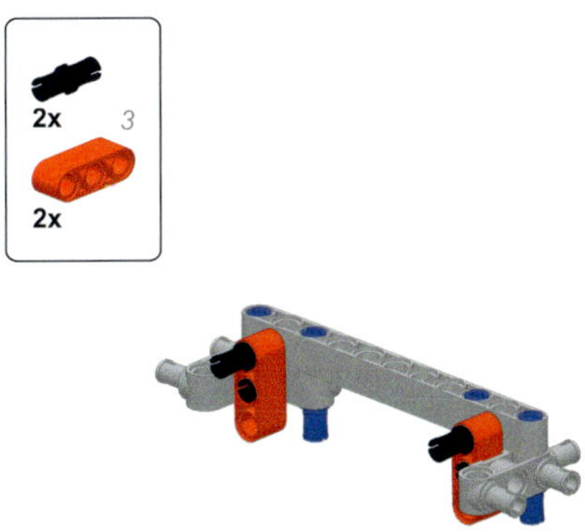

Den Kopf mit den Motoren verbinden

1

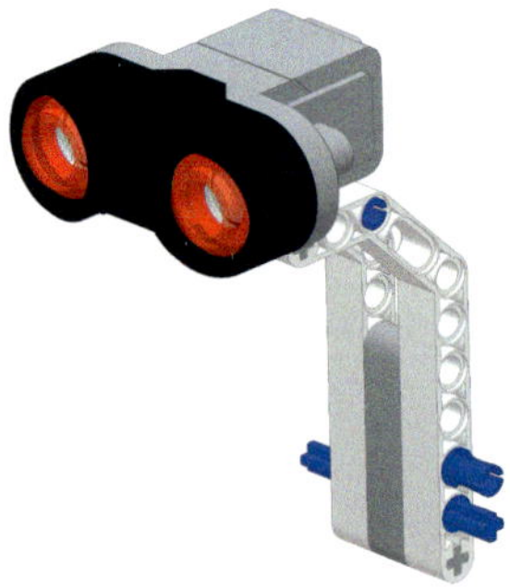

2

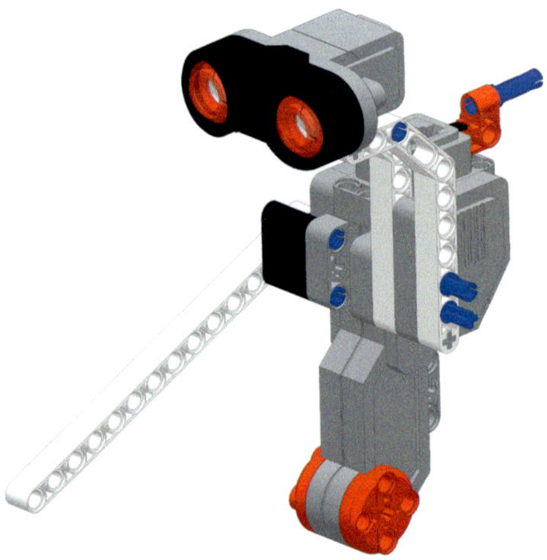

3

Die Greifer mit deren Motor verbinden

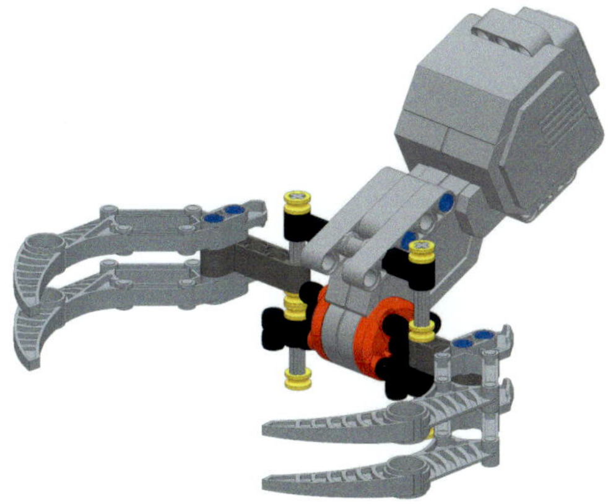

Die Stoßstange mit dem Berührungssensor verbinden

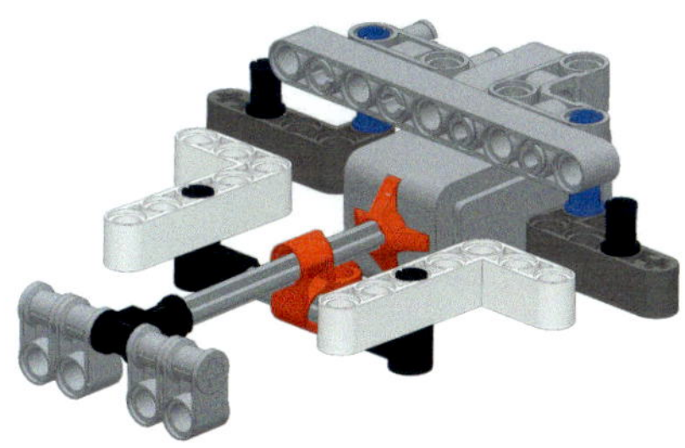

Den Unterbau mit den Rädern verbinden

1

2

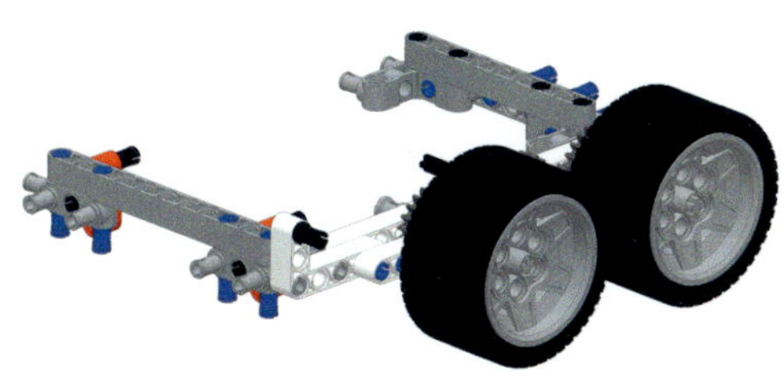

3

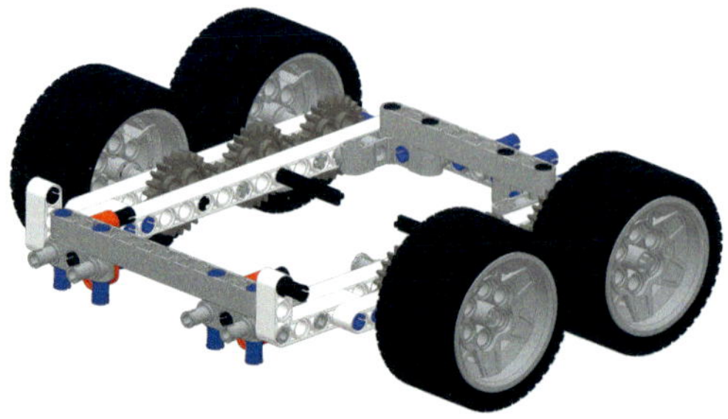

Den Greifermotor an die Verbindungskonstruktion anbringen

Die Unterkonstruktion muss zunächst wieder auseinandergebaut werden.

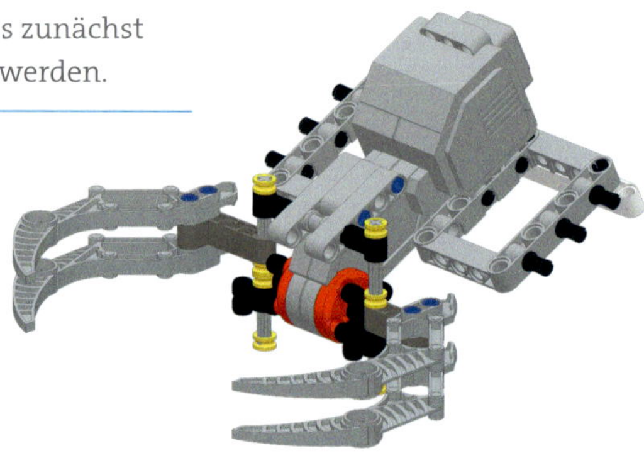

Den Unterbau mit den Antriebsmotoren verbinden

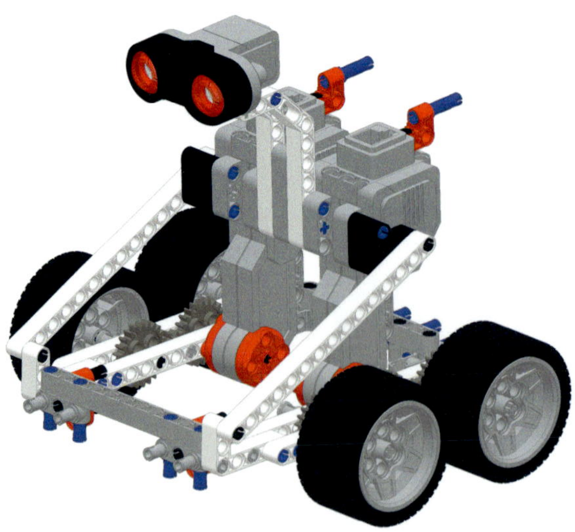

Den Farbsensor mit der Unterkonstruktion verbinden

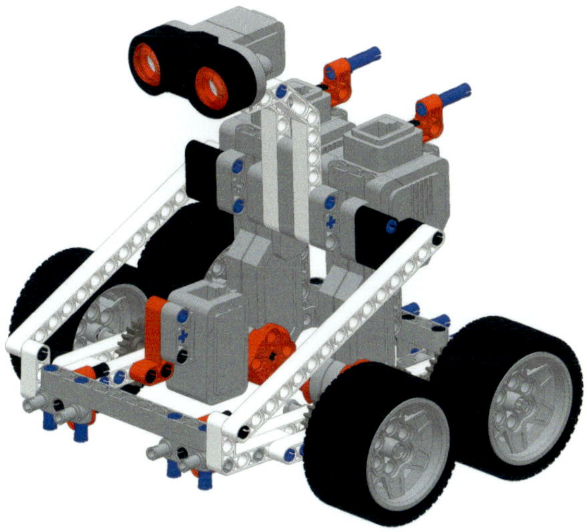

Den Geräuschsensor am linken Motor (in Fahrtrichtung vorwärts) anbringen

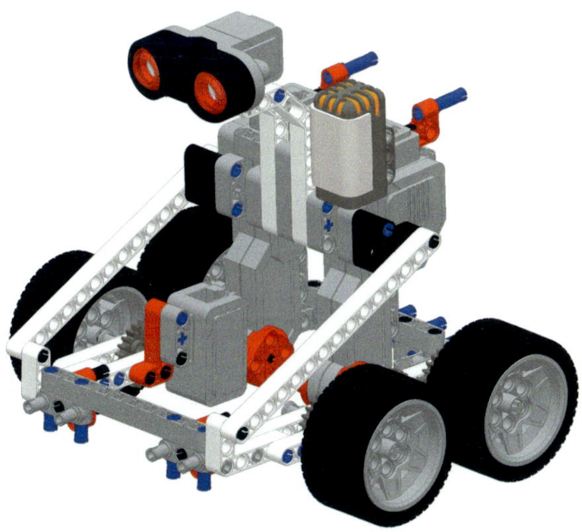

Die Greiferkomponente mit dem Unterbau verbinden

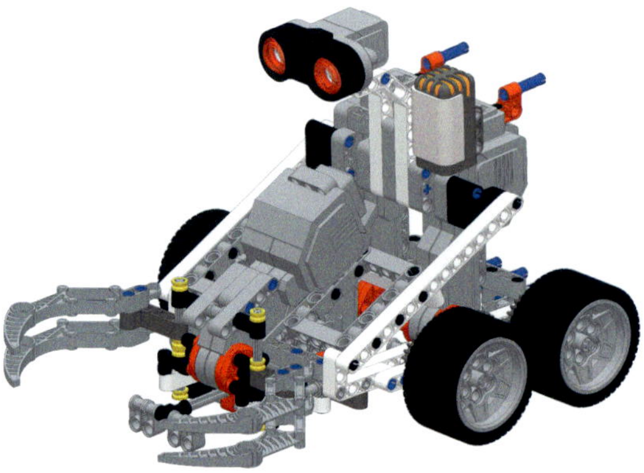

Den intelligenten EV3-Stein mit dem Unterbau verbinden

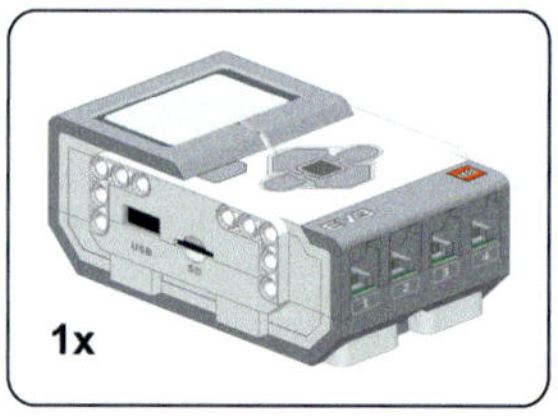

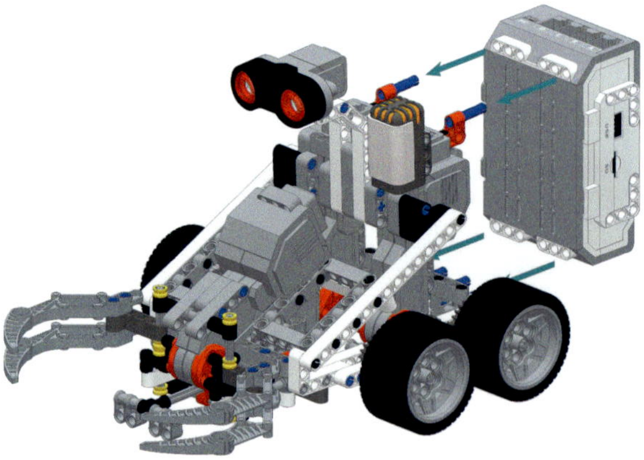

Die fertige Veronika

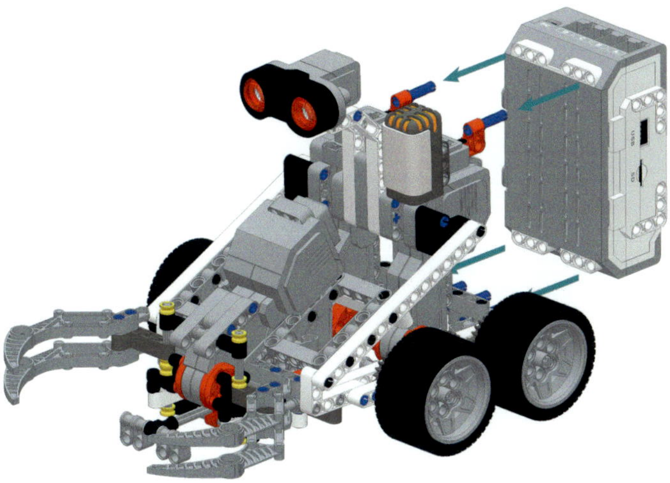

Abb. 6–8 // Die virtuell zusammengebaute Veronika

Abb. 6–9 // Die fertige Veronika mit Verkabelung und fest verbautem EV3-Stein

Die Verkabelung

Verbinde die Sensoren und Motoren mit dem programmierbaren EV3-Stein. Verwende hierzu die mitgelieferten Anschlusskabel und notiere dir die Zuordnung der Ports, z. B. *linker Motor an Port B* oder *Farbsensor an Port 1*.

Zur Erinnerung:

Die Sensoren werden am programmierbaren EV3-Stein unten angeschlossen an *Ports 1-4*. Die Motoren verbindest du oben mit den *Ports A-D*.

Benötigte Gegenstände

Damit Veronika ihre Aufgaben erfüllen kann, benötigst du noch weitere Gegenstände.

- Roter Klebestreifen, ca. 15 cm
- Gelber Klebestreifen, ca. 15 cm
- Einen Ball, ca. 3–6 cm Durchmesser
- Einen Sockel für den Ball
- Eine Befestigungsmöglichkeit für den Sockel, zum Beispiel Klebepads für glatte Böden

Das Spielfeld

Der Sockel wird auf dem Boden festgeklebt und der Ball wird darauf gelegt. In einigem Abstand vor dem Sockel wird der gelbe Klebestreifen quer zur Fahrrichtung geklebt. Etwas weiter davon entfernt wird der rote Klebestreifen ebenso befestigt. Die farbigen Streifen und der Sockel bilden eine Linie.

Abb. 6–10 // Spielfeld der Veronika

Abb. 6–11 // Veronika auf dem Spielfeld

Die Funktionen des Roboters

- Fahren: geradeaus, rückwärts, Drehung auf der Stelle
- Farben erkennen
- Geräusche wahrnehmen
- Gegenstände durch Berührung erkennen
- Gegenstände greifen
- Töne oder Klang wiedergeben

Die Aufgaben

Veronika wird vor der roten Linie gestartet und fährt geradeaus in Richtung Sockel. Sobald sie die rote Linie erreicht, hält sie an. Nach einer kleinen Pause fährt sie weiter und hält auf der gelben Linie an. Dort dreht sie sich einmal um sich selbst. Sie wartet dann auf ein Geräusch, zum Beispiel ein Klatschen oder ein Fingerschnipsen. Hat sie dieses Geräusch wahrgenommen, dreht sie sich in die entgegengesetzte Richtung wieder einmal um sich selbst.

Abb. 6–12 // Veronika reagiert auf ein Geräusch.

Nun hast du die Möglichkeit, Veronika so auszurichten, dass sie in Richtung zum Sockel mit dem Ball steht. Dies ist notwendig, da Schlupf und Staub zu Ungenauigkeit bei der Umdrehung führen können. Nachdem wieder ein Geräusch wahrgenommen wird, fährt sie geradeaus auf den Sockel zu. Sobald der Drucksensor den Sockel berührt, bremst Veronika und der Gegenstand auf dem Sockel wird gegriffen.

Abb. 6–13 // Veronika in Aktion

Anschließend dreht sich Veronika um 180° und fährt einige Zeit wieder in die Richtung, aus der sie kam. Danach bremst sie und lässt dabei den Ball los. Veronika freut sich darüber, den Ball geholt zu haben, und sagt *»Good job!«*.

Die Programmierung

Zunächst wird der technische Ablauf beschrieben, um diesen anschließend mit der symbolbasierten LEGO-Mindstorms-EV3-Software zu programmieren. Dies ist ein übliches Vorgehen in der Informatik, um frühzeitig logische Fehler zu erkennen. Damit kann kosten- und zeitintensive Programmierarbeit vermieden werden.

1. Veronika soll so lange geradeaus fahren, bis sie mit dem Farbsensor die rote Markierung erkennt. Sie soll eine Sekunde warten, bis sie weiterfährt.
2. Sie soll wieder geradeaus fahren, bis sie die gelbe Markierung mit dem Farbsensor erkennt. Dann soll sie eine 360°-Drehung nach links oder rechts ausführen. Die Richtung kannst du selbst bestimmen.
3. Sie soll nun mit dem Geräuschsensor ein Geräusch wahrnehmen.
4. Danach soll sie sich um 360° in die entgegengesetzte Richtung drehen.
5. Nun können Anpassungen an der Positionierung von Veronika vorgenommen werden. Ist dies erfolgt, soll sie auf ein Geräusch warten, um wieder loszufahren.
6. Veronika soll so lange geradeaus fahren, bis ihr Drucksensor den Sockel berührt. Daraufhin soll sie anhalten und ihre Greifer schließen.
7. Hält sie den Gegenstand in ihren Greifern, soll eine 180°-Drehung ausgeführt werden.

8. Sie soll fünf Motorumdrehungen geradeaus fahren, danach anhalten und die Greifer wieder öffnen.
9. Abschließend soll eine Klangdatei wiedergegeben werden.

Tipp:

Speichere dein Projekt öfters, um einen Datenverlust zu vermeiden. Dies geht sehr schnell mit dem Tastenkürzel Strg+S.

Planst du größeren Änderungen, dann speichere dein Projekt unter einem anderen Dateinamen. Hier ist eine **Versionierung** sinnvoll. Zum Beispiel: `20170815-PROG_Veronika-v01.ev3` für die allererste Version. Die nächste Version hätte den Dateinamen `20170815-PROG_Veronika-v02.ev3` und so weiter. Innerhalb eines Projektes kannst du selbstverständlich auch unterschiedliche Programme anlegen. Zum Beispiel `Basis` und `Erweiterung`.

Die Umsetzung des technischen Ablaufs mit der Software

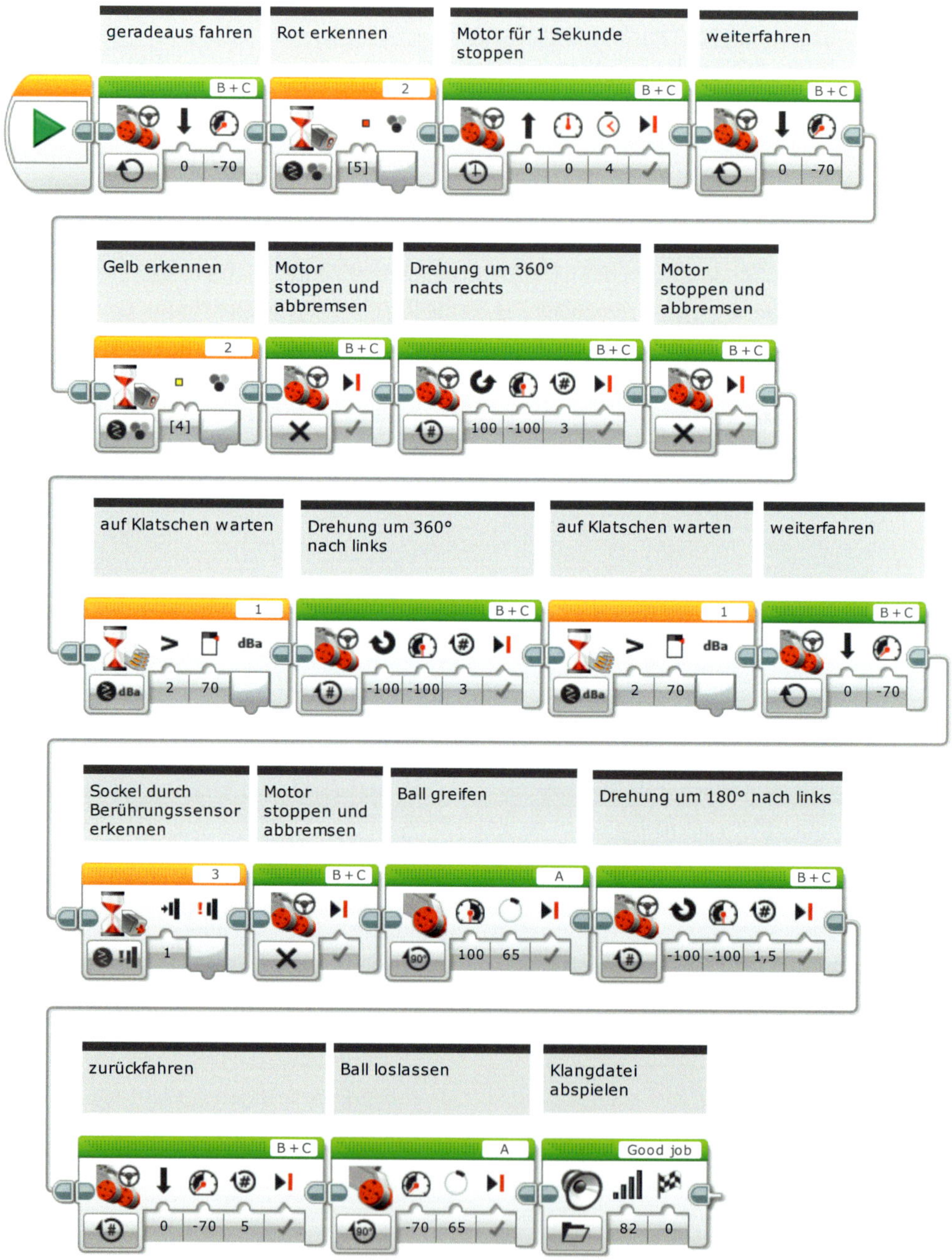

Abb. 6–14 // Das Programm Veronika

Erweiterung

Die neue Aufgabe des Roboters besteht darin, Gegenstände, die sich vor ihm befinden, zu erkennen, um nicht mit ihnen zusammenzustoßen. So kannst du zum Beispiel verhindern, dass Veronika am Sockel vorbei und direkt gegen eine Wand fahren würde.

Für die Erweiterung benötigst du den Ultraschallsensor. Falls du nur den Infrarotsensor zur Verfügung hast, kannst du ihn ebenfalls für die Distanzerkennung verwenden. Hierbei wird der Nähemodus bei der Programmierung eingesetzt. Detailliertere Informationen über die Verwendung des Infrarotsensors findest du im Hilfe-Menü der EV3-Software.

In unserem Beispiel verwenden wir den Ultraschallsensor. Den Sensor hast du bereits eingebaut, sodass du ihn jetzt mit dem letzten freien Sensor-Port verbinden kannst.

Bevor es an die Anpassung deines Programms geht, solltest du zunächst den technischen Ablauf verstanden haben. Der Ausgangspunkt ist z. B. die Stelle, nachdem Veronika an der gelben Linie gehalten hat und durch ein Geräusch wieder losgefahren ist.

1. Der Ultraschallsensor prüft so lange, ob sich ein Objekt in einem bestimmen Abstand vor dem Roboter befindet, bis der Drucksensor den Sockel erreicht hat. Verwende hier den Schleifenbaustein.
2. Wird ein Objekt erkannt, dann soll Veronika sofort anhalten. Dies kannst du mit einem Schalterbaustein realisieren.
3. Für den anderen Fall, dass sich kein Objekt auf dem Weg zum Sockel befinden sollte, fährt Veronika geradeaus weiter.

Tipp:

Erstelle ein neues Programm innerhalb deines Projektes. Klicke hierzu auf das Plus-Symbol für »Programm hinzufügen«. Den vorhandenen Programmierblock »Start« (grüner Pfeil) kannst du entfernen. Damit du das gesamte Programm nicht komplett neu bauen musst, wechsle zu deinem fertigen Programm und kopiere alles in das neu hinzugefügte. Dies gelingt am schnellsten mit dem Tastenkürzel Strg+A (alles markieren) und Kopieren mit Strg+C und im neuen Programm mit dem Tastenkürzel Strg+V (einfügen).

Die Erweiterung des Programms wird in das vorhandene Programm (Basis) integriert. Folgende Abbildung zeigt diesen Ausschnitt:

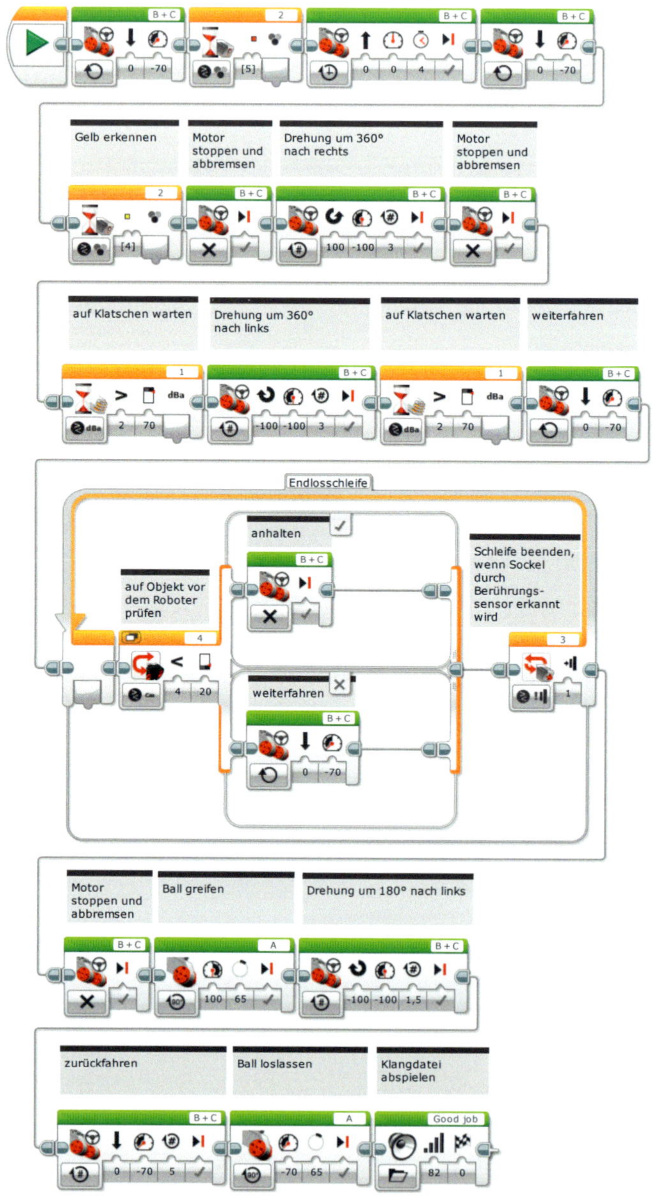

Abb. 6–15 // Die Programmerweiterung von Veronika

Die grundlegenden Funktionen hast du nun kennengelernt. Jetzt kannst du dir eigene Aufgaben für Veronika ausdenken. Oder du versuchst, den Infrarotsensor einzubauen und das Programm anzupassen.

6.3 Ballwurf

Abb. 6–16 // Der Ballwurf-Roboter

Auf einen Blick

Schwierigkeitsgrad Zusammenbau: 4 (5)
Schwierigkeitsgrad Programmierung: 5 (5)
Kategorie: Spiel
Mindstorms-Generation: EV3
Sensoren: 1 Farbsensor, 1 Berührungssensor
Motoren: 2 große Motoren
Programmierumgebung: Symbolbasierte LEGO-Mindstorms-EV3-Software

Beschreibung

Der Ballwurf-Roboter dient als Mitspieler für ein interaktives Ballwurfspiel. Das Ziel des Spiels besteht darin, Bälle aus einer bestimmten Distanz in mehrere Behälter zu werfen. Dabei spielt der Mensch gegen den Computer. Beide verwenden die gleichen Bälle. Gewonnen hat derjenige, der in einem Durchgang die meisten Bälle ins Ziel geworfen hat. Die Präzision von Robotern wird hier auf die Probe gestellt.

Benötigte Bauteile

Du benötigst neben dem Roboter zusätzlich ein – in ungespanntem Zustand – etwa 60 cm langes, möglichst stabiles Gummiband mit max. 4 mm Breite.

Tipp:

Nimm im Zweifelsfall lieber ein längeres Gummiband. Das kannst du nach der Montage kürzen und du hast noch Reserve, falls es mal reißen sollte.

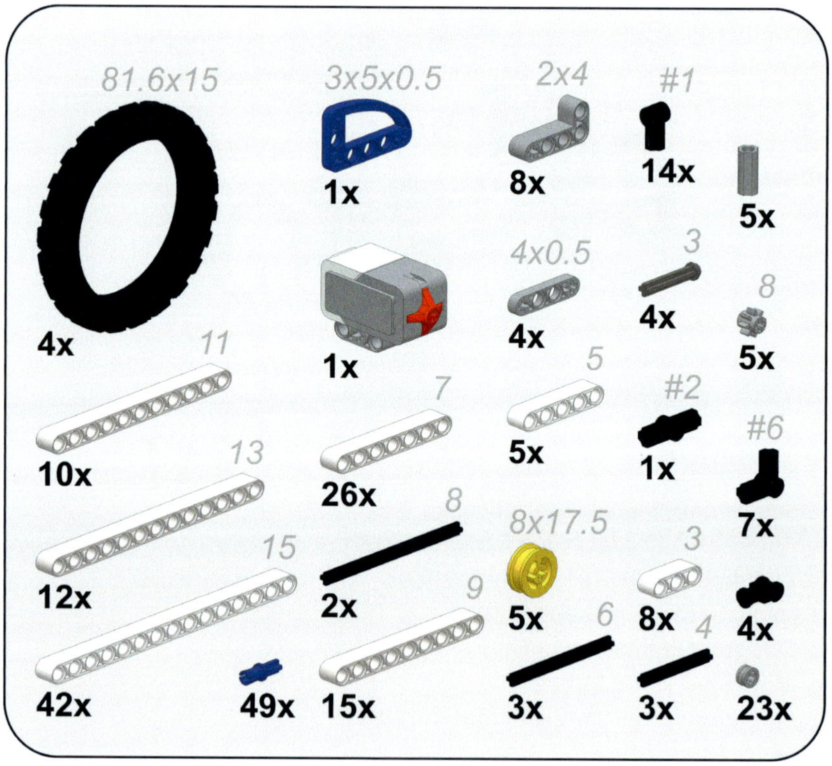

Die BOM haben wir auf der Begleitwebsite bereitgestellt.

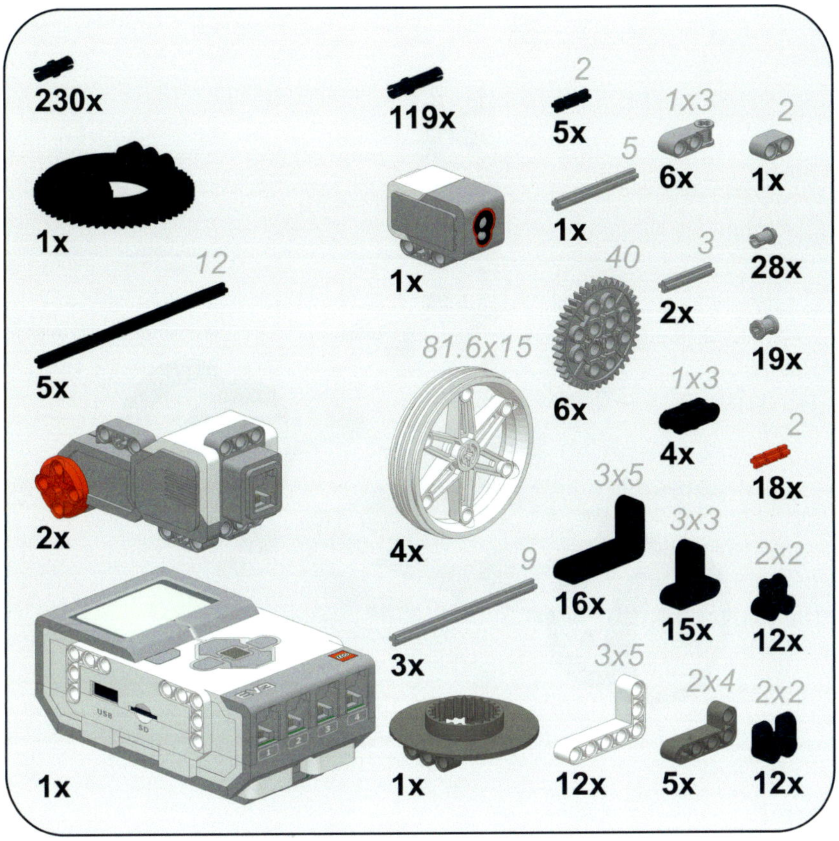

Die Bauanleitung

Der Zusammenbau des Ballwurf-Roboters ist relativ komplex. Aufgrund der vielen Einzelschritte haben wir uns dafür entschieden, an dieser Stelle nur die wesentlichen Baugruppen abzubilden. Auf unserer Begleitwebsite findest du die vollständige Bauanleitung im 3D-WebViewer. Die Baugruppen werden in der dargestellten Reihenfolge miteinander verbunden. Zum Schluss erfolgt die Verkabelung der Motoren und Sensoren mit dem EV3-Stein.

Basis

Die Basis des Ballwurf-Roboters

Turm

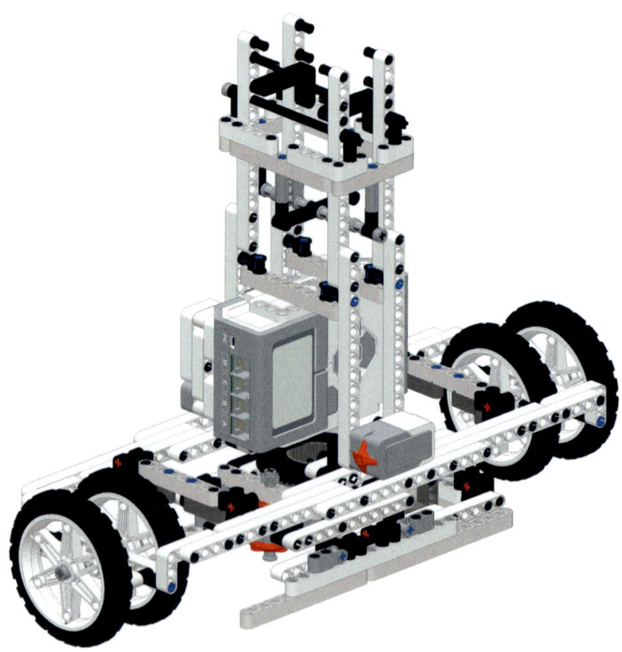

Turmaufsatz

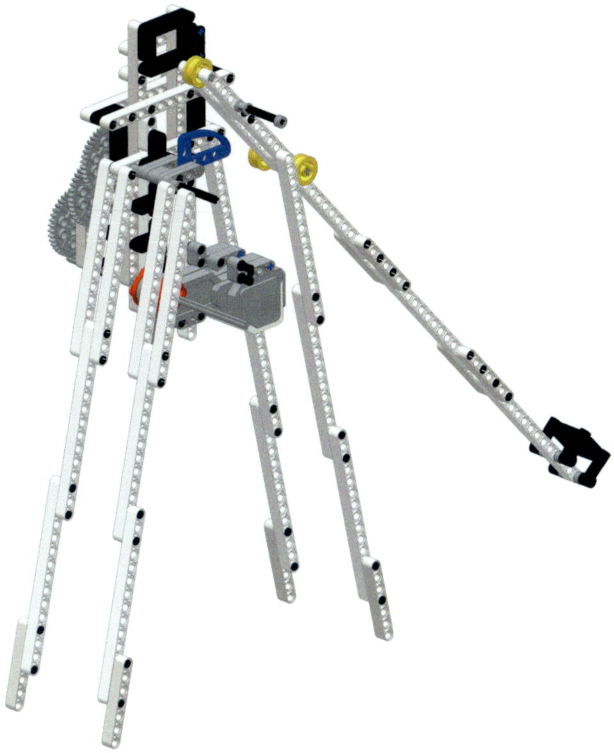

Turm komplett

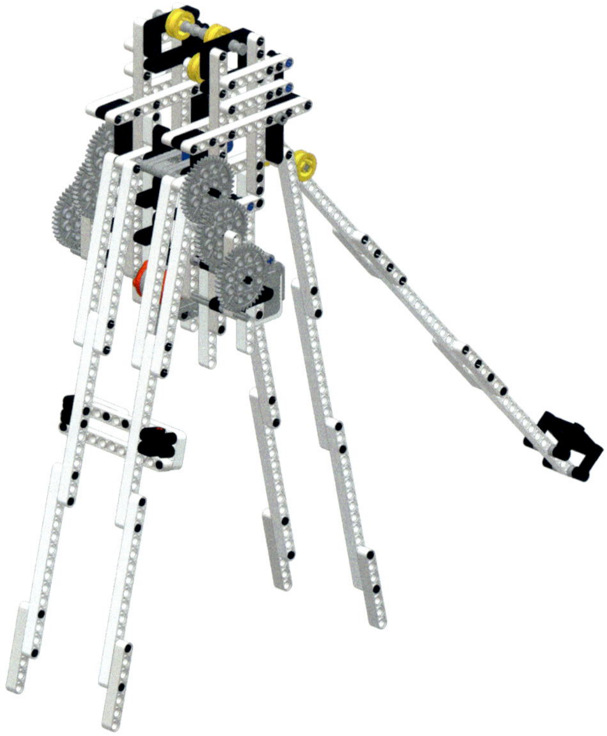

Tipp: Einbau des Gummibands

Wenn du den Roboter längere Zeit unbenutzt lässt, dann entspanne das Gummiband, damit es länger hält. Hierzu kannst du das Ende, das am Wurfarm eingehängt ist, auf die nächstgelegene Achse vor dem Wurfarm ablegen. Am Turm nimmst du beide Achsen der Vorspannvorrichtung heraus und hängst sie weiter oben ein, sodass dort auch eine Zugentlastung des Gummibands erfolgt.

Den Turm mit der Basis verbinden

Der fertige Ballwurf-Roboter

Der Farbwürfel

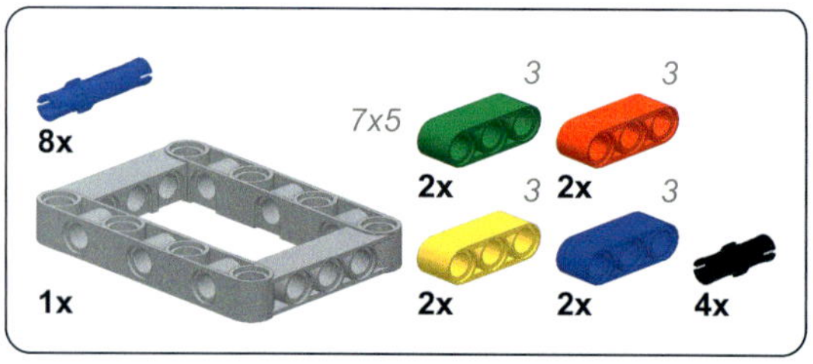

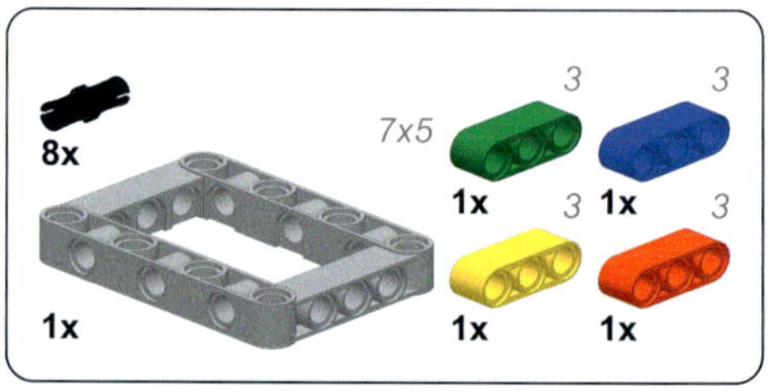

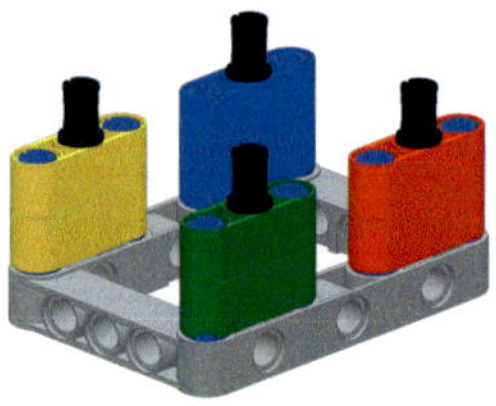

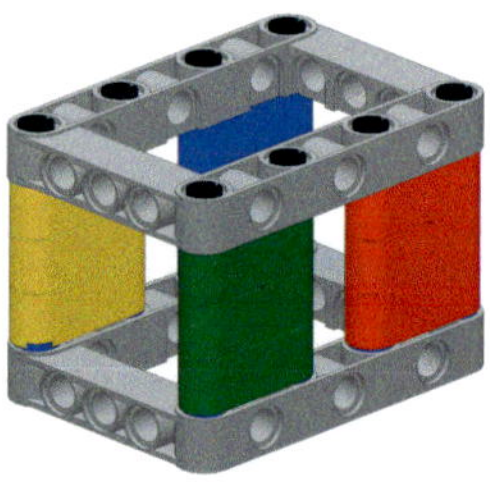

Den Farbwürfel findest du ebenfalls im Handbuch des LEGO-Mindstorms-Education-EV3-Sets. In der Education-Version der LEGO-Mindstorms-Software findest du ihn auch als digitale Bauanleitung. Dort navigierst du nach dem Programmstart zum Menüpunkt »Robot Educator« und wählst »Bauanleitungen« aus. In Kapitel 8/16 findest du dort den Quader.

Die Verkabelung

Verbinde die Sensoren und Motoren mit dem programmierbaren EV3-Stein. Verwende hierzu die mitgelieferten Kabel und notiere dir die Zuordnung der Ports, z. B. *linker Motor an Port B* oder *Farbsensor an Port 1*.

Benötigte Gegenstände

Für das Spiel benötigst du farbige Wurfbälle, zum Beispiel die von LEGO (Artikelnummer 54821), und einen Farbwürfel mit den Farben Rot, Grün und Blau, drei Behälter als Wurfziel sowie eine Schnur oder ein Maßband, um die Distanz vom Roboter zu den Behältern festlegen zu können.

Das Spielfeld

Stelle den Roboter auf einen festen Untergrund. Dabei kannst du ihn wahlweise auf den Boden stellen oder in eine erhöhte Position, z. B. auf einen Tisch. Platziere die drei Behälter auf einem gedachten Kreisbogen um den Roboter. Dabei spielt die Ausrichtung des Wurfarmes eine wichtige Rolle. Zur besseren Orientierung kannst du folgendes Schaubild verwenden.

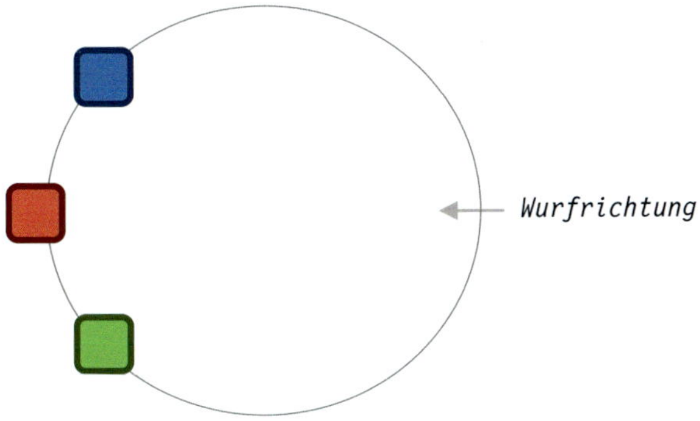

Abb. 6–17 // Spielfeld Ballwurf

Tipp:

Sobald du eine geeignete Distanz gefunden hast, mache dir auf einer Schnur in diesem Abstand einen Knoten an jedem Ende. Dies erleichtert dir den erneuten Spielaufbau.

Die Funktionen des Roboters

- Positionierung: drei horizontale Positionen ansteuern
- Ballwurf: eine Wurfbewegung durchführen
- Farben erkennen
- Töne oder Klang wiedergeben

Die Spielanleitung

- Jeder Spieler bekommt 3 Bälle. Diese haben die Farben Blau, Grün und Rot.
- Der blaue Ball muss in das blau markierte Ziel geworfen werden.
- Der grüne Ball in das grün markierte Ziel.
- Der rote Ball in das rot markierte Ziel.
- Geworfen wird abwechselnd, wobei die Maschine beginnt.
- Die Reihenfolge, in welche Ziele geworfen wird, ist Blau, Grün, Rot.
- Der Spieler mit den meisten Treffern gewinnt. Bei einem Unentschieden kommt es zum Stechen. Geworfen wird dann auf das mittlere Ziel. Treffen erneut beide oder keiner, gewinnt der Mensch.

Diese Spielanleitung soll als Orientierung dienen. Selbstverständlich kannst du deine eigene Variante spielen.

Abb. 6–18 // Beladen des Wurfarmes

Abb. 6–19 // Ein Spielender wählt über die Farbe das Ziel.

Die Programmierung

Der technische Ablauf gestaltet sich folgendermaßen:

Der untere Motor ist für die horizontale Drehung des Roboters zuständig. Mit ihm kannst du die Richtung bestimmen, in die der Roboter den Ball wirft.

Der Motor im Turm dreht den blauen, gebogenen Liftarm. Dieser spannt den Wurfarm und löst ihn nach einer vollständigen Rotation aus.

Mit dem Start des Programms beginnt ein neuer Wurfdurchlauf. Zu Beginn eines Durchlaufs wird zunächst die Sounddatei »Okey Dokey« abgespielt. Nun wartet der Roboter darauf, dass der Berührungssensor ausgelöst wird. Sobald dieser ausgelöst wird, misst der Farbsensor die sich vor ihm befindende Farbe. Man muss die Farbe also schon beim Drücken des Berührungssensors vor den

Farbsensor halten. Abhängig vom gemessenen Farbwert wird genau eine der folgenden Aktionen ausgelöst.

- Keine Farbe: Es wird ein Fehlerton abgespielt. Ansonsten passiert nichts.
- Farbe Rot: Der Roboter wirft den Ball, ohne sich vorher zu drehen.
- Farbe Blau: Der Roboter dreht sich um ca. 30° nach rechts und wirft. Anschließend erfolgt eine Drehung zurück in die Ausgangsposition, also um ca. 30° nach links.
- Farbe Grün: Der Roboter dreht sich um ca. 30° nach links und wirft. Anschließend führt er eine Drehung in die Ausgangsposition durch, also um ca. 30° nach rechts.

Danach ist der aktuelle Durchlauf abgeschlossen und es beginnt ein neuer.

Technischer Ablauf der Motorbewegungen

- Werfen: Wurfarm-Motor dreht sich um 125 Umdrehungen mit voller Leistung. Dies kann wegen der Übersetzung der Zahnräder einige Zeit dauern.
- Drehen nach links: Drehmotor dreht sich um -0,6 Umdrehungen mit 30 % Leistung.
- Drehen nach rechts: Drehmotor dreht sich um 0,6 Umdrehungen mit 30 % Leistung.

Hinweis:

Der Wurfarm-Motor dreht sich nicht immer exakt in die Ausgangslage zurück. Deshalb sollte die Drehung im Programm angepasst werden.

Mit dem Spannzug kannst du die Wurfweite bestimmen. Je weiter unten der Spannzug befestigt ist, desto mehr Spannung liegt auf dem Gummi und der Ball kann weiter geworfen werden.

Die Umsetzung des technischen Ablaufs mit der Software

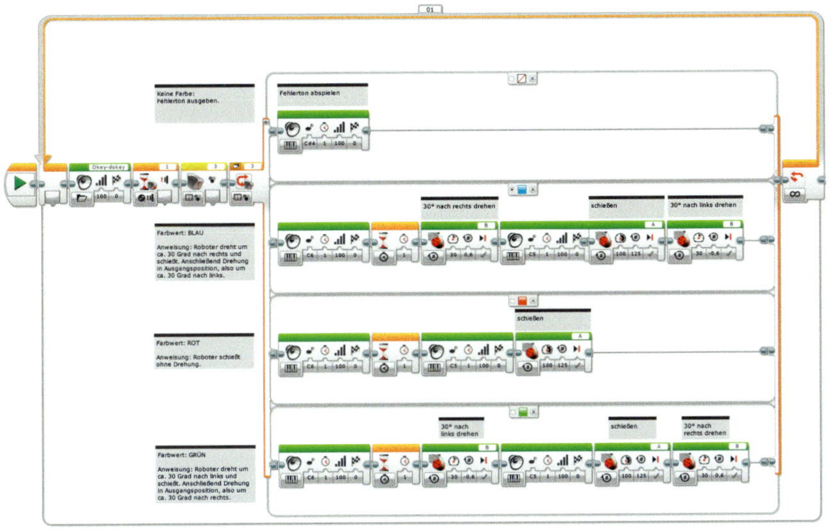

Das Programm Ballwurf

Im Programm findest du erklärende Kommentare zu den Programmierblöcken.

Erweiterung

Der Drucksensor könnte für die Dauer der Motordrehung mit eingebunden werden.

Die Distanz kann durch die Vorspannung des Gummibands variiert werden.

Die Repetitionsgeschwindigkeit könnte durch eine andere Kombination der Zahnräder verändert werden. Dies bedingt gleichzeitig eine Anpassung der Software.

6.4 Energiesystem

Abb. 6–20 // Das Energiesystem

Auf einen Blick

Schwierigkeitsgrad Zusammenbau: 2 (5)
Schwierigkeitsgrad Programmierung: 4 (5)
Kategorie: Physik
Mindstorms-Generation: EV3
Sensoren: 1 Energiemessgerät, 2 Solarmodule aus dem Ergänzungsset Erneuerbare Energien
Motoren: 2 große Motoren
Programmierumgebung: Symbolbasierte LEGO-Mindstorms-EV3-Software

---

Beschreibung

Der Energieverbrauch steigt weltweit stetig an und wird momentan noch zum großen Teil aus fossilen Brennstoffen gedeckt, die jedoch in naher Zukunft erschöpft sind. Der heutigen Generation von Schülern sollte deshalb frühzeitig alternative Möglichkeiten der Energiegewinnung vermittelt werden. Hierzu zählen etwa Wasserkraft, Windkraft, Sonnenenergie, Geothermie sowie Biomasse.

LEGO Mindstorms Education bietet ein Ergänzungsset mit dem Titel Erneuerbare Energien an. Dieses Set beinhaltet verschiedene Komponenten, um auf praktische Weise an die Möglichkeiten alternativer Energiegewinnung heranzuführen. Wir beschreiben einen Versuchsaufbau zum Thema Erneuerbare Energien und geben dir einen Einblick in das zukunftsbestimmende Themengebiet. Insgesamt besteht das Experiment aus vier einzelnen Energieerzeugern, die jeweils ihre erzeugte Energie zum Energiemessgerät leiten, um dort gespeichert zu werden. Auf der Verbraucherseite gibt es ein Haushaltsgerät und ein Elektroauto.

Zunächst ist es wichtig, die relevanten physikalischen Grundlagen zu verstehen, die zum Verständnis erneuerbarer Energietechnologien notwendig sind. Dieses Basiswissen kannst du auf der begleitenden Website nachlesen.

Aus dem Energiesystem werden wir uns das Solarmodul genauer betrachten und dieses Experiment aufbauen.

Benötigte Bauteile

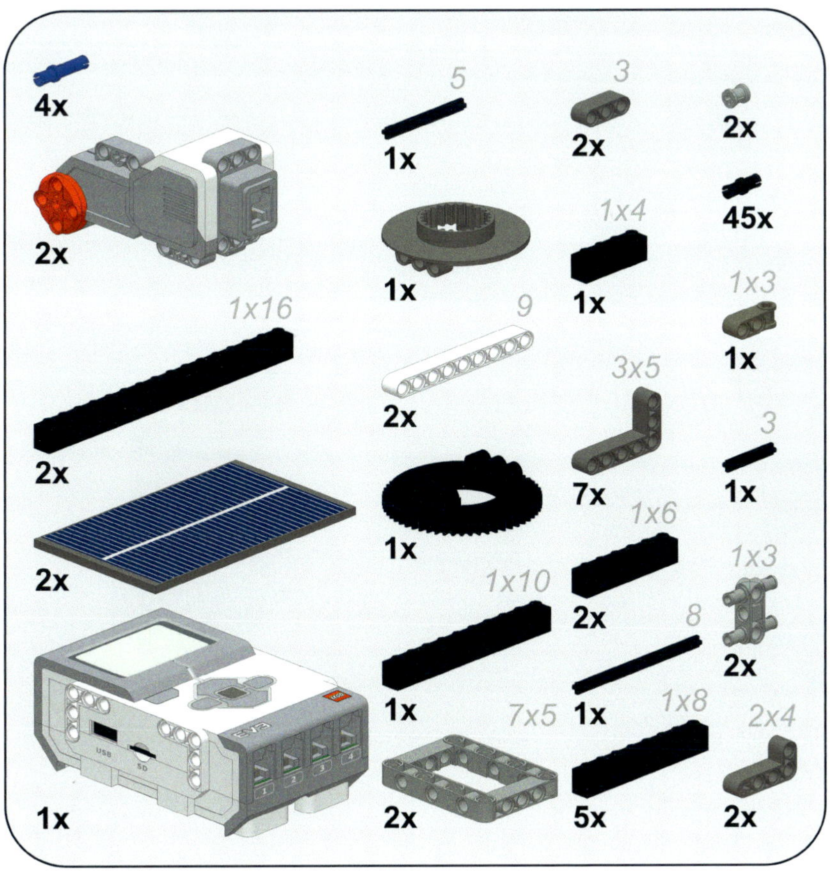

Abb. 6–21 // Bauteilübersicht des Energiesystems

Die Bauanleitung

1

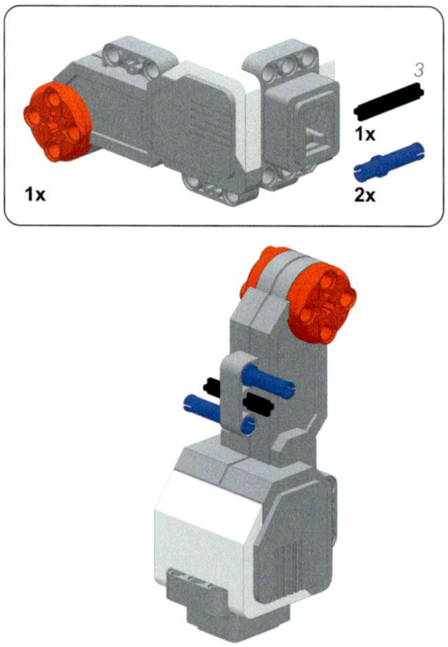

2

3

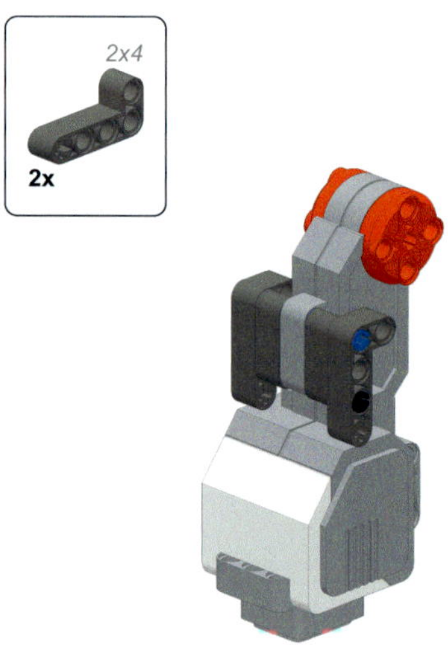

4

5

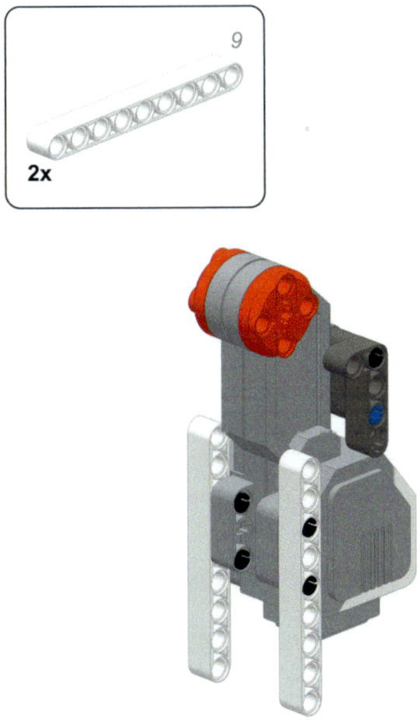

6

7

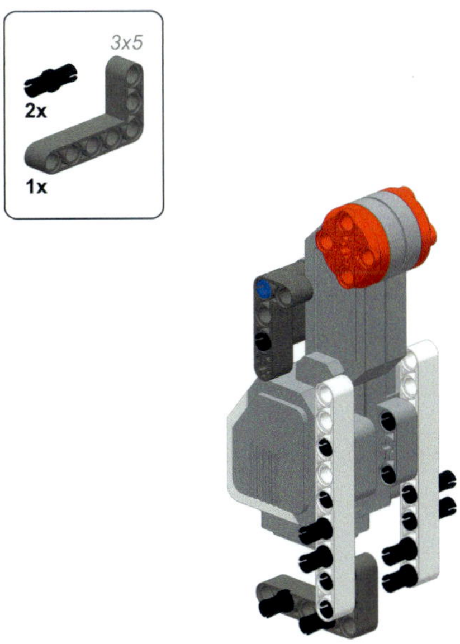

8

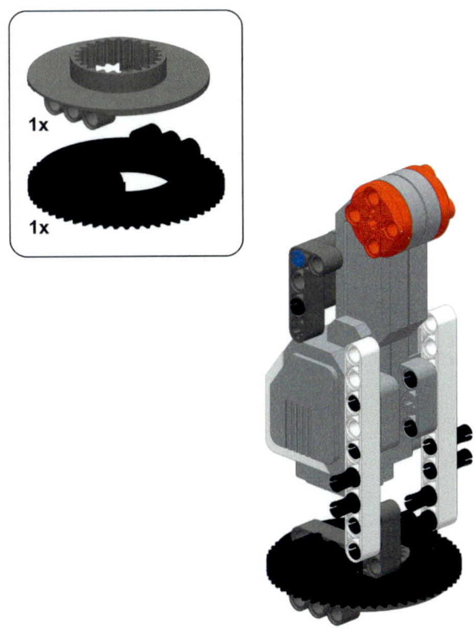

9

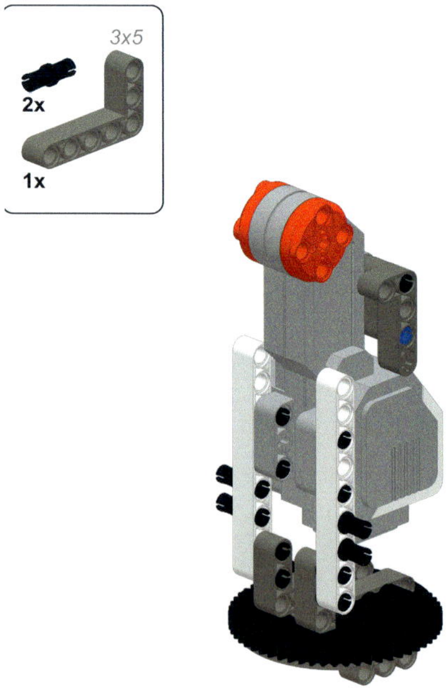

10

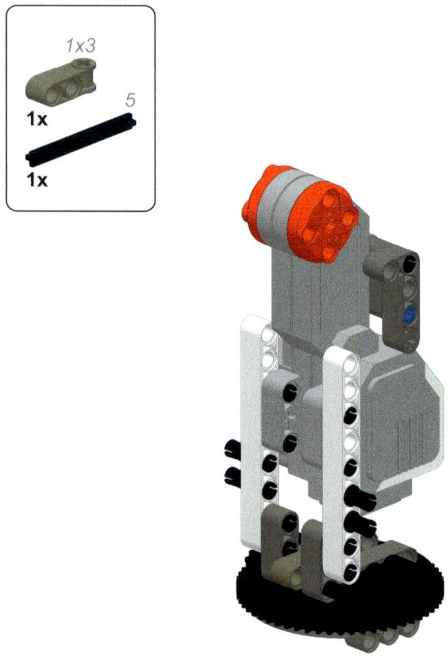

11

12

HINWEIS:

Es wird je ein Pin in das mittlere Loch der Drehplatte eingebaut.

13

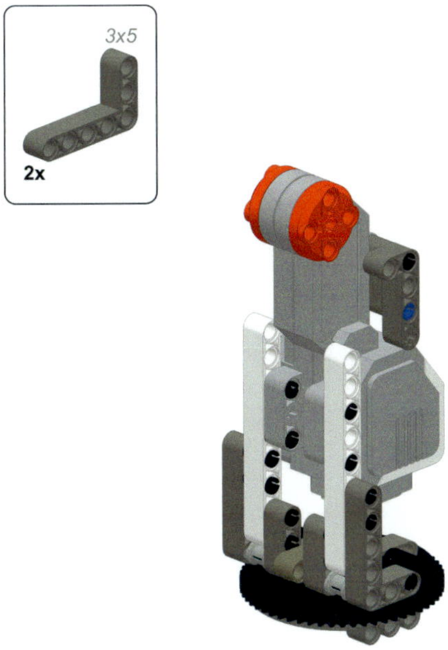

14

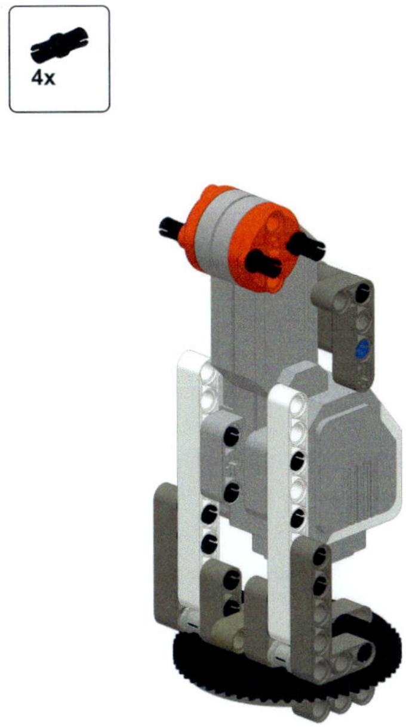

15

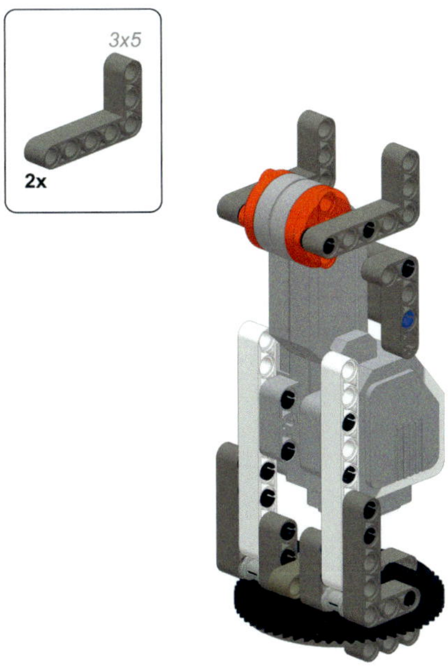

16

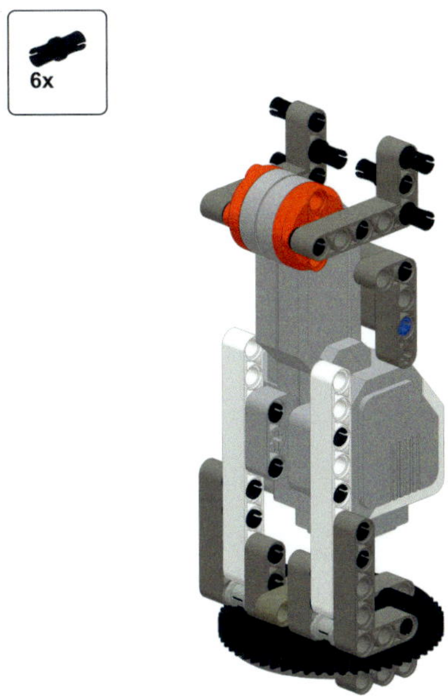

17

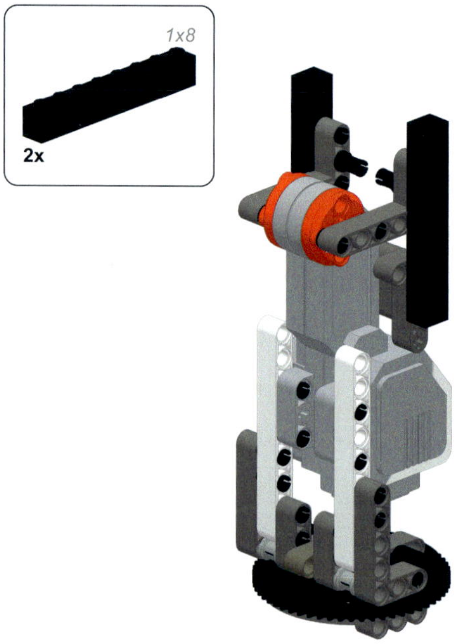

18

19

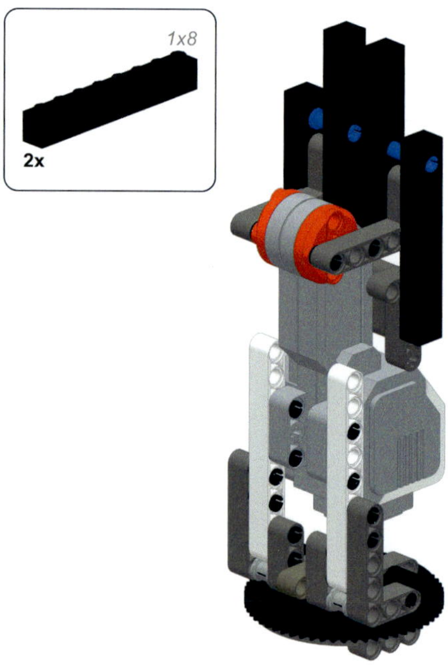

20

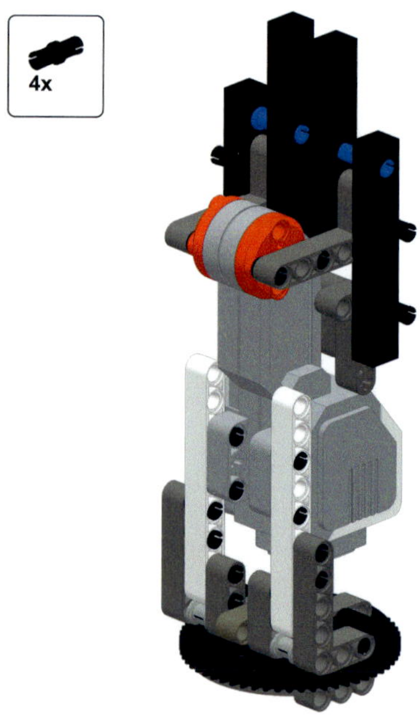

21

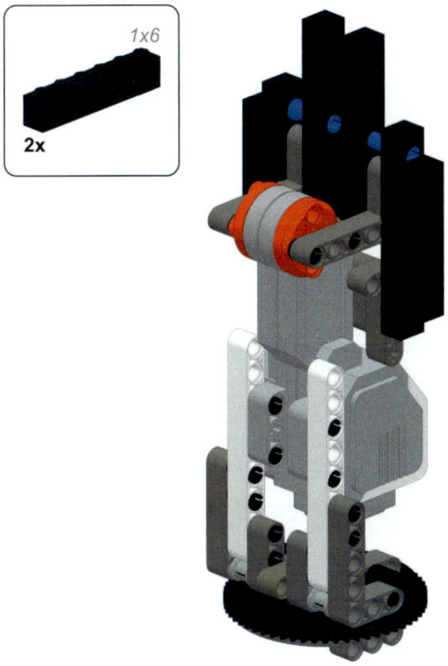

22

23

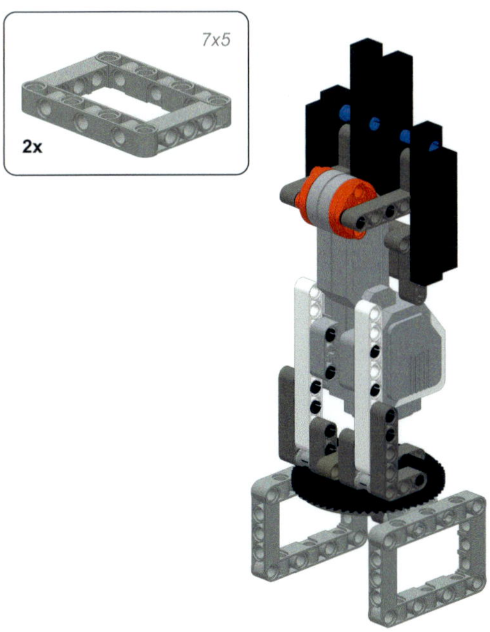

24

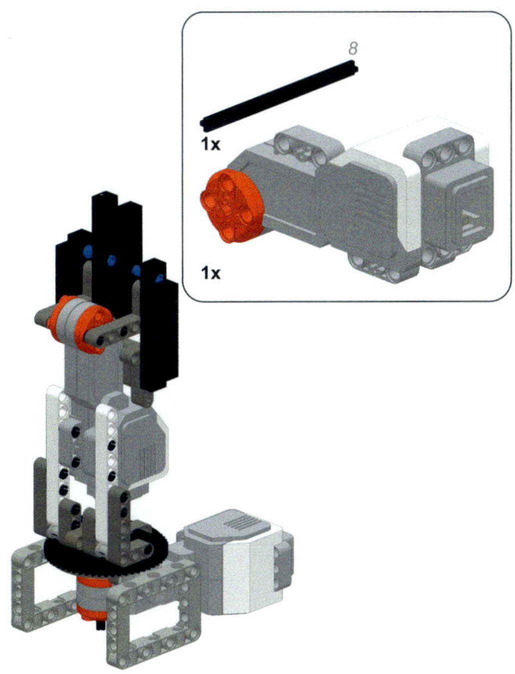

25

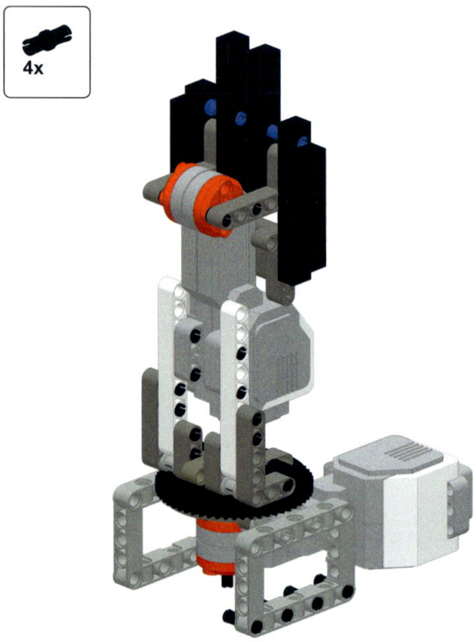

26

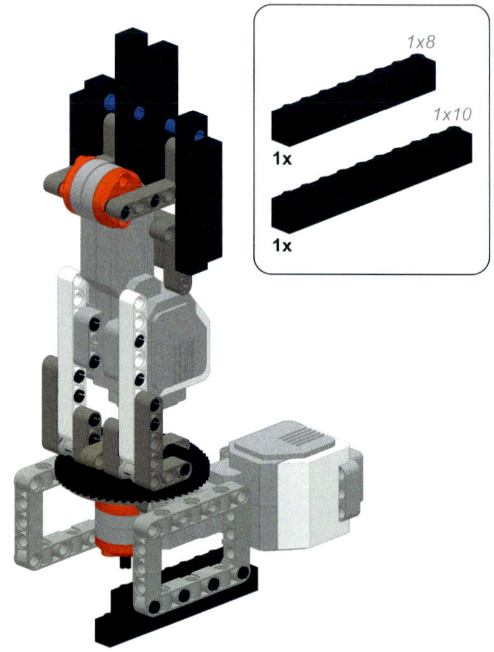

27

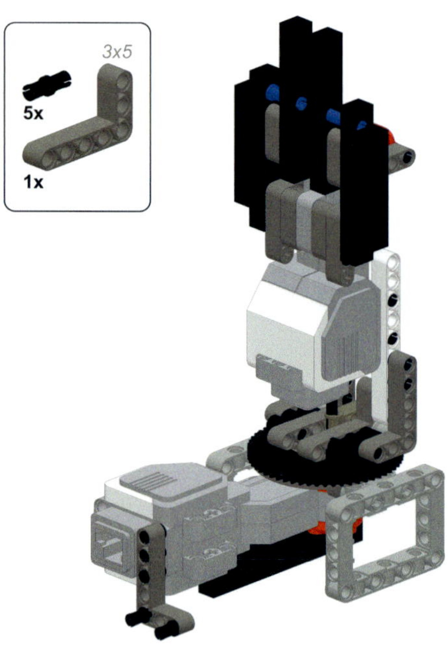

28

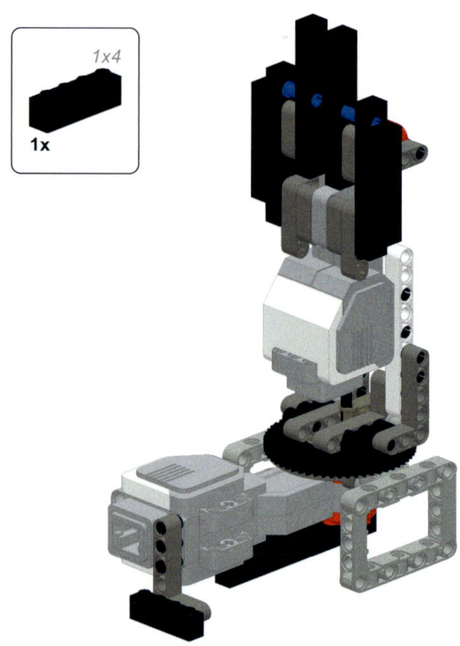

29

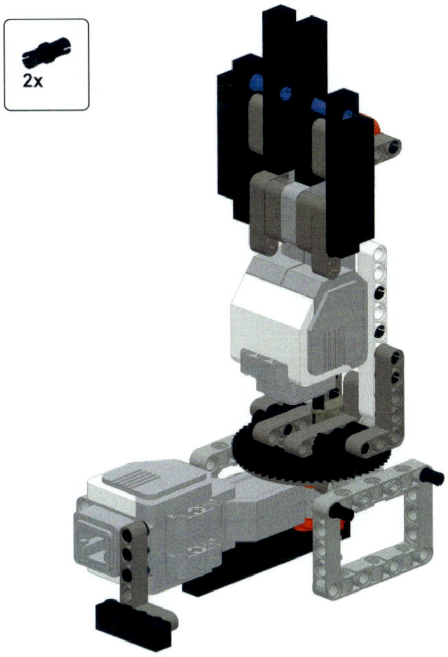

30

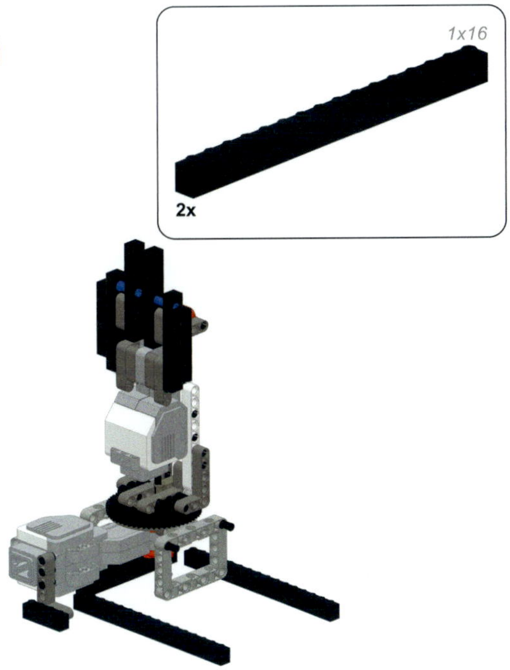

31

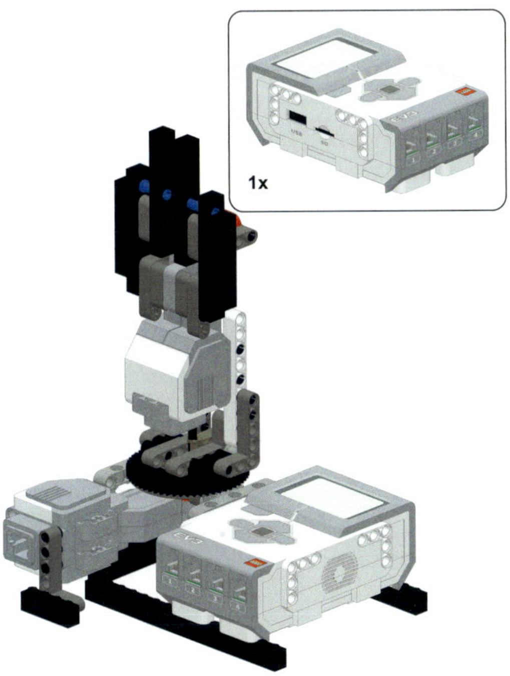

32

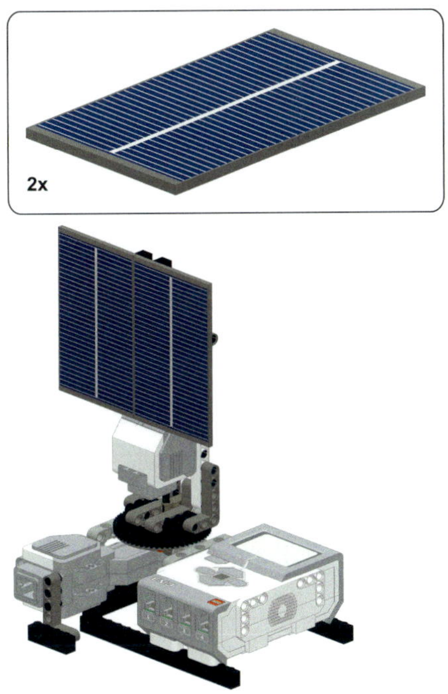

Die Verkabelung

Verbinde die Motoren mit dem programmierbaren EV3-Stein. Verwende hierzu die mitgelieferten Anschlusskabel und notiere dir die Zuordnung der Ports. Für die Verbindung zwischen Energiezähler und dem Solarmodul verwendest du LEGO-Power-Functions-Kabel aus dem Ergänzungsset Erneuerbare Energien. Die Kommunikation zwischen Energiemessgerät und einem intelligenten EV3-Baustein wird anhand eines EV3-Anschlusskabels durchgeführt.

Benötigte Gegenstände

Damit das Energie-Experiment starten kann, benötigst du noch weitere Gegenstände:

- Sonnenlicht oder eine Lichtquelle mit einer Leistung des Leuchtmittels ab 60 W
- Muskelkraft für die Handkurbel
- Wenn du die anderen Experimente selbstständig nachbauen möchtest, benötigst du:
  - Wind oder einen Ventilator
  - 1 Kunststoff-Fass mit Auslasshahn, ca. 10 l
  - Wasser

Der Systemaufbau

Der Gesamtaufbau umfasst folgende Bereiche:

- Energie gewinnen durch Sonnenkraft: das Solarmodul
- Energie gewinnen durch Windkraft: die Rotorblätter
- Energie gewinnen durch Wasserkraft: das Wasserkraftwerk
- Energie gewinnen durch Muskelkraft: die Handkurbel
- Energie speichern: das Energiemessgerät
- Energie verbrauchen im Haushalt: der Mixer, alternativ der Ventilator
- Energie verbrauchen im Straßenverkehr: das Elektrofahrzeug

Wir stellen die einzelnen Bereiche kurz vor, konzentrieren uns aber bei der Programmierung auf das Solarmodul.

Das Solarmodul

Das im Set enthaltene Solarmodul liefert den Angaben von LEGO nach bei Verwendung einer 60-Watt-Glühlampe mit einem Abstand von 25 cm und direkter Bestrahlung eine Spannung von 5 Volt und einen Strom von 4 mA. Wird die Entfernung auf 8 cm verkürzt, bleibt die Spannung identisch, jedoch erhöht sich der Strom auf 20 mA.

Abb. 6–22 //
Das Solarmodul

Die Windkraftanlage

Abb. 6–23 // Die Windkraftanlage

Das Wasserkraftwerk

Abb. 6–24 // Das Wasserkraftwerk

Die Handkurbel

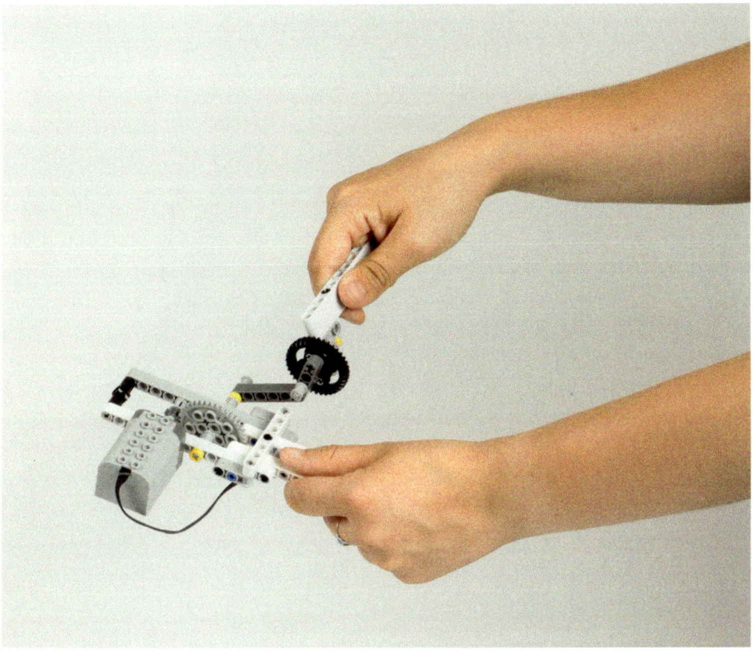

Abb. 6–25 // Die Handkurbel

Das Energiemessgerät

Das Energiemessgerät wird in der LEGO-Mindstorms-Education-EV3-Software schlicht mit Energiezähler bezeichnet. Dieses elektrische Bauteil besteht aus der Kombination von Energy Display und dem Energy Storage. Der Energy Storage (Artikelnummer 9669) ist ein Akkumulator in Nickel-Metallhydrid-Technologie (NiMH). Die Kapazität beträgt 150 mAh. Der Haupteinsatzzweck des Energiemessgeräts ist die Speicherung und Abgabe von Energie. Das Gerät sammelt während dieser Vorgänge bestimmte Messwerte zu Spannung, Stromstärke, Leistung und Menge der gespeicherten Energie in Joule. Diese Messwerte können im sogenannten Auswertungsfenster des Energy Display betrachtet, in der EV3-Software anhand von Diagrammen analysiert oder zur Programmierung von Abläufen verwendet werden.

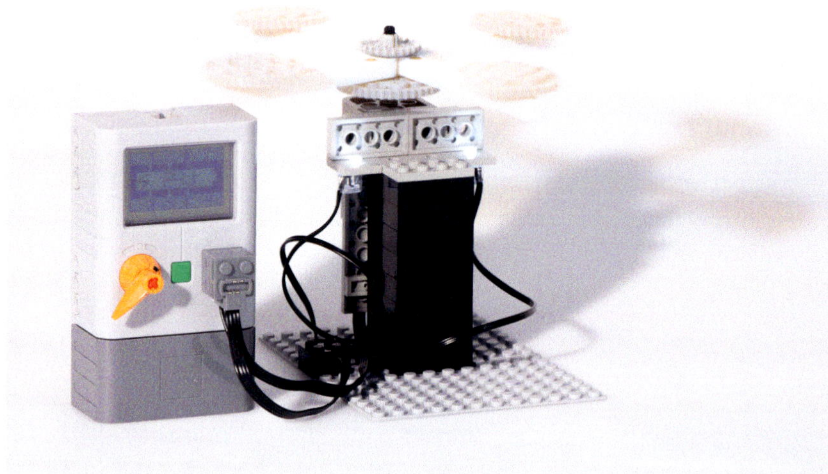

Der Mixer, alternativ der Ventilator

Das Elektrofahrzeug

Die Funktionen des Energiesystems

Damit die Position des Solarmoduls gespeichert werden kann, bei der die aktuelle Maximalleistung gemessen wird, werden Winkel und Lageposition als Parameter abgespeichert. Motor A regelt den Winkel des Solarmoduls, Motor B regelt die Lageposition. Zu Beginn des Experiments werden alle Motoren und verwendeten Variablen mit dem Wert 0 initialisiert.

Nun sollen folgende Fälle betrachtet werden. Die Winkelpositionen, die Motor A einnehmen soll, sind 0°, 45° und 90°. Bei 0° und 45° soll zusätzlich die Lageposition einmal in alle Himmelsrichtungen zeigen, also muss Motor B vier Positionen einnehmen. Bei 90° ist die Lageposition unwichtig, da das Solarmodul parallel zum Boden steht.

In all diesen Positionsvarianten soll das Energiemessgerät die umgewandelte Sonneneinstrahlung in Volt messen. Während sich der Roboter mit dem Solarmodul dreht, soll der aktuelle Spannungswert gemessen und mit dem vorigen Wert verglichen werden. Ist der aktuelle Wert größer, dann ist die Sonneneinstrahlung an dieser Positionsvariante am stärksten. Dann sollen der Winkel und die Lageposition mit den aktuellen Werten überschrieben werden.

Die Programmierung

Für die Programmierung benötigst du die Education Edition der LEGO Mindstorms EV3 Software. Zu allererst wird der technische Ablauf beschrieben. Bei der Umsetzung mit der EV3 Software gibt es ein Hauptprogramm »Energie« und einen eigenen Programmierblock »Ausgangspunkt«, der als Unterprogramm eingebunden ist.

Das Hauptprogramm besteht aus sehr vielen Blöcken und Kontrollstrukturen, sodass eine Abbildung hier im Buch nicht die gewünschte Qualität bieten kann. Deshalb stellen wir das gesamte Programm auf der Begleitwebsite als Download bereit.

Hauptprogramm Energie

- Die Anfangswerte folgender Variablen vom Typ Numeric auf 0 setzen:
  - Ort_A
  - Ort_B
  - alt_V
  - neu_V
  - Dreh_B
  - Pos_A
- Schleife für Motor B (Drehung des Solarmoduls)
- Schleife für Motor A (Neigung des Solarmoduls)
  - 1. Schleife: Wiederholung
  - 2. Schleife: Drehung, langsame Drehung des unteren Motors (4-mal)
  - 3. Schleife: Solar Panel, Speicherung der neuen Werte (2-mal)

Wenn der Spannungswert größer als der zuvor gemessene ist, dann werden die aktuellen Positionen von Motor A und B gespeichert

- 1. Schleife: Initialisierung,
- 2. Schleife: Drehung um 0 Grad
- 3. Schleife: zwei Spannungsmessungen bei den Neigungswinkeln um 40 und 80 Grad
- 2. Schleife: Drehung um 90 Grad
- 3. Schleife: zwei Spannungsmessungen bei den Neigungswinkeln um 40 und 80 Grad
- 2. Schleife: Drehung um 90 Grad
- 3. Schleife: zwei Spannungsmessungen bei den Neigungswinkeln um 40 und 80 Grad
- 2. Schleife: Drehung um 90 Grad
- 3. Schleife: zwei Spannungsmessungen bei den Neigungswinkeln um 40 und 80 Grad
- Drehung zurück zur Ausgangsposition
- Drehung zur besten Kombination der Drehung und Neigung bei max. Spannung
- Nach vorgegebener Wartezeit, Drehung zurück zur Ausgangsposition
- 1. Schleife: Wiederholung ...

Die Umsetzung des technischen Ablaufs mit der Software

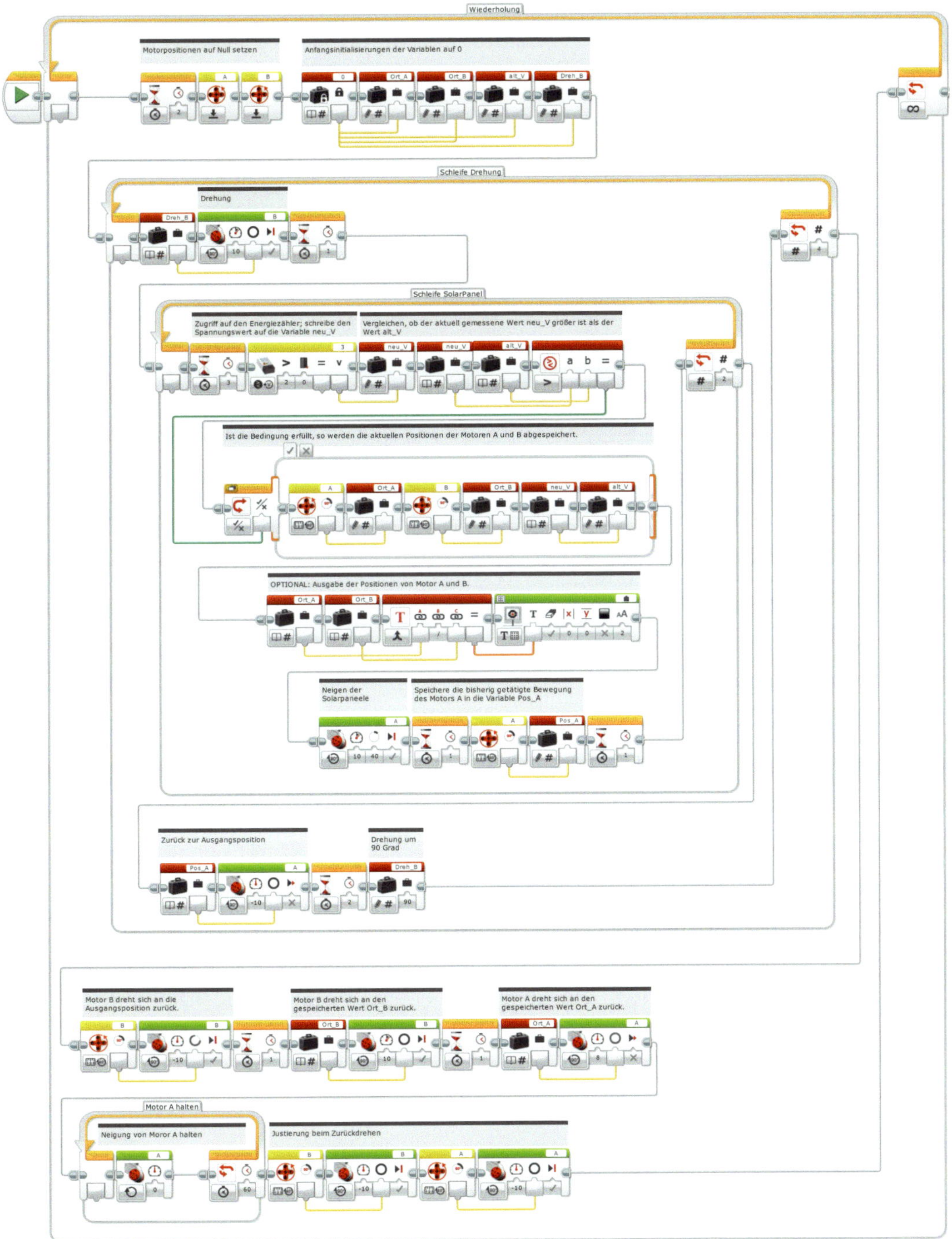

7 Fortgeschrittene Roboter

Diese Roboter haben einen höheren Schwierigkeitsgrad beim Zusammenbauen und bei der Programmierung.

7.1 Allgemeine Hinweise

Die allgemeinen Hinweise zur Bedienung gelten für alle fortgeschrittenen Roboter in diesem Kapitel.

Einschalten

Der Einschaltvorgang ist in Kapitel 2.4.4, Abb. 2–6 auf Seite 25 beschrieben.

Programme auf den EV-Stein übertragen

Deine Programme erstellst du in einer Entwicklungsumgebung, wie in Kapitel 5.2 beschrieben. Wenn dein Programm fertig ist, kannst du es auf deinen EV3-Stein herunterladen. Prüfe, ob der EV3-Stein angeschaltet und mit dem Computer verbunden ist.

Erinnerung

Die Verbindung kann per USB-Kabel oder drahtlos per Bluetooth oder WLAN hergestellt werden. Wie das nochmal funktioniert, kannst du in Kapitel 2.4.1 nachlesen.

Sobald die Gerätekopplung besteht, stellst du in Eclipse eine Verbindung mit deinem EV3-Stein über das EV3 Control Center her. Führe hierzu folgende Schritte durch:

`Eclipse-Menü` ⟶ `leJOS EV3` ⟶ `Start EV3Control`

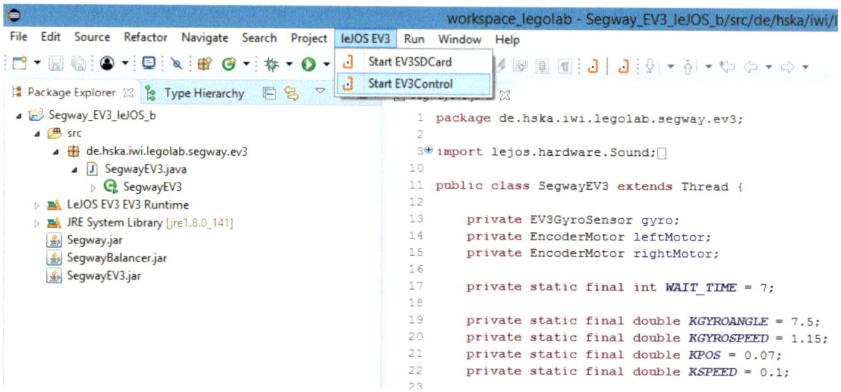

Abb. 7–1 // Die Steuerungsumgebung EV3 Control Center

Suche deinen EV3-Stein über die Funktion »Search«. Wähle nun den passenden Eintrag in der Liste, hier »EV3«, und stelle dir Verbindung mit der Funktion »Connect« her.

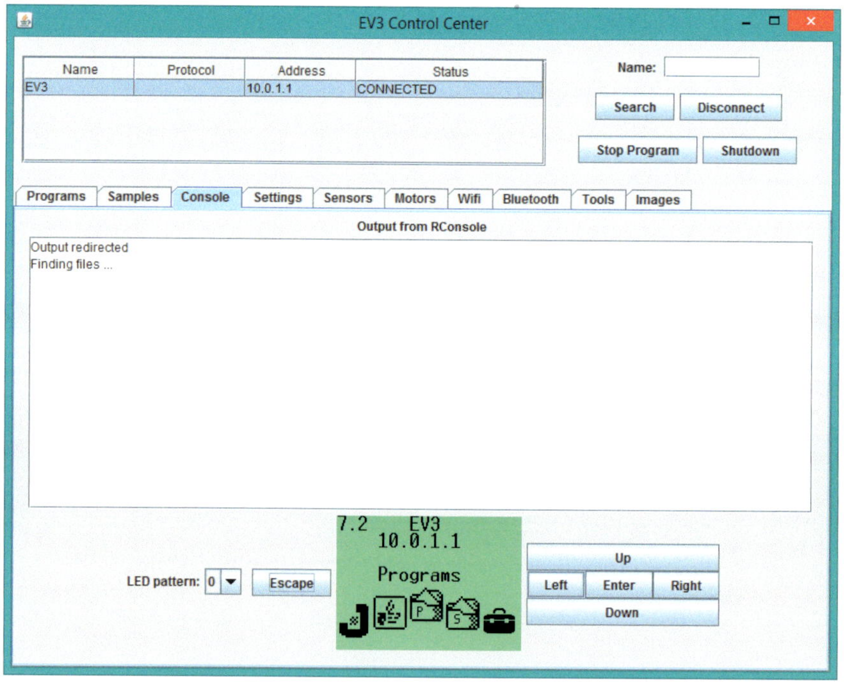

Abb. 7–2 // Die Verbindung zwischen Computer und EV3-Stein in Eclipse konnte erfolgreich hergestellt werden.

Unter dem Registerreiter »Console« wird dir die Bildschirmausgabe deines EV3-Steins in Echtzeit angezeigt. Eventuell gibt es eine geringe zeitliche Verzögerung (Latenz), wenn du auf dem EV3-Stein Aktionen ausführst.

Wechsle nun in den Registerreiter »Programs«. Jetzt kannst du über die Funktion »Upload file« dein Programm (z. B. »Segway.jar«) übertragen. Klicke auf »Upload file« und wähle im Dialog deinen Speicherort. Nach erfolgreichem Upload wird dein Programm in der Liste angezeigt.

Eine andere und zudem schnellere Möglichkeit bietet Eclipse auch. Im Package Explorer wählst du dein Programm, hier zum Beispiel »SegwayEV3.java«. Nun starte den Prozess des Kompilierens und der Übertragung. Bewege den Mauszeiger über den grünen »Play-Button« in der Steuerungsleiste. Klicke dort auf den Menüpfeil rechts daneben. Jetzt klickst du auf den Eintrag »1 SegwayEV3« und der Vorgang startet. Ein Klang signalisiert dir, dass das Programm erfolgreich übertragen wurde.

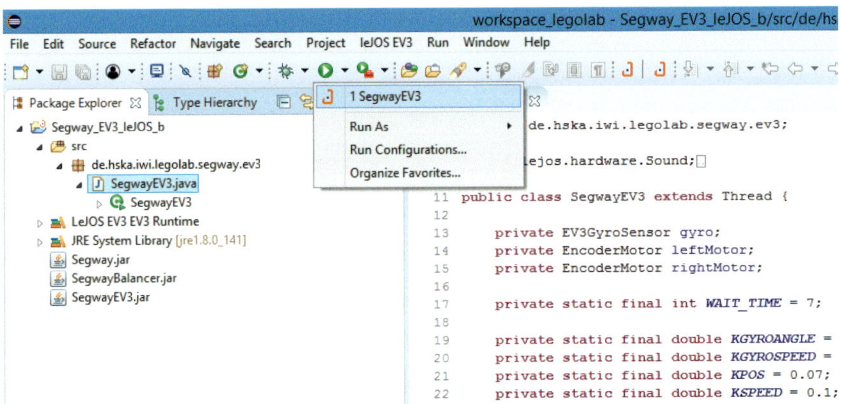

Abb. 7–3 // EV3 Abbildung

Eine Verbindung per USB-Kabel kann an dieser Stelle, durch abziehen des Kabels am EV3-Stein, beendet werden.

Programm starten

Wir zeigen dir zwei Möglichkeiten, dein Programm zu starten. Du kannst dies direkt im Control Center oder auf deinem EV3-Stein durchführen.

Möglichkeit 1: Control Center

Wähle im Registerreiter »Programs« das Programm »Segway.jar« in der Liste mit der Computermaus aus. Klicke nun auf »Run program«.

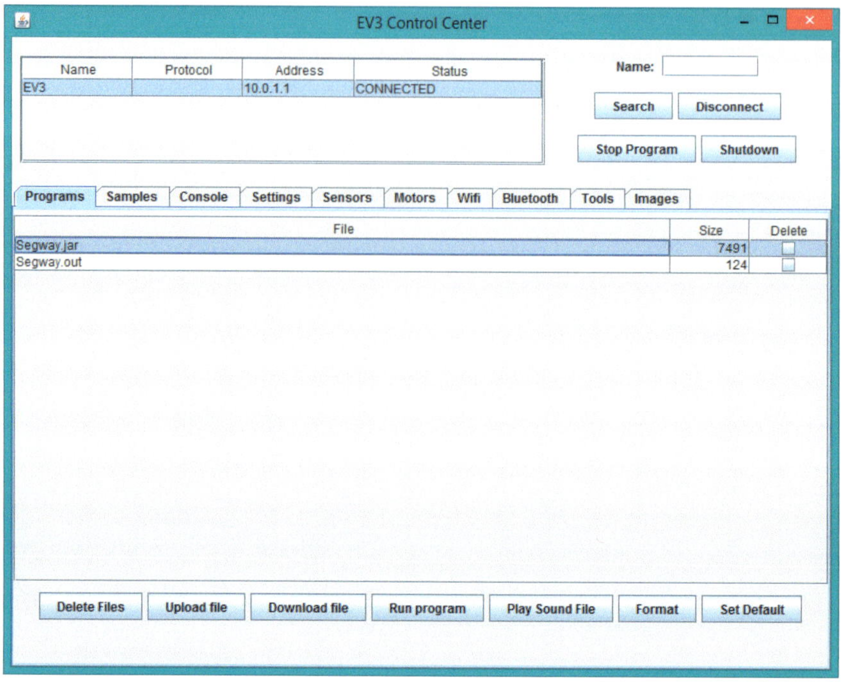

Abb. 7–4 // Ein Java-Programm über das Control Center starten

---

Hinweis:

Falls dein Roboter noch immer per USB-Kabel verbunden ist, solltest du beachten, dass er in seinen Aktionen dadurch eingeschränkt ist. Deshalb wäre ein Programmstart direkt auf dem EV3-Stein, nach abziehen des Kabels, unter Umständen sinnvoller.

Möglichkeit 2: EV3-Stein

Auf deinem EV3-Stein befindet sich dein Programm »Segway.jar« im leJOS-Menü unter »Programs«.

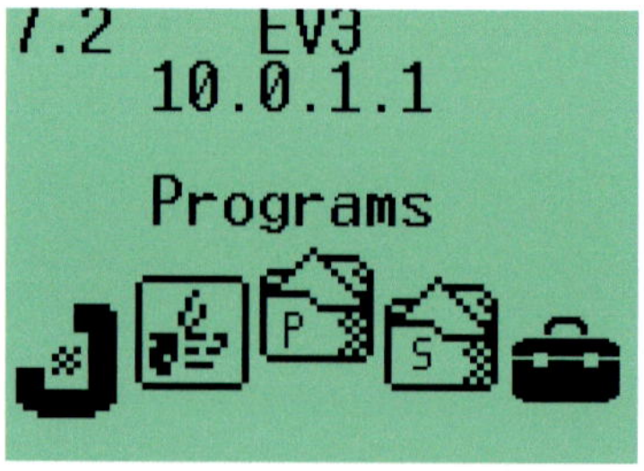

Abb. 7–5 // EV3-Stein leJOS-Menü »Programs«

Nach einem Klick auf die Eingabetaste zur Auswahl des Programms muss das Starten des Programms (»Execute program«) nochmals mit einem Klick bestätigt werden. Der Roboter folgt nun seiner Programmierung.

Abb. 7–6 // Programm auf dem EV3-Stein auswählen

Die »out-Datei« wird von leJOS nach dem Programmstart automatisch erzeugt.

Abb. 7–7 // Programm auf dem EV3-Stein ausführen

Jetzt kannst du mit dem Segway deine Umgebung erkunden.

Programm abbrechen

Ein Abbruch des laufenden Programms kann jederzeit erzwungen werden. Hierzu wird die Zurück-Taste oben links und die Taste in der Mitte gleichzeitig für einige Sekunden gedrückt. Danach erfolgt ein Neustart.

Viel Spaß beim Erlebnis »Programmieren mit LEGO Mindstorms«!

7.2 TicTacToe

Abb. 7–8 // Der TicTacToe-Roboter

Auf einen Blick

Schwierigkeitsgrad Zusammenbau: 4 (5)
Schwierigkeitsgrad Programmierung: 2 (5)
Kategorie: Spiel
Mindstorms-Generation: EV3
Sensoren: 1 Farbsensor, 2 Berührungssensoren
Motoren: 2 große Motoren, 1 mittlerer Motor
Programmierumgebung: leJOS-Version 0.9.1

Beschreibung

Tic Tac Toe ist eins der ältesten und bekanntesten klassischen Strategiespiele für zwei Personen. Seine Vorgeschichte kann bis ins 12. Jahrhundert v. Chr. zurückverfolgt werden.

Der Roboter ersetzt den Spielepartner und gespielt wird nach den üblichen Regeln.

Regeln

Das Spiel wird auf einem 3×3 großen Spielfeld ausgetragen, dabei wird abwechselnd eine Figur gesetzt. Die Spielfigur ist im »traditionellen« Spiel ein »X« oder ein »O«, in unserem Fall spielt der Computer mit blauen Kugeln und man selbst mit roten Kugeln. Das Ziel des Spiels ist es, drei eigene Spielfiguren in einer Reihe zu haben, sei es diagonal, horizontal oder senkrecht.

Spielestatistik

Es gibt insgesamt mehr als 255.000 Möglichkeiten, ein Spiel enden zu lassen:

- > 131.000 Möglichkeiten (ca. 51,4 %) zu gewinnen, wenn man als Erster anfängt
- ca. 78.000 Möglichkeiten (ca. 30,6 %) zu gewinnen, wenn man nicht anfängt
- ca. 46.000 Möglichkeiten (ca. 18 %) das Spiel unentschieden zu entscheiden

Grundsätzlich kann ein Unentschieden leicht erzwungen werden, da die Komplexität im Vergleich zu Schach oder Dame recht gering ist.

Benötigte Bauteile

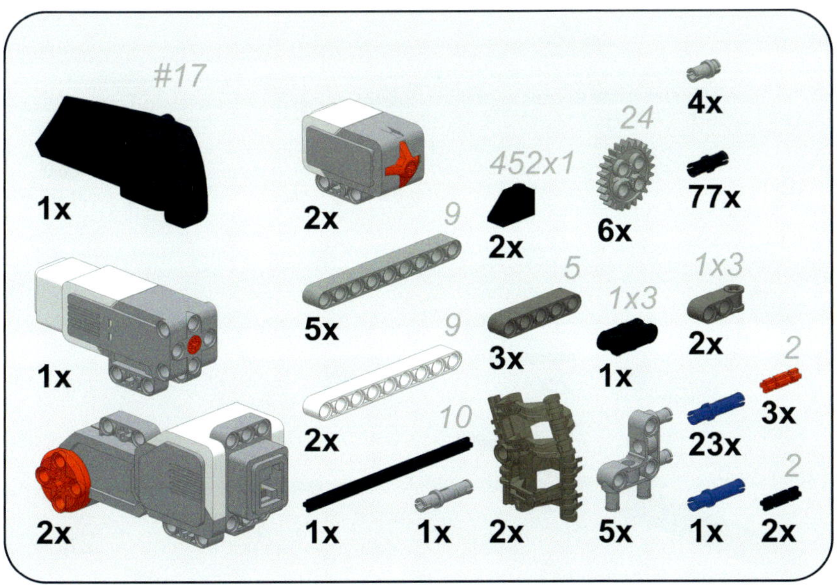

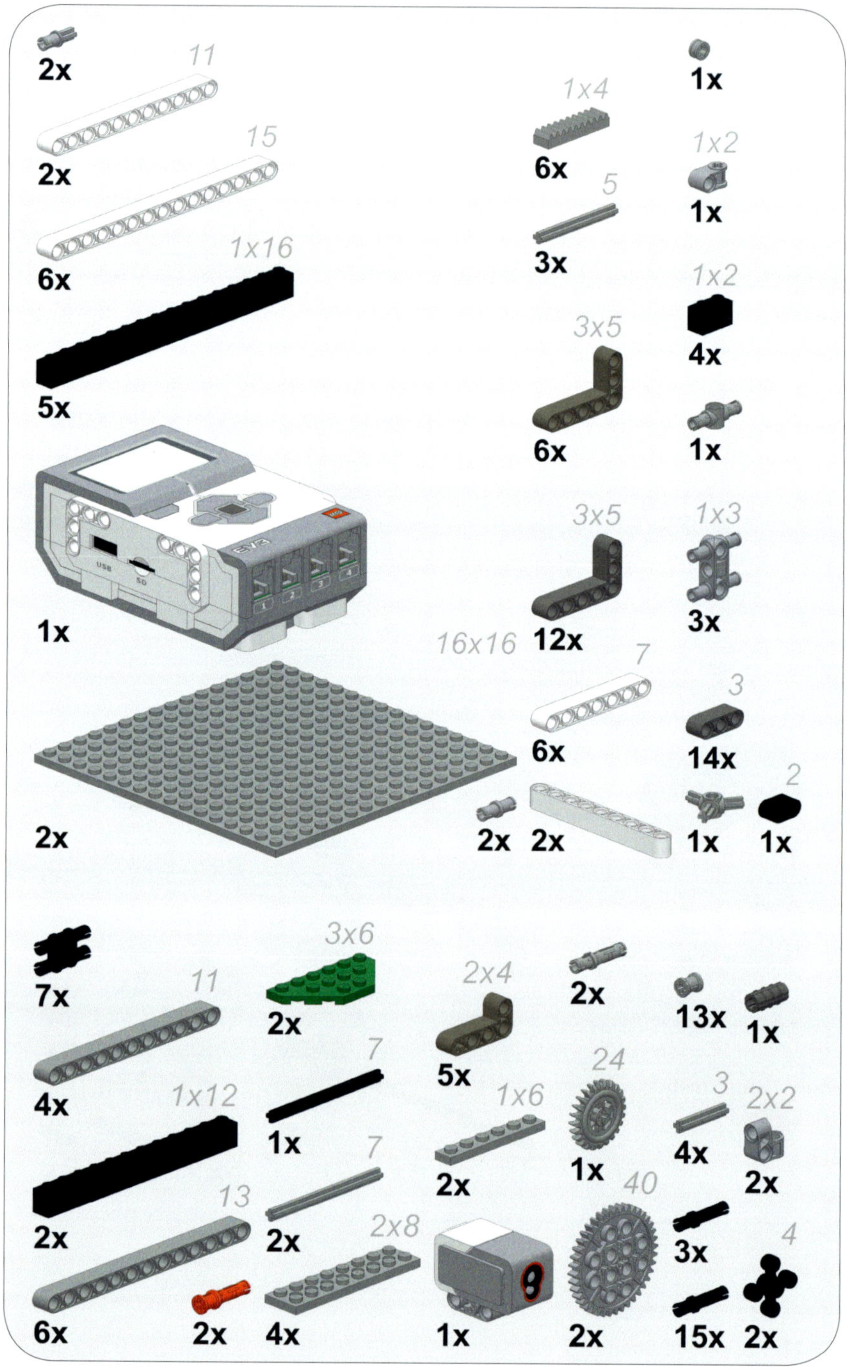
2x
11
2x
15
2x
1x16
6x
5x
1x
16x16
2x
1x4
6x
5
3x
3x5
6x
3x5
12x
7
6x
2x
2x
1x
1x2
1x
1x2
4x
1x
1x3
3x
3
14x
2
1x
1x
7x
11
4x
1x12
2x
13
6x
2x
3x6
2x
7
1x
7
2x
2x8
4x
2x4
5x
1x6
2x
1x
2x
24
1x
40
2x
13x
1x
3
4x
2x2
2x
3x
4
15x
2x

Die Bauanleitung

Spielfeldfläche

1

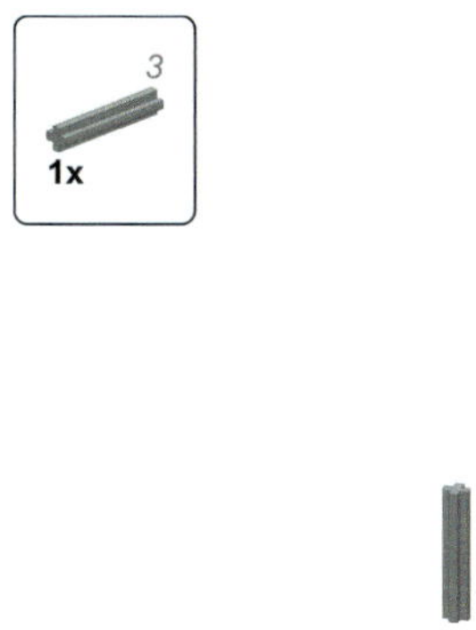

2

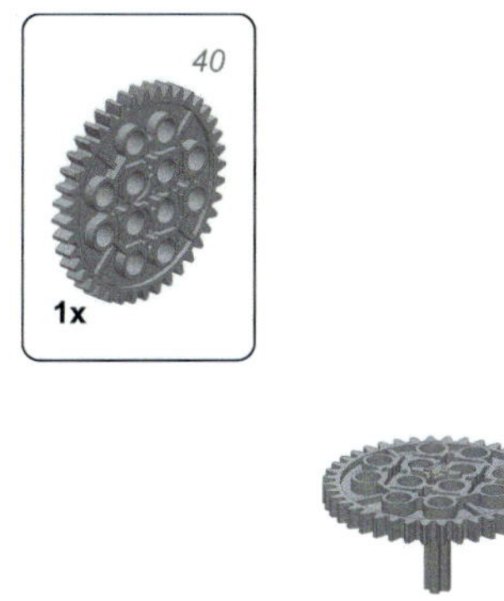

3

4

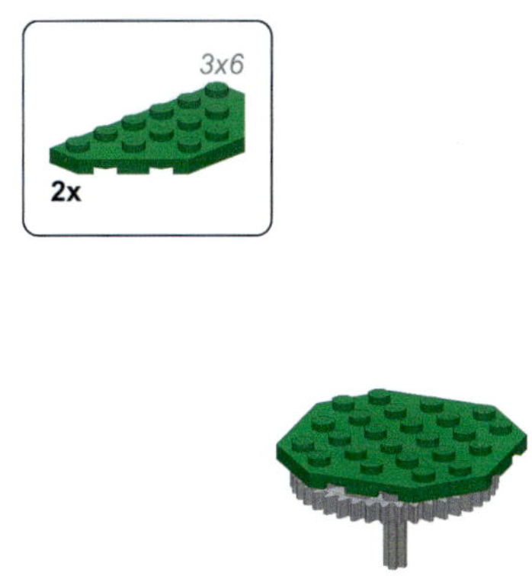

5

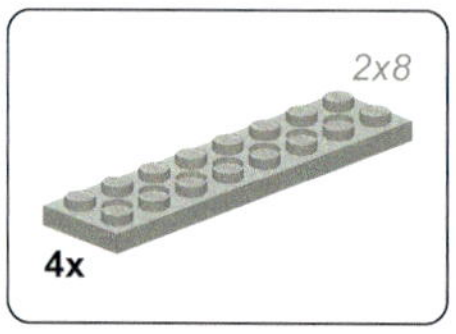

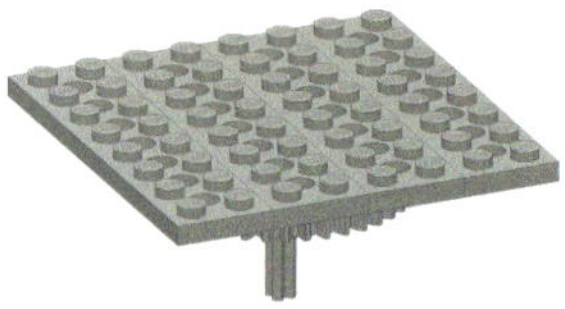

6

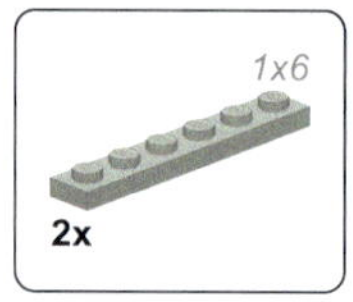

7

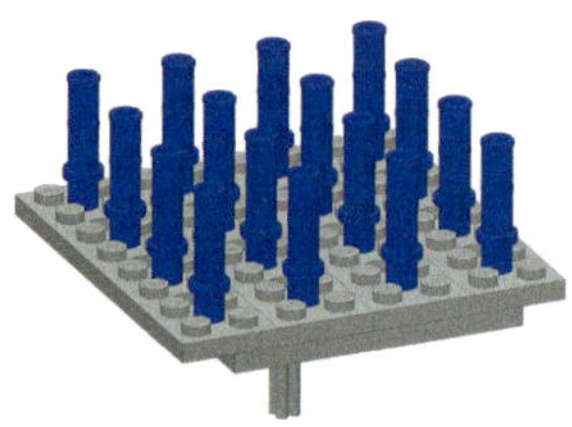

Spielfeld drehen

1

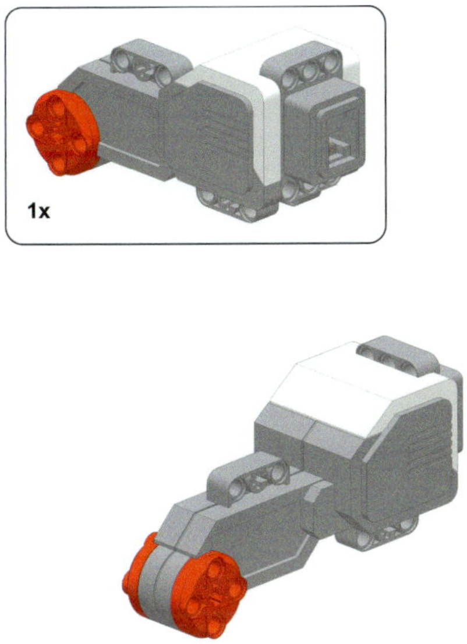

2

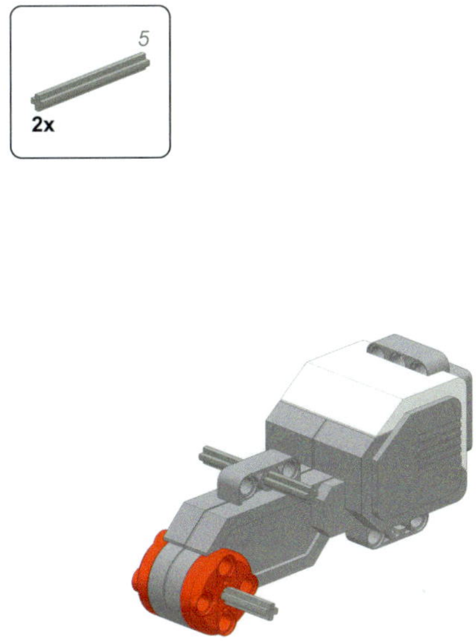

3

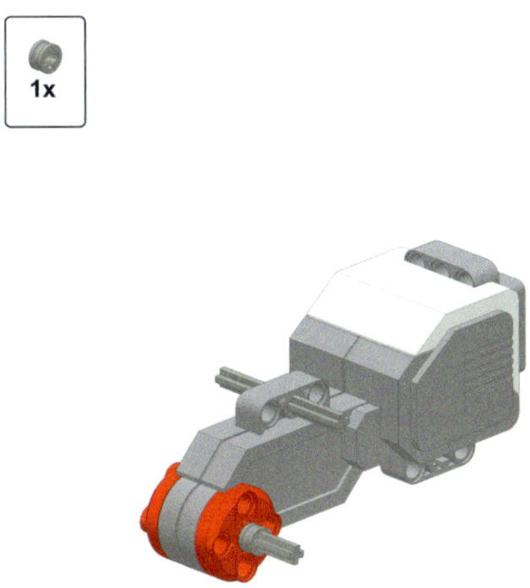

4

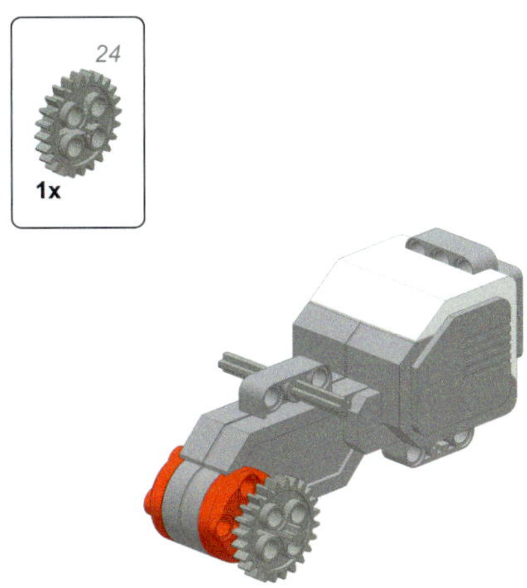

5

6

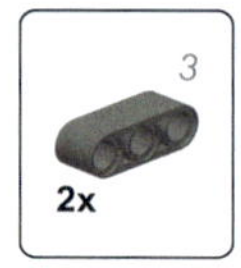

7

8

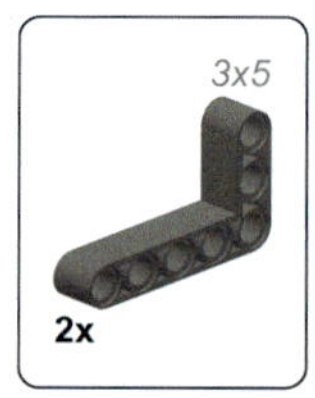

9

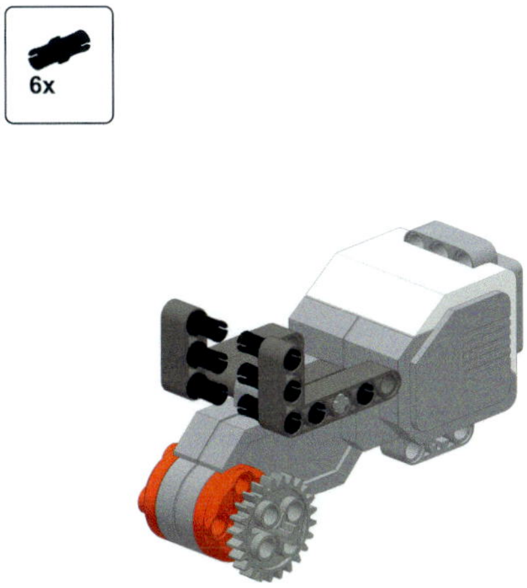

10

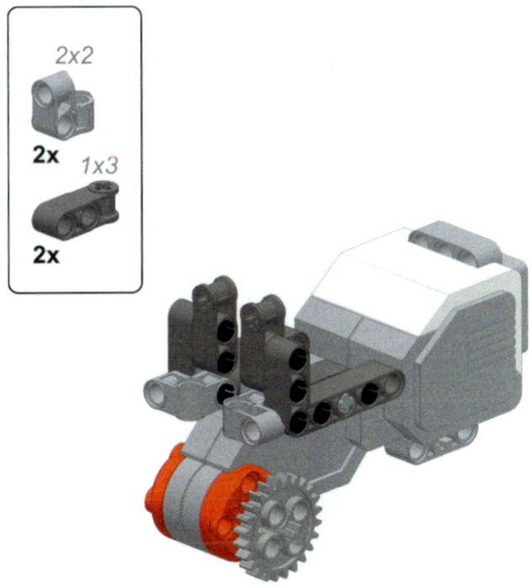

11

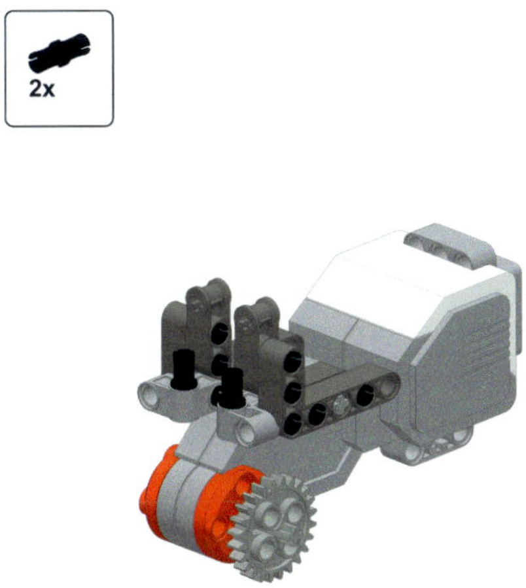

12

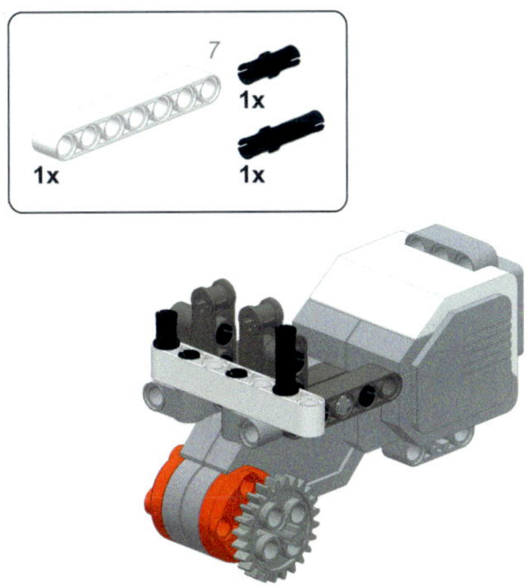

13

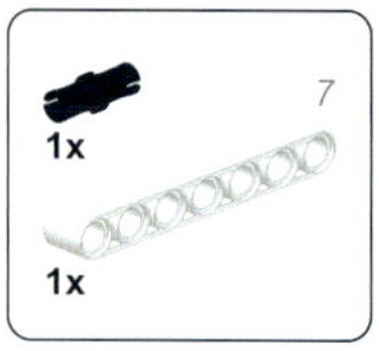

14

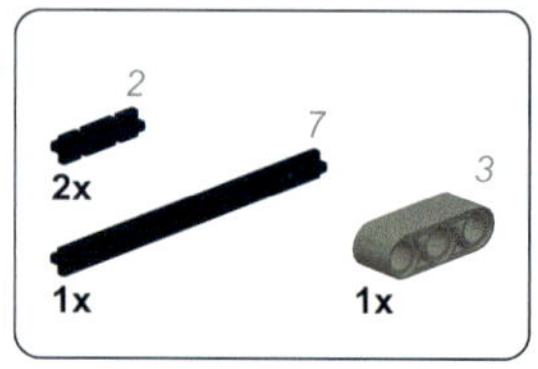

15

16

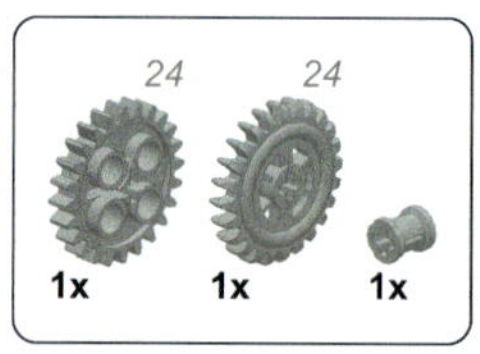

Spielfeld bewegen

1

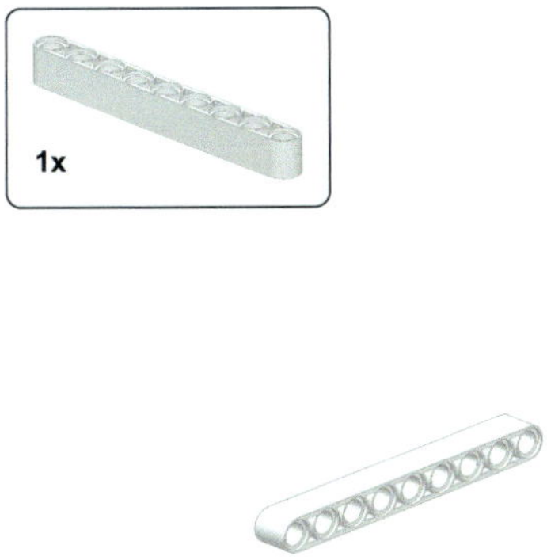

2

3

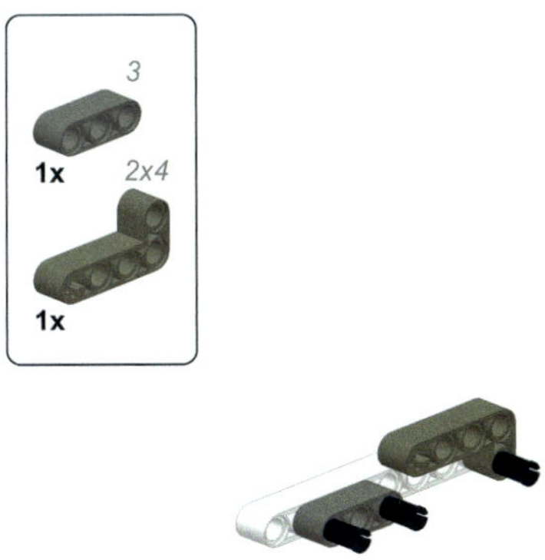

4

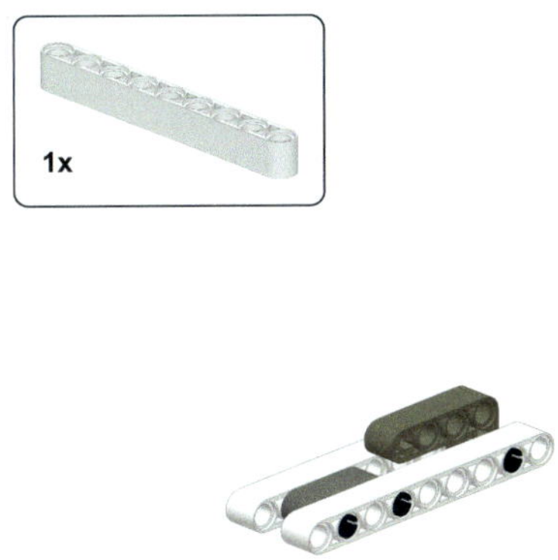

5

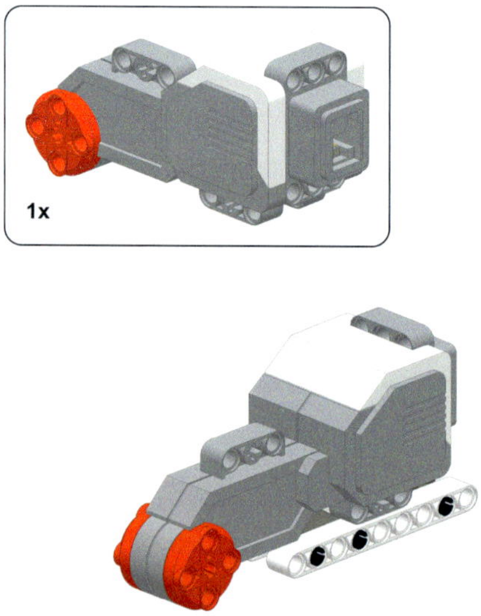

6

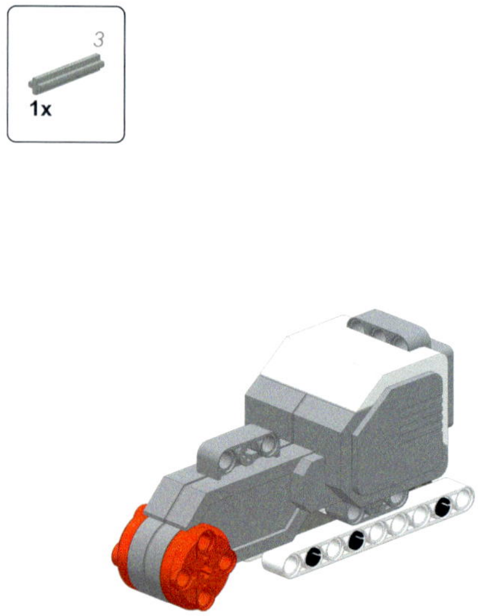

7

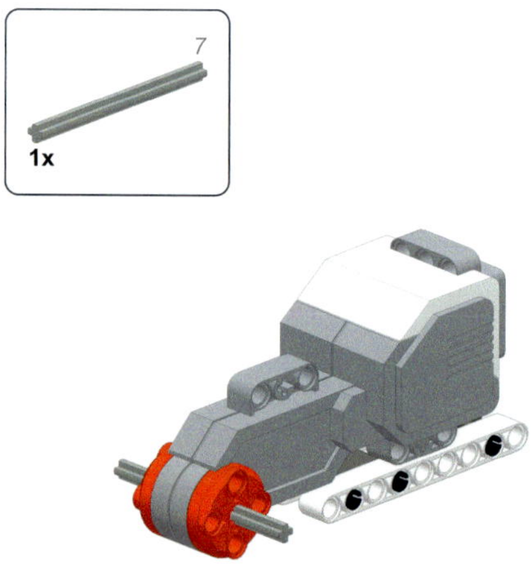

8

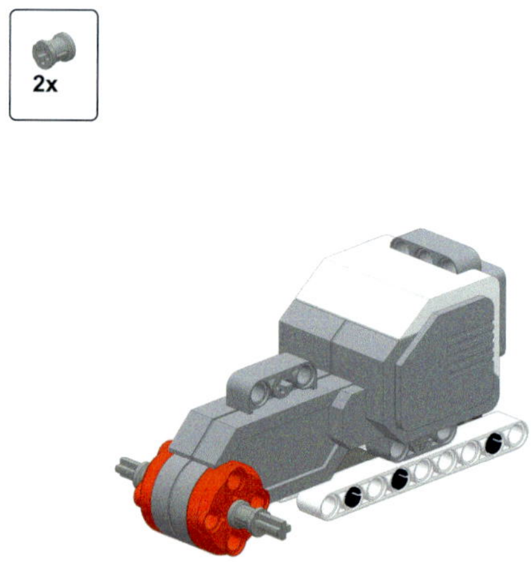

9

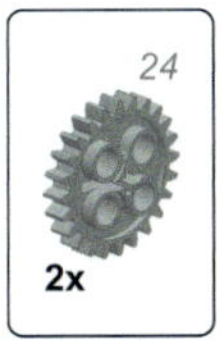

Spielfeld gesamt

Boden

1

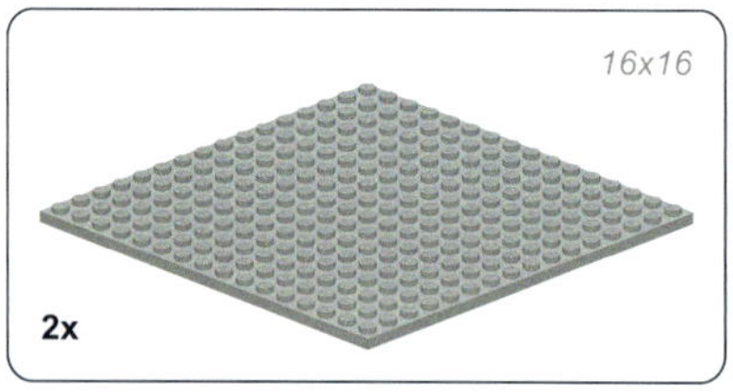

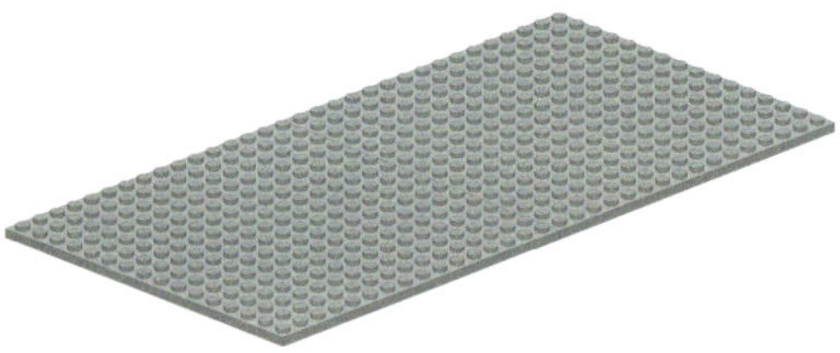

2

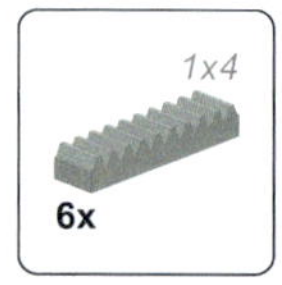

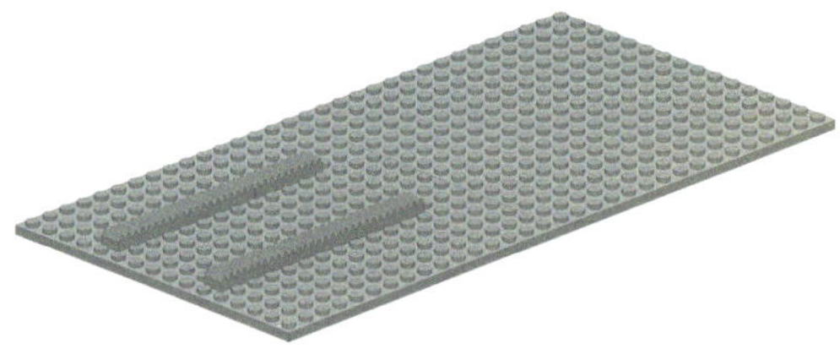

3

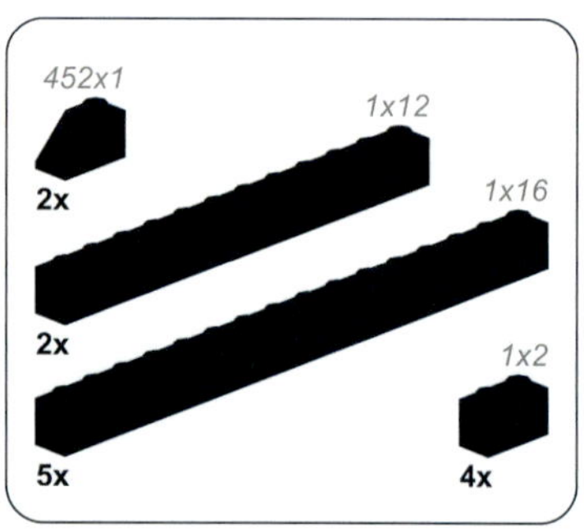

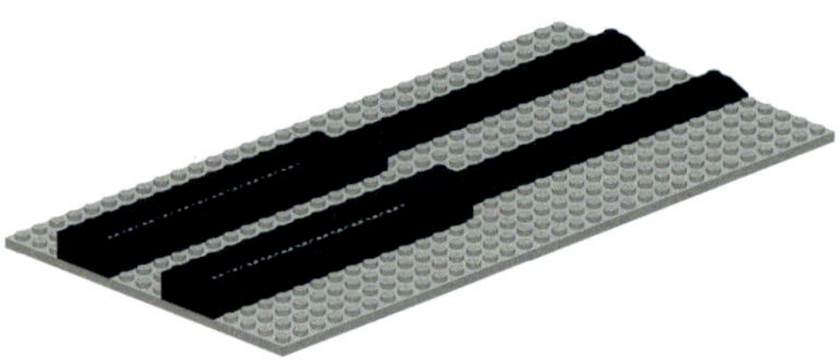

4

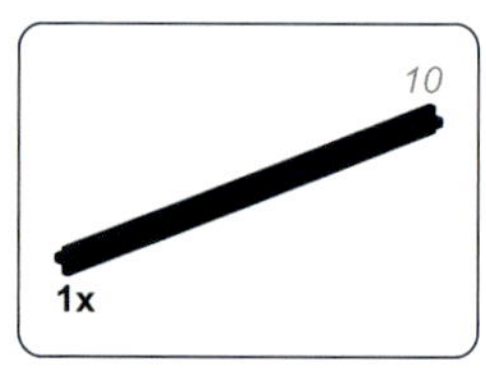

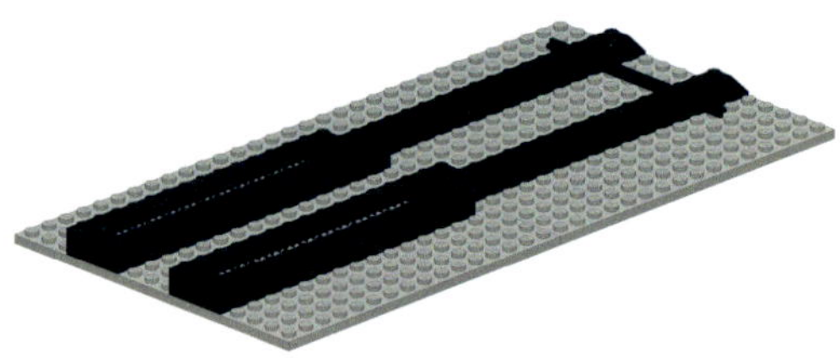

5

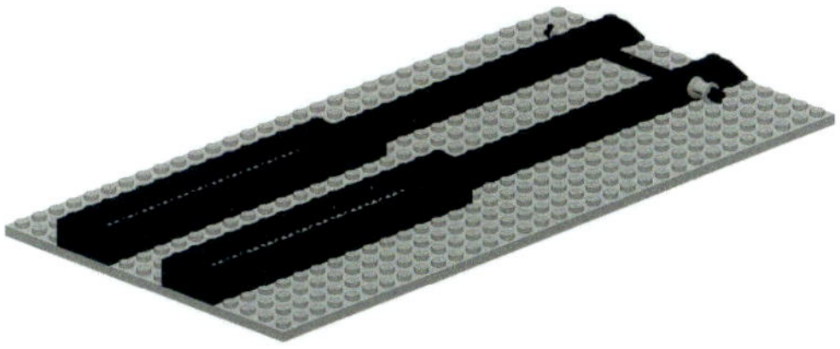

Gerüst rechts

1

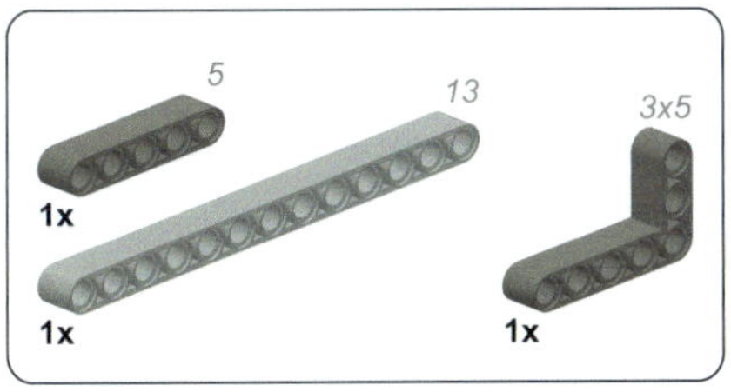

2

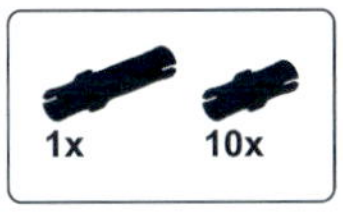

3

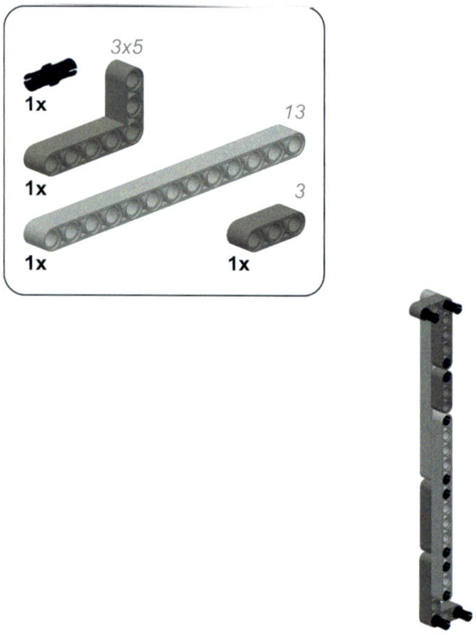

4

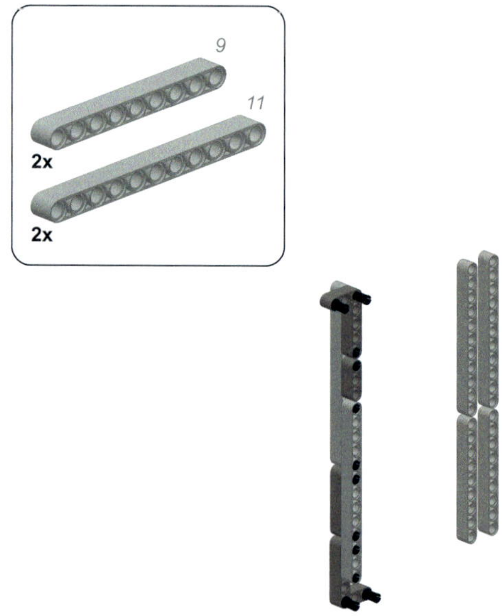

5

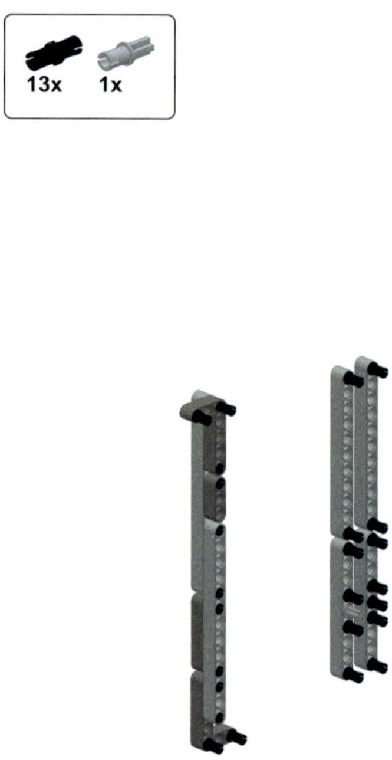

6

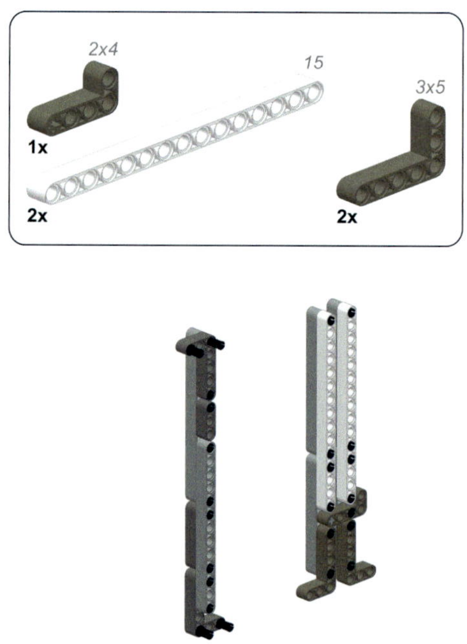

7

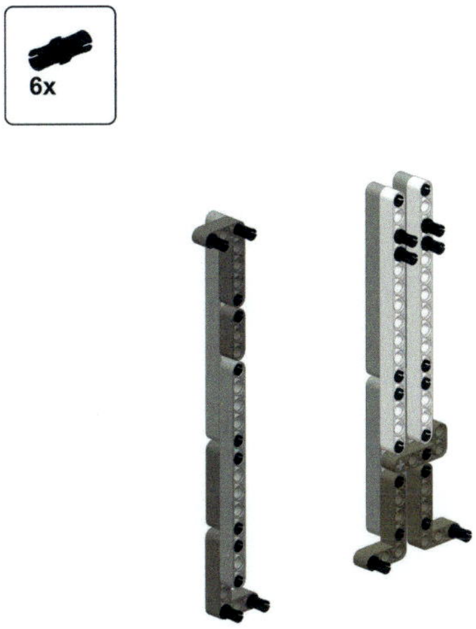

Gerüst links

1

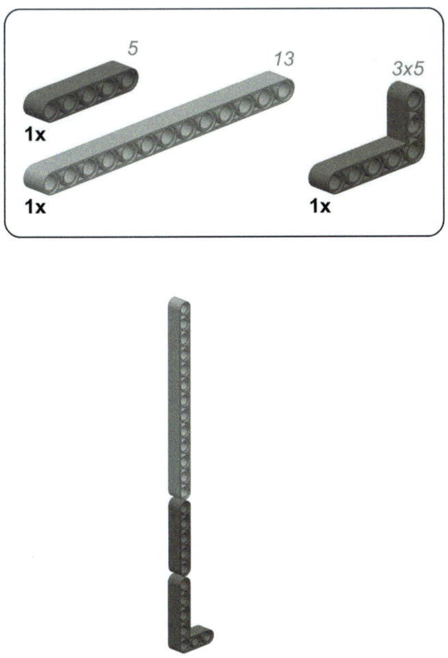

2

3

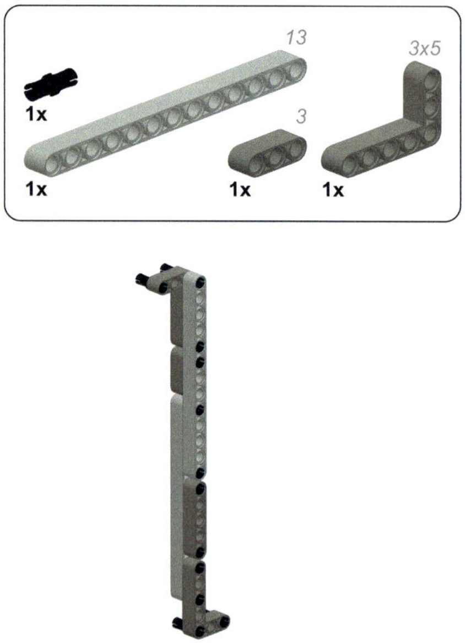

4

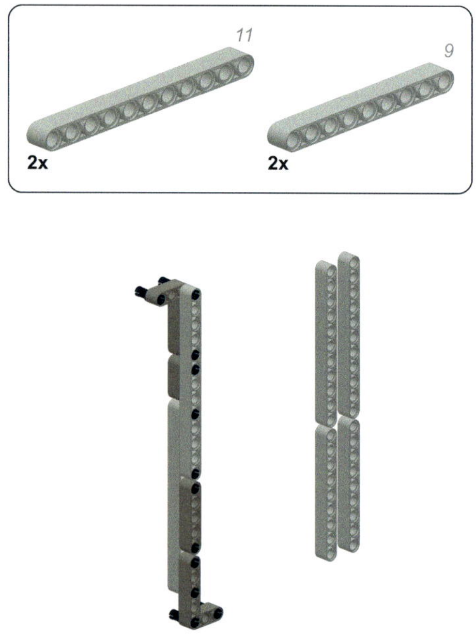

5

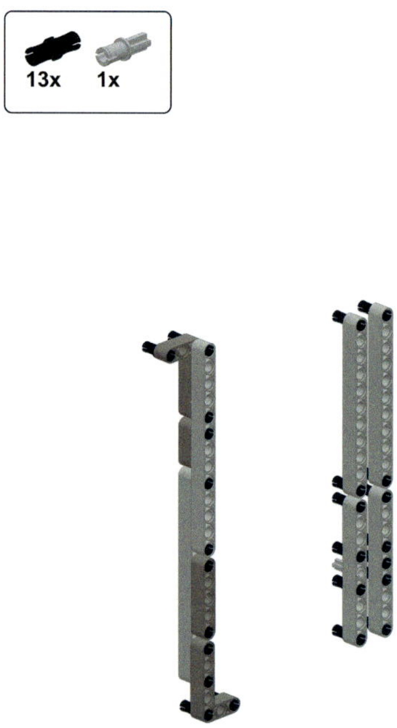

6

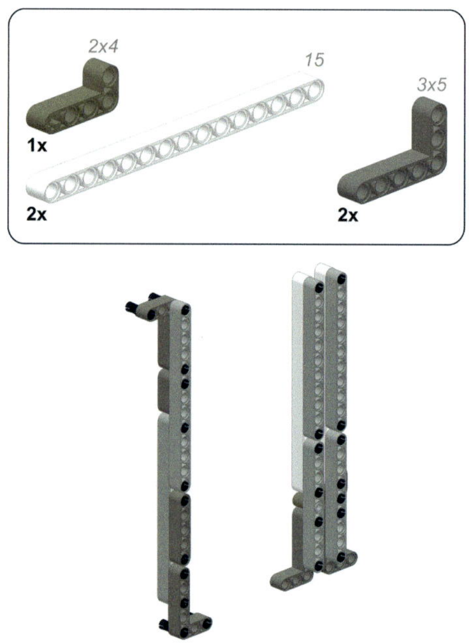

7

HINWEIS:

Die sechs Technic-Pins werden wie in der Baugruppe »Gerüst rechts«, Schritt 7 (S. 153), verbaut.

Taster

1

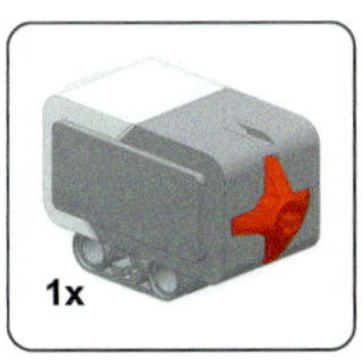

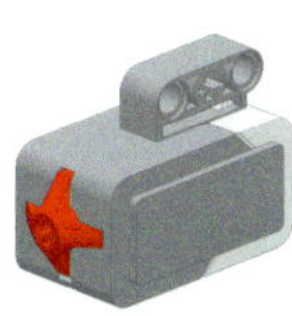

2

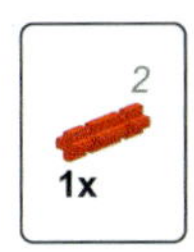

3

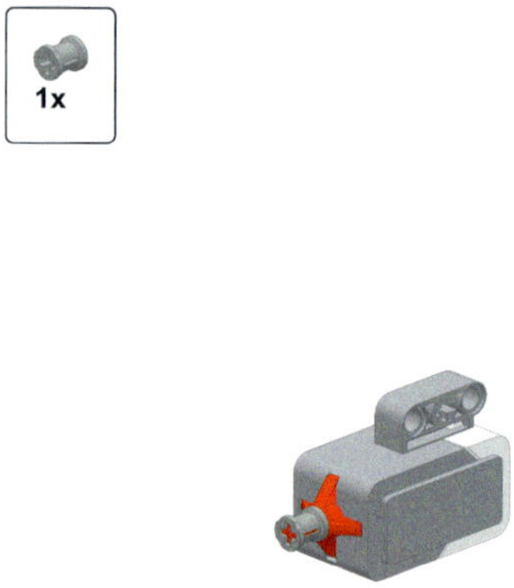

4

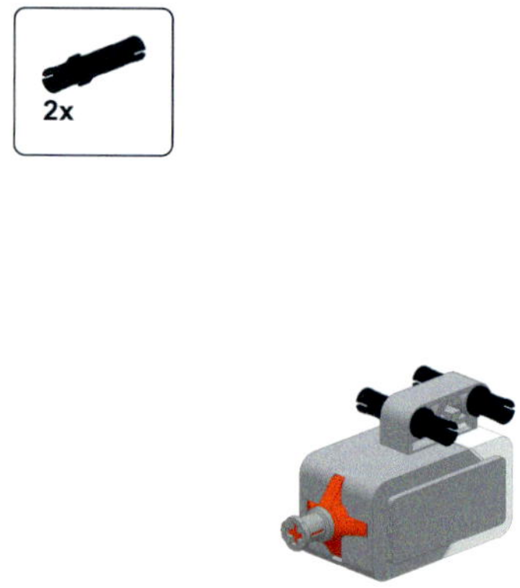

5

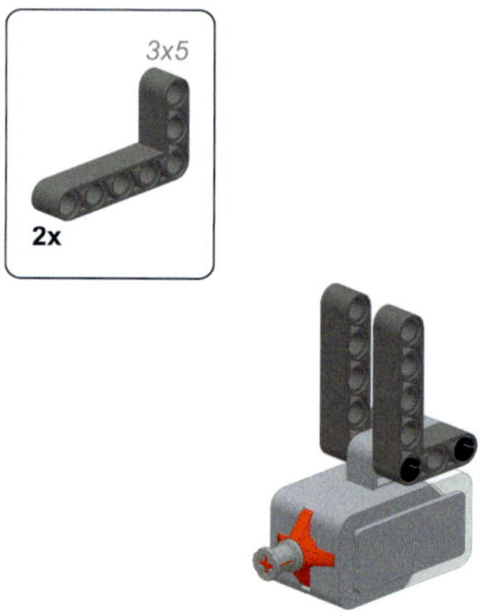

6

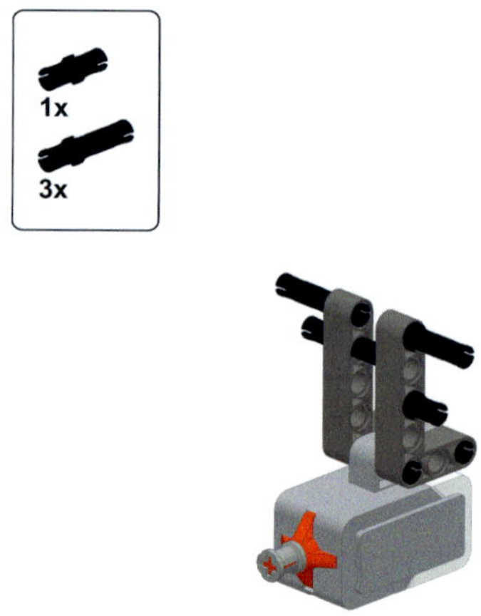

7

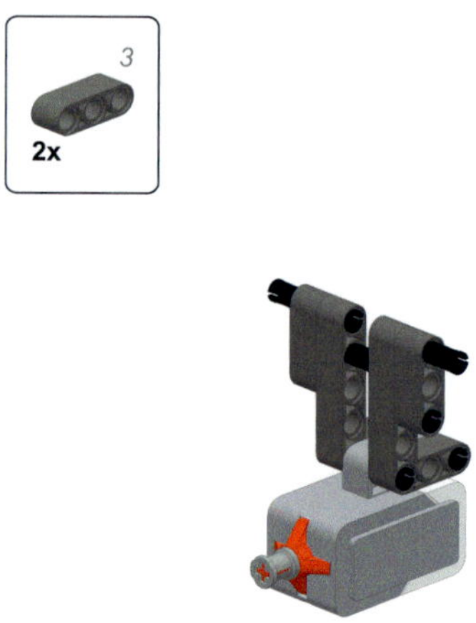

8

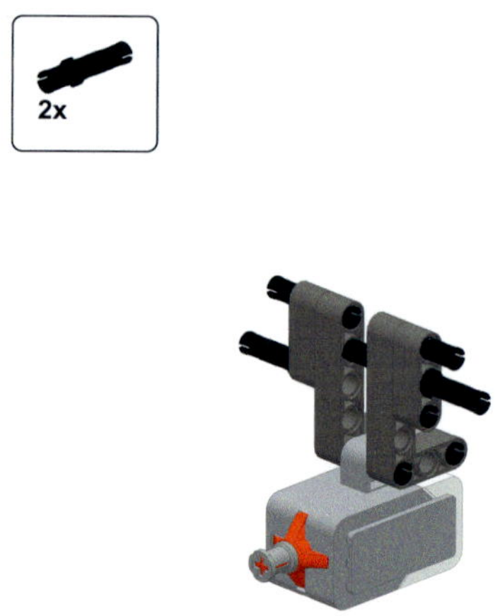

9

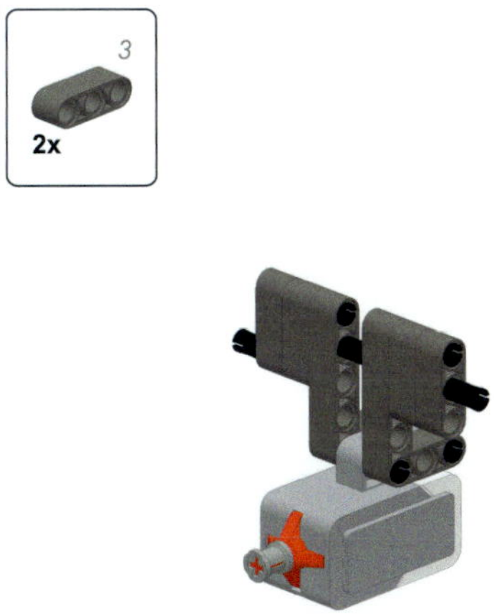

10

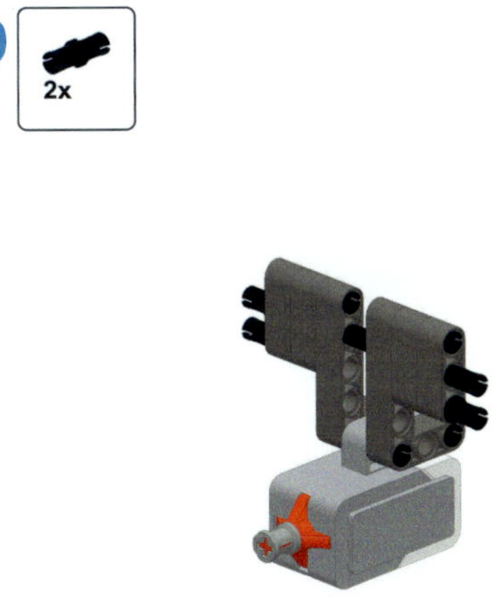

Buzzer

1

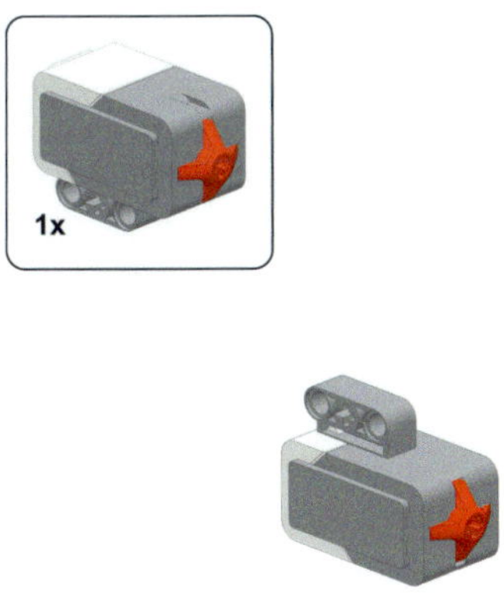

2

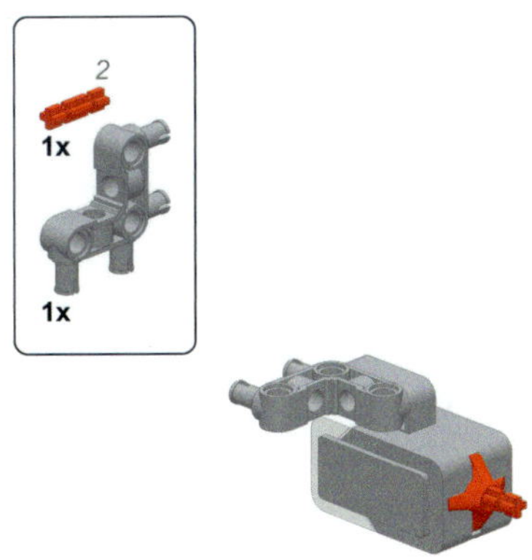

3

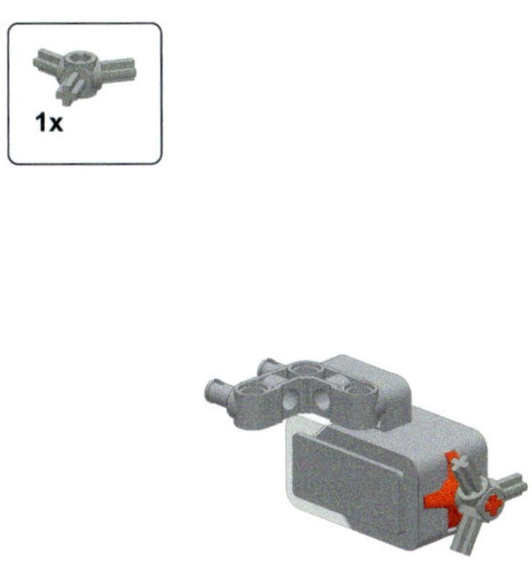

4

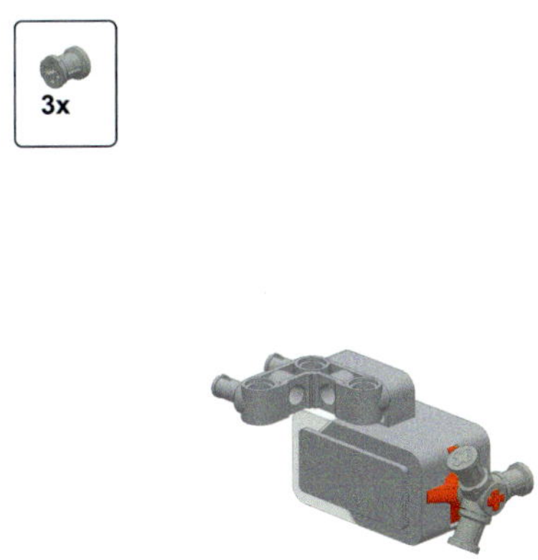

Einschub

1

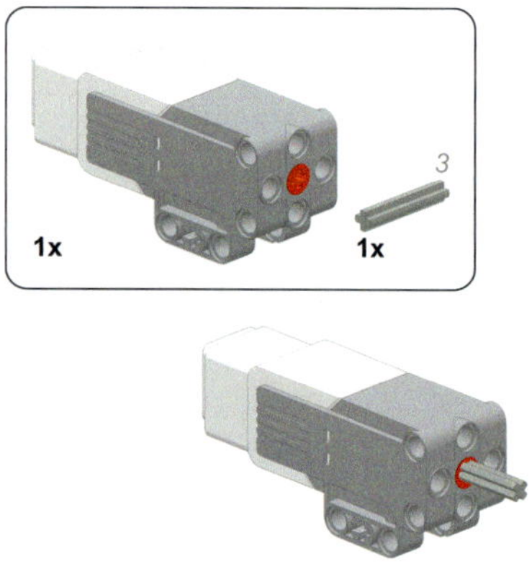

2

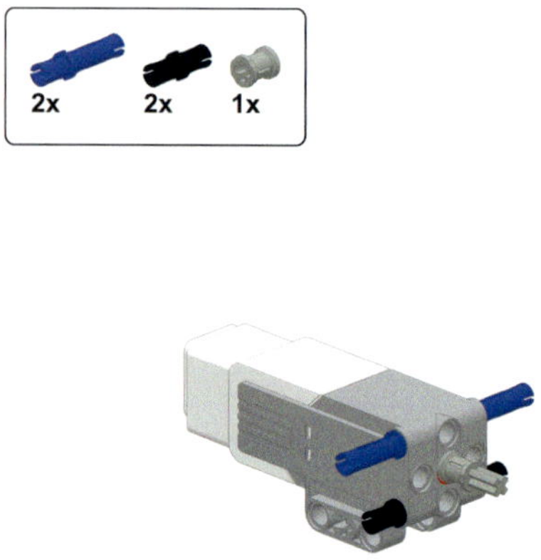

3

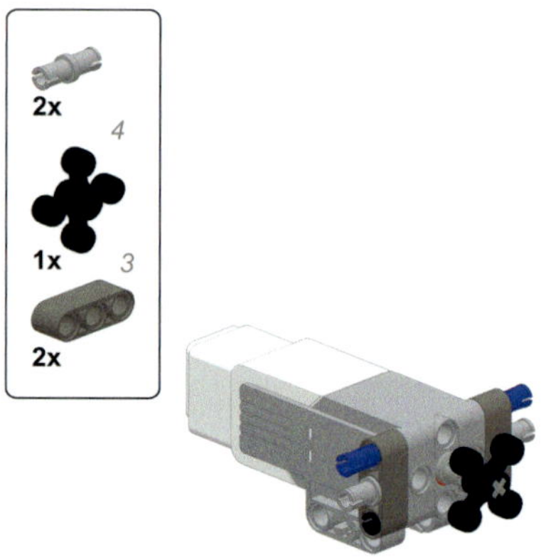

4

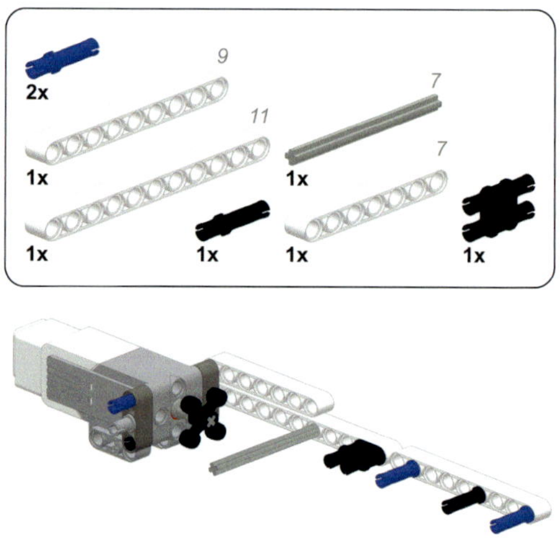

5

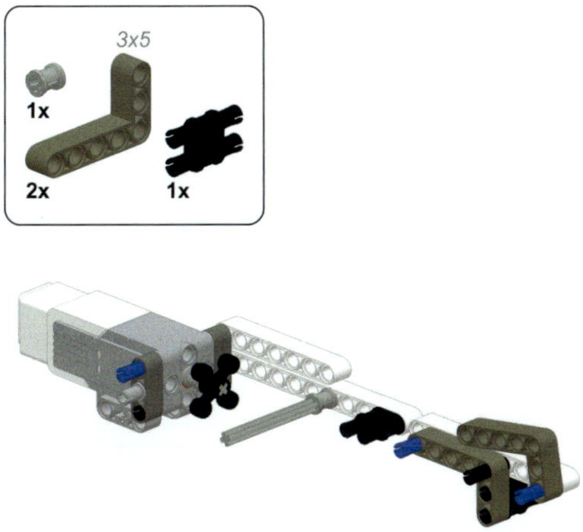

6

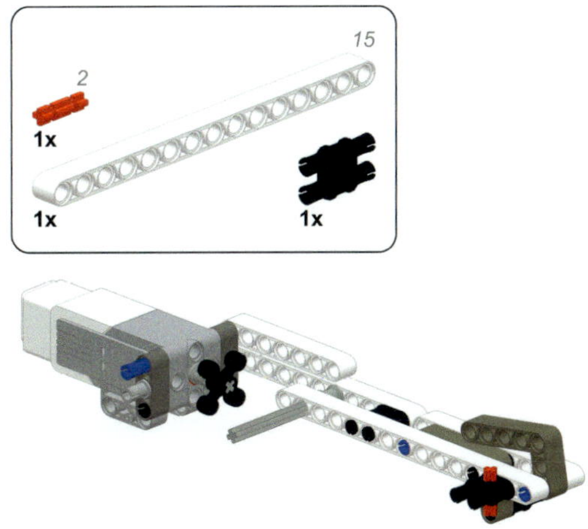

7

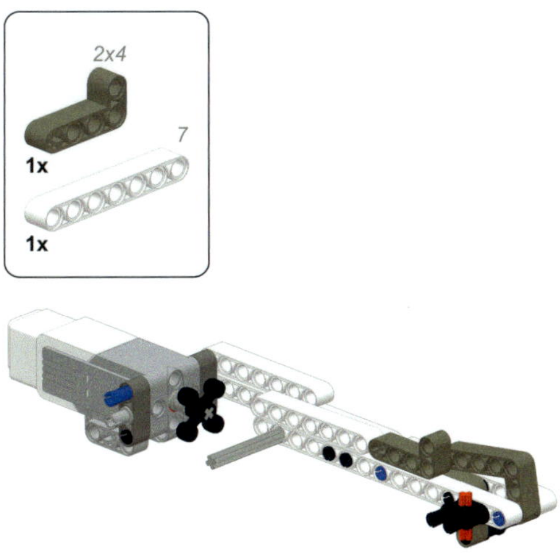

8

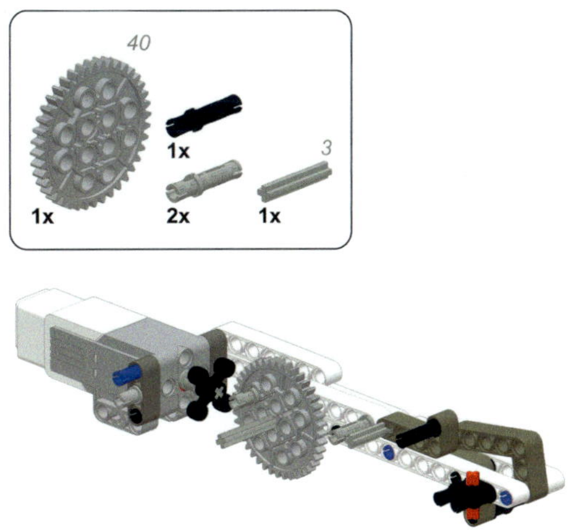

9

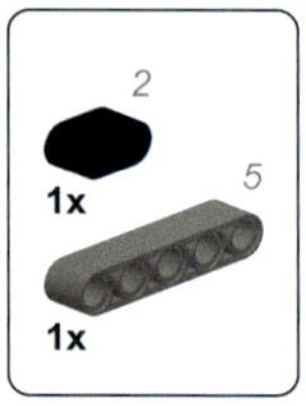

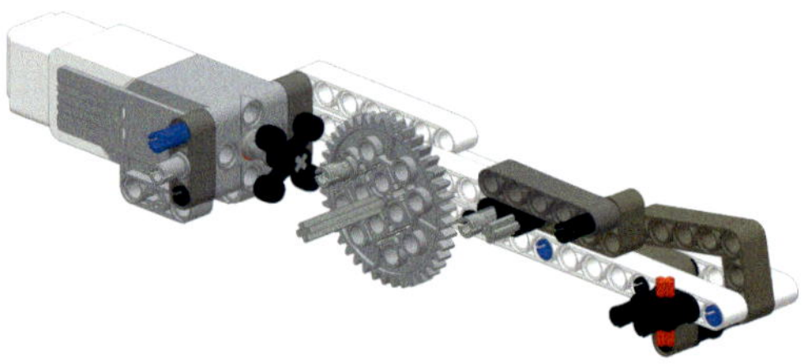

10

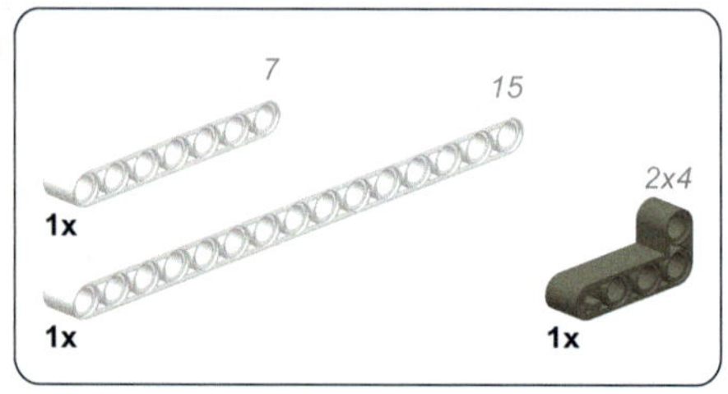

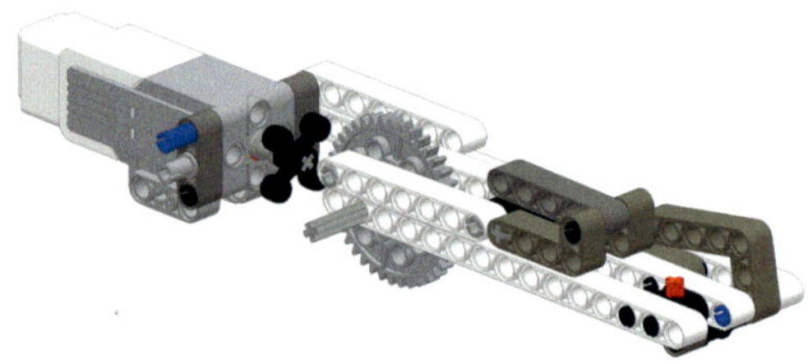

11

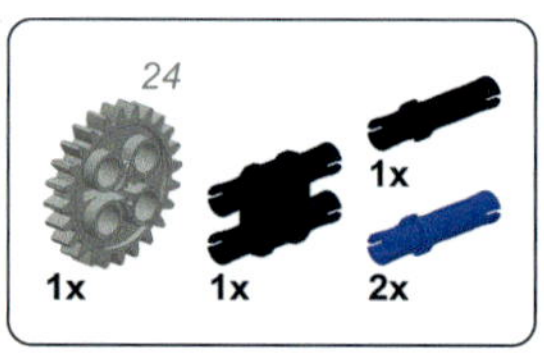

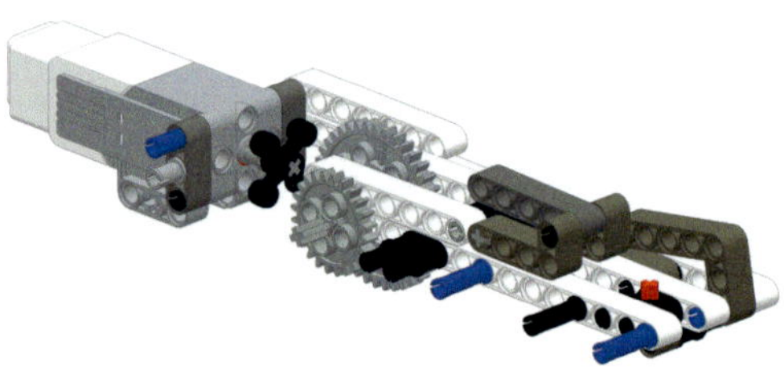

12

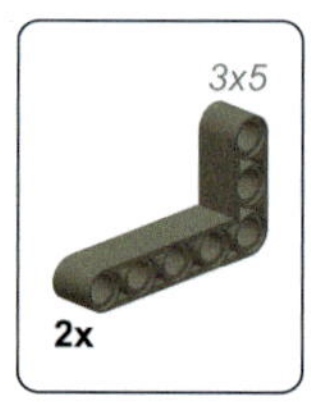

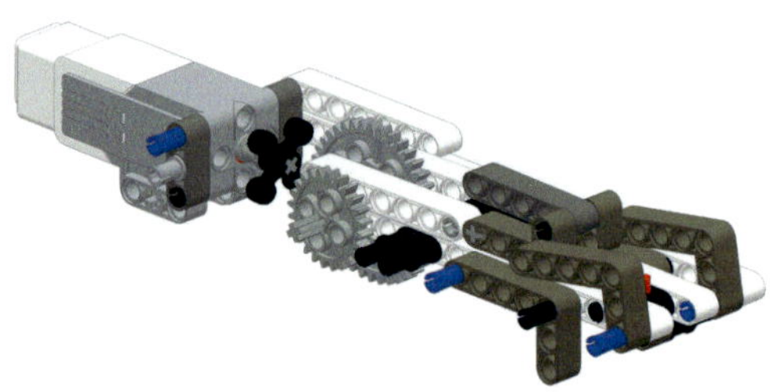

13

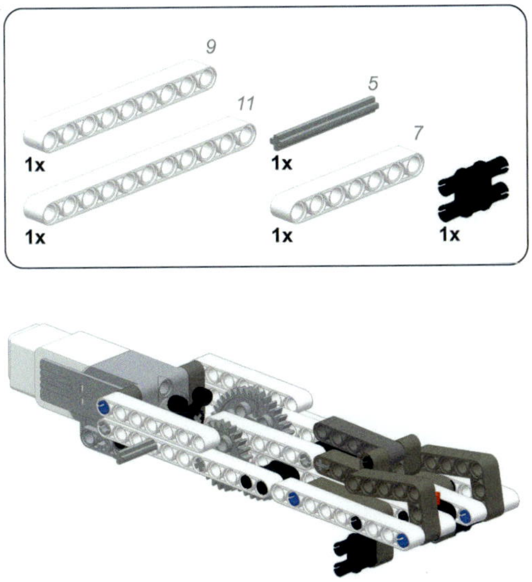

14

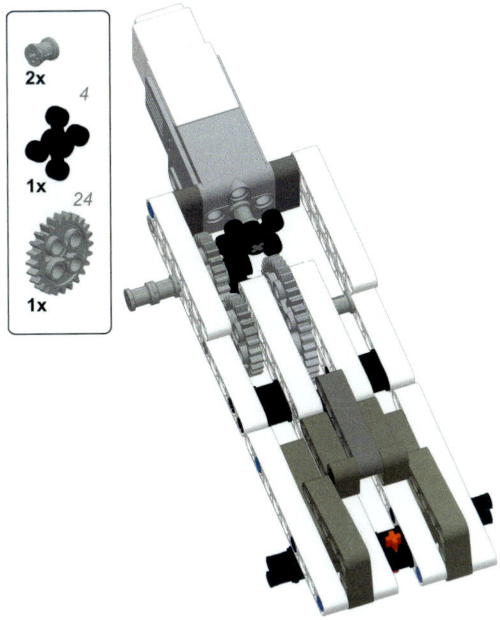

Farbsensor

1

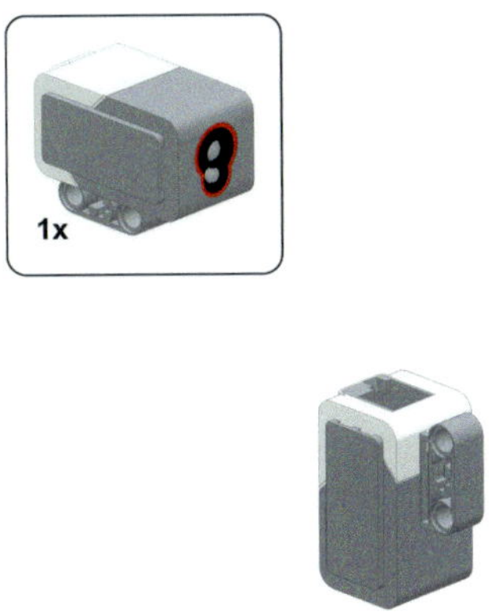

2

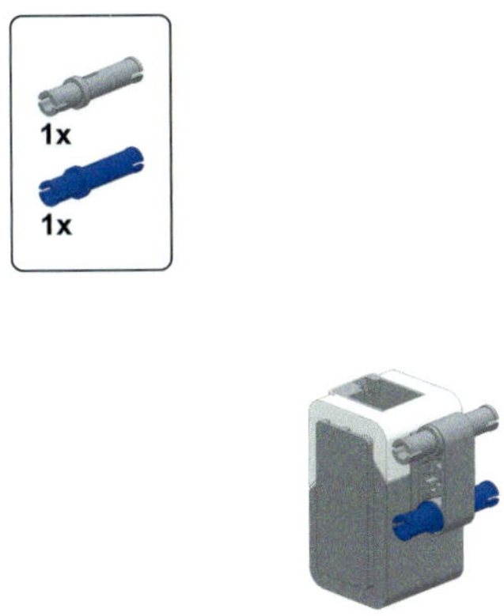

3

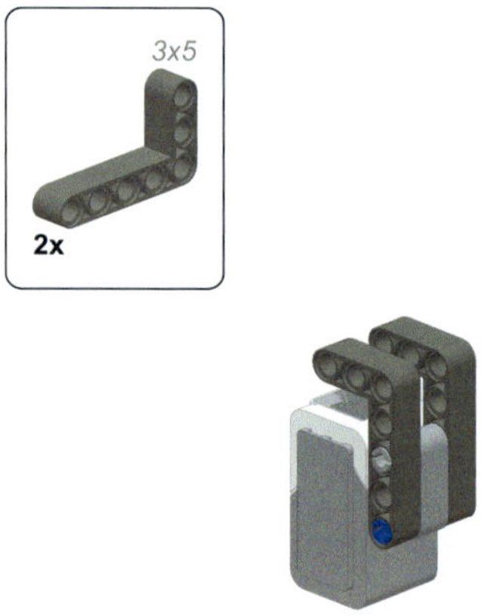

4

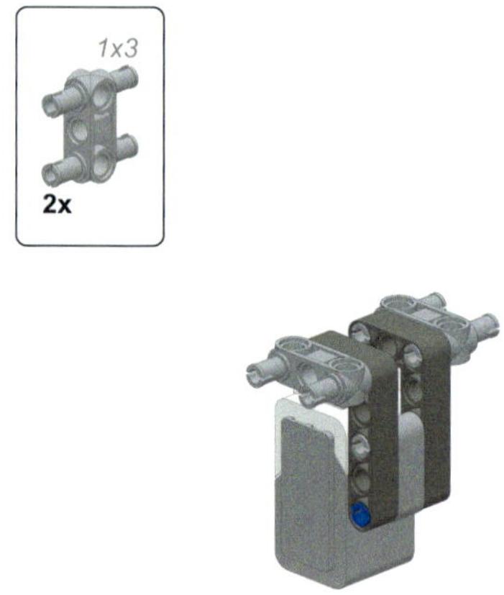

5

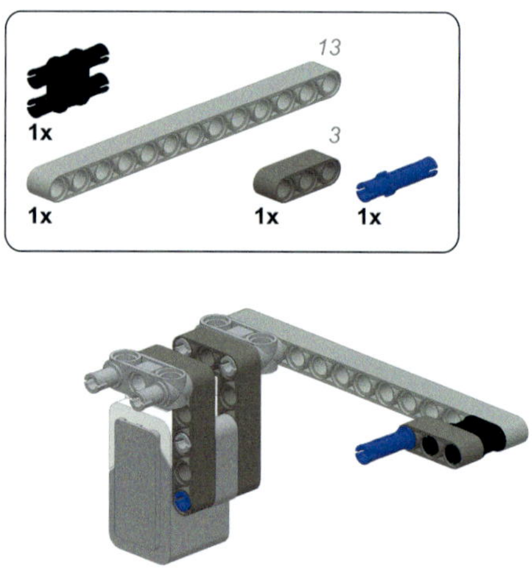

6

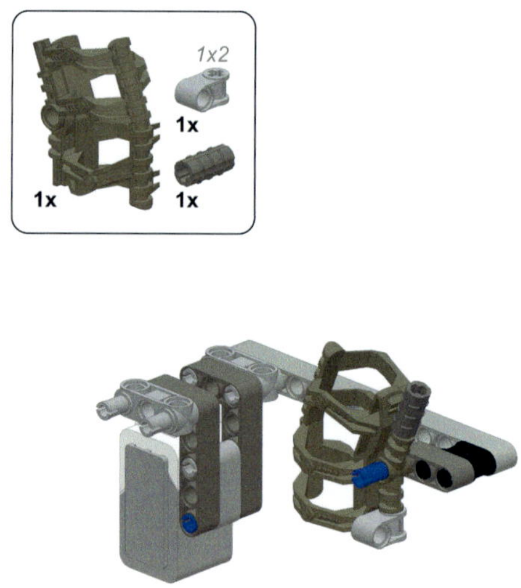

7

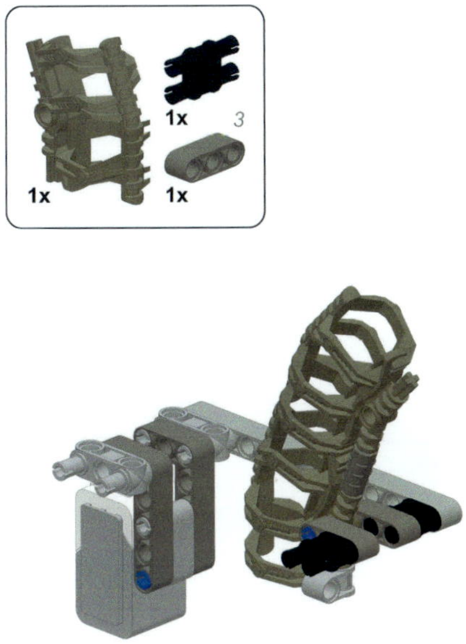

8

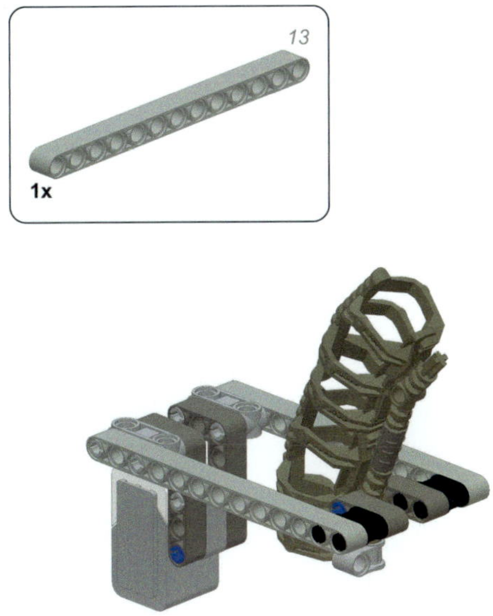

9

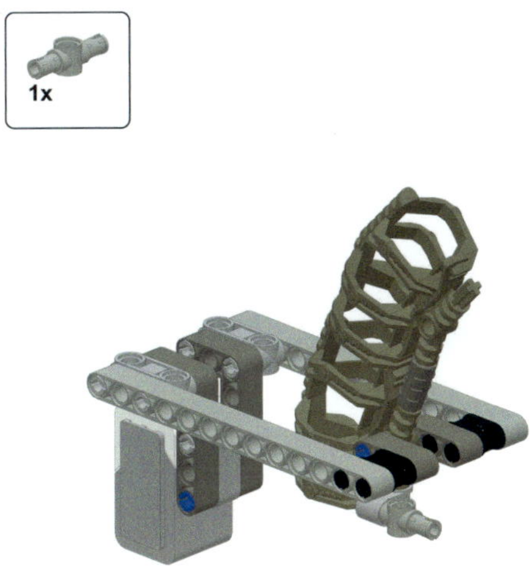

10

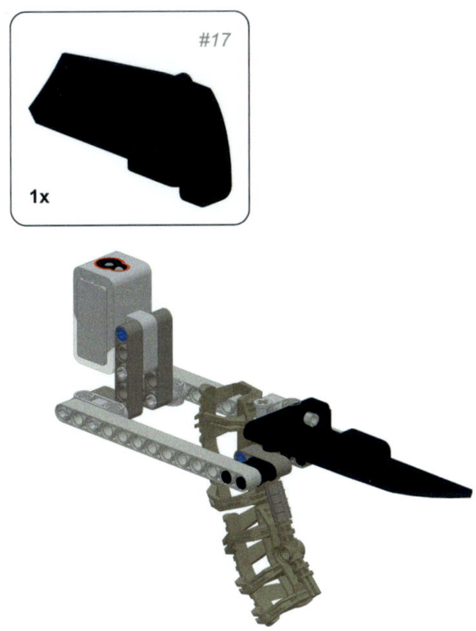

11

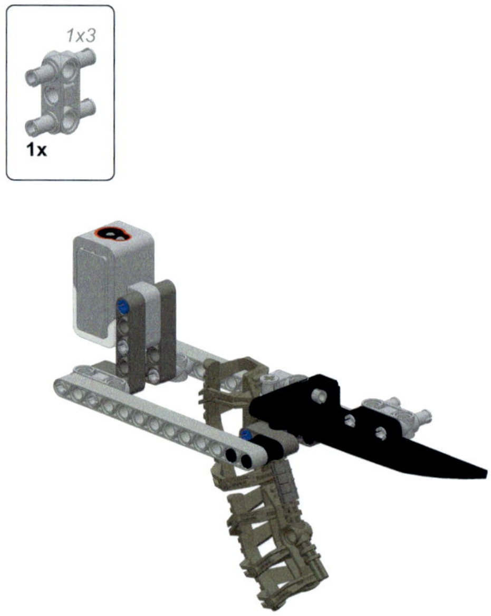

EV3-Stein

1

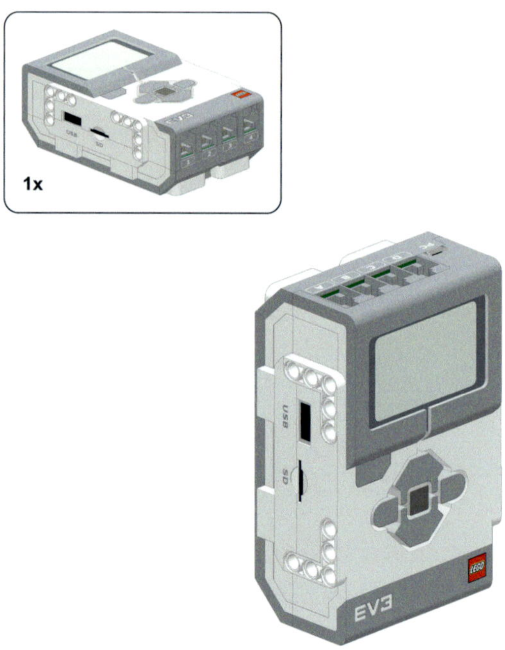

2

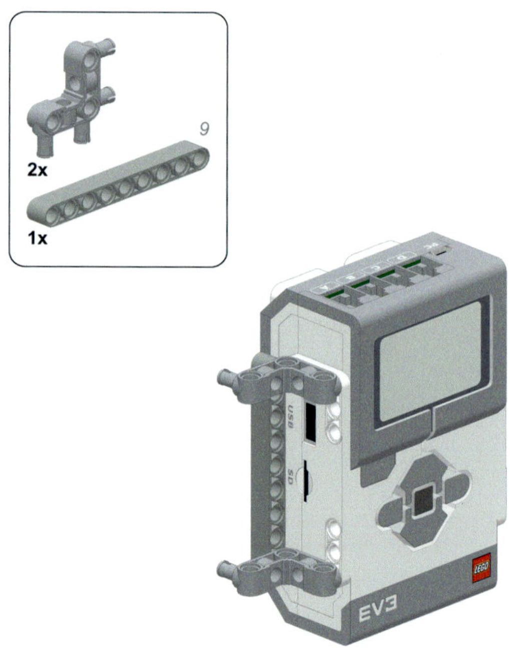

3

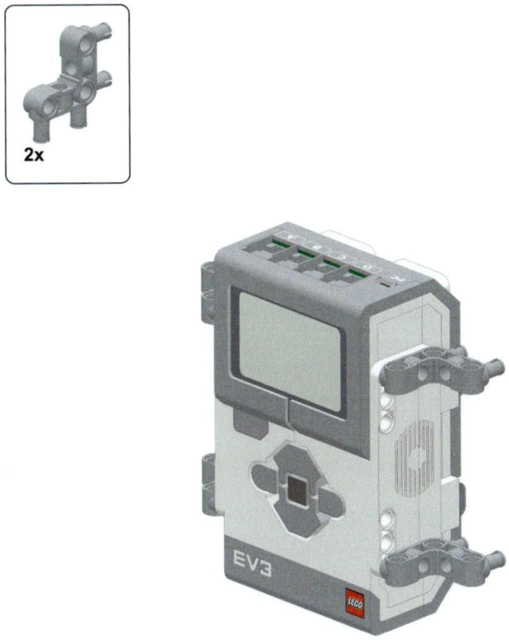

Zusammenbau

1

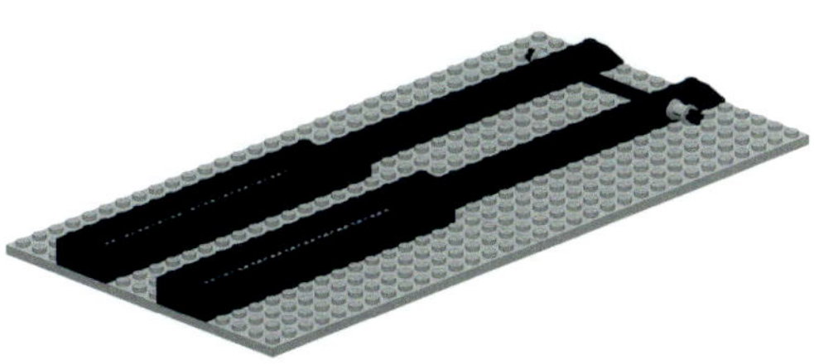

2

3

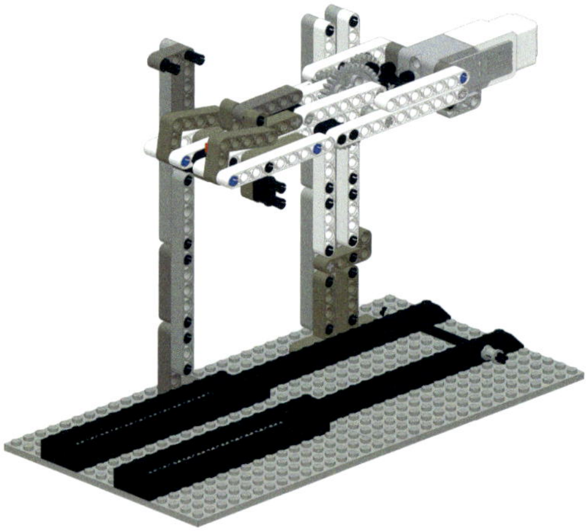

4

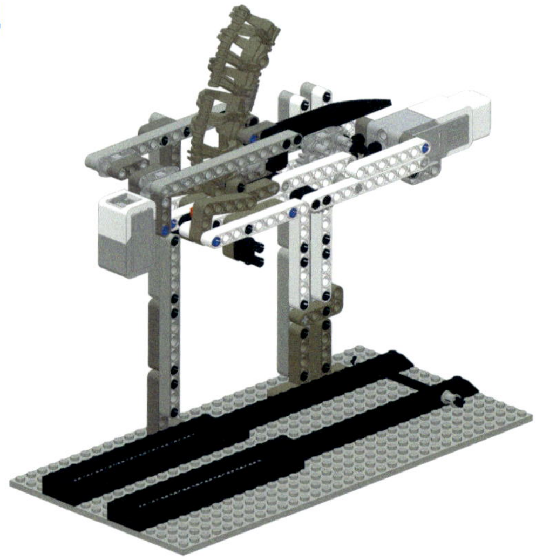

5

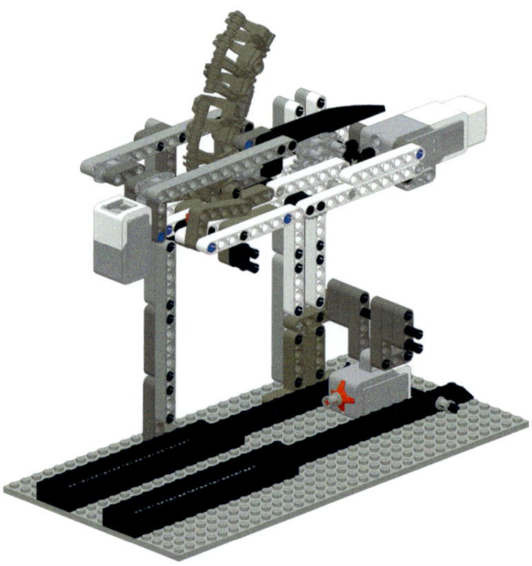

6

7

8

9

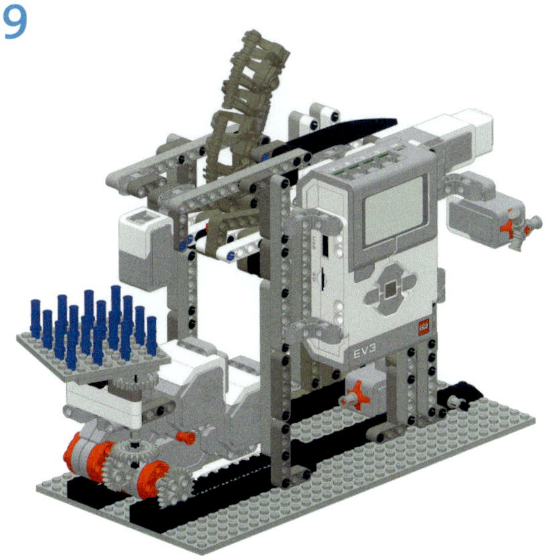

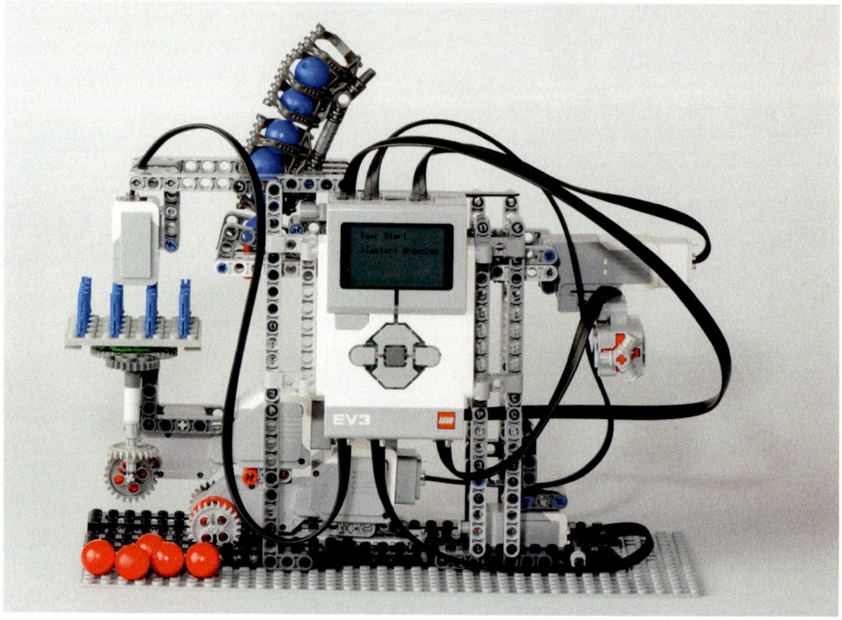

Abb. 7–9 // Der fertige TicTacToe Roboter

Anmerkung:

Es muss darauf geachtet werden, dass das Zahnrad vom Motor des Spielfeldes und das zweite Zahnrad, das die Drehung nach oben überträgt, exakt ineinandergreifen.

Die Verkabelung

Die Motoren werden wie folgt verkabelt:

- Spielfeld drehen: *Port A* mit 50 cm Anschlusskabel. Es verläuft locker oberhalb des beigen Pins vom Hinten-Taster, dann rechts neben dem Einschub-Motor und kommt in einem hohen Bogen zum *Port A*.
- Spielfeld bewegen: *Port B* mit 35 cm Anschlusskabel. Es verläuft zwischen dem Hinten-Taster und dem Pin und danach sofort hoch zwischen der Halterung des EV3-Steins und dem Buzzer.
- Kugel-Einschub: *Port D* mit 25 cm Anschlusskabel. Es verläuft so knapp und direkt wie möglich vom Motor bis hin zum Port.

Die Sensoren werden folgendermaßen angeschlossen:

- Farbsensor: Port 1 mit 35 cm Anschlusskabel: Es wird zwischen dem Einschiebe-Modul und dem EV3-Stein nach unten geführt, dabei verläuft das Kabel zu Beginn hinter der Brick-Halterung, danach wird es nach vorne gebracht zwischen der Ersatzleiste und dem Gerüst.

- Hinten-Taster: Port 4 mit 25 cm Anschlusskabel: Es wird so gut wie möglich bündig zum Boden verlegt.
- Buzzer: Port 3 mit 25 cm Anschlusskabel – Es wird erst hochgebogen und zwischen dem Einschub-Motor und der Halterung des Tasters nach vorne festgeklemmt. Danach wird das Kabel direkt zum Port geführt.

Benötigte Gegenstände

Für das Spiel benötigst du mindestens fünf rote und fünf blaue Kugeln, zum Beispiel jene von LEGO (Artikelnummer 54821). Falls du andere Kugeln verwenden möchtest, achte zum einen darauf, dass sie in die vorgesehene Halterung passen und durch den Auswurfmechanismus bewegt werden können. Wenn du andere Farben verwendest muss die Software entsprechend angepasst werden.

Das Spielfeld

Das Spielfeld, auf dem die Kugeln abgelegt werden, hat einen gewissen Spielraum. Dieser ist durch die LEGO-Bauteile bedingt und lässt sich nicht verhindern. Bei der Konstruktion und Implementierung wurde dies berücksichtigt. Der aktuelle Stand des Spielfeldes wird auf dem Display stets angezeigt.

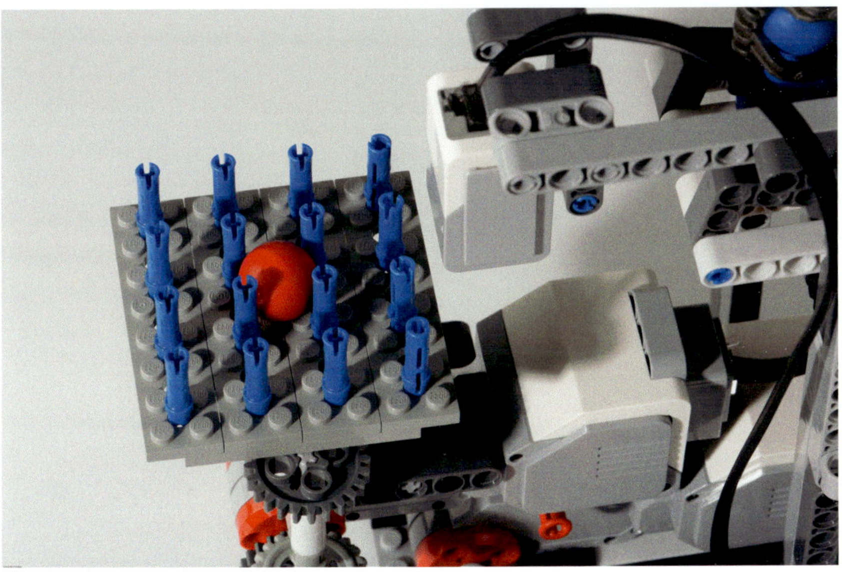

Abb. 7–10 // Das Spielfeld

Die Funktionen des Roboters

- Interaktion mit einem menschlichen Spieler
- Automatische und manuelle Spielfeldausrichtung
- Farben erkennen
- Anwenden einer Spielelogik
- Töne und Klang wiedergeben

Spielablauf

Vor dem Spielstart

Bevor das Spiel startet, ist darauf zu achten, dass alle Sensoren und Motoren an dem richtigen Port angeschlossen sind. Das Spielfeld sollte an der dafür vorgesehenen Stelle stehen und der Einschub sollte bis zum Anschlag hinten positioniert sein.

Spielstart

Das Spiel kann in dem Menüpunkt »Run Default« gestartet werden, wenn dieses als Standardwert eingestellt wurde, sonst findet man das Spiel im Menüpunkt »Files«.

Das Programm startet und führt als Erstes die Spielfeldausrichtung aus.

Spielfeldausrichtung

Zu Beginn richtet sich der Roboter aus.

Der Roboter fährt zuerst nach hinten und danach nach vorne. Hintergrund: Damit weiß der Roboter, an welcher Stelle des Spielfeldes er sich befindet.

Nach dieser Fahrt wird der Spieler aufgefordert, die rote Spielerkugel in eine Ecke des Spielfeldes zu legen und mit dem Taster zu bestätigen.

Die rote Spielerkugel wird aktiv gesucht. Wird die Kugel gefunden, so wird der Spieler dazu aufgefordert, die Kugel wieder zu entfernen und dies mit dem Taster zu bestätigen.

Alternativ kann dieser Schritt manuell durch Drücken des Tasters durchgeführt werden, indem man manuell mit den Links- und Rechts-Tasten das Spielfeld so dreht, dass sich die Ecke mit der roten Kugel so genau wie möglich unter dem Scanner befindet. Durch einen Druck auf den Taster wird die Position unter dem Scanner als Ecke wahrgenommen.

Spieleröffnung

Nach der Ausrichtung darf der Spieler aussuchen, ob er selbst beginnen möchte oder dem Computer den Vortritt lässt.

- Fall 1: Spieler fängt an
  Spieler bekommt 5 rote Kugeln und der Roboter 4 blaue Kugeln.
- Fall 2: Computer fängt an
  Spieler bekommt 4 rote Kugeln und der Roboter 5 blaue Kugeln.

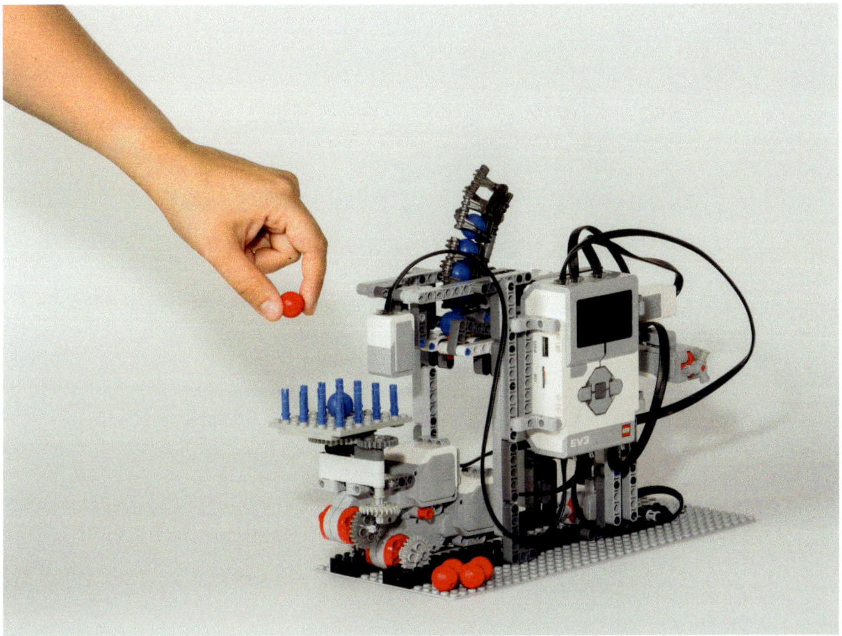

Information

Während der Zeit, in der die Information zur Anzahl der Kugeln angezeigt wird, müssen die Kugeln für den Computer auch in die Vorrichtung eingelegt werden. Erst nachdem die Kugeln eingelegt wurden, sollte der Taster betätigt werden.

Spielzug des Spielers

Der Spieler legt eine Kugel in das herausgefahrene Spielfeld und schließt seinen Zug durch Bestätigen des Tasters ab.

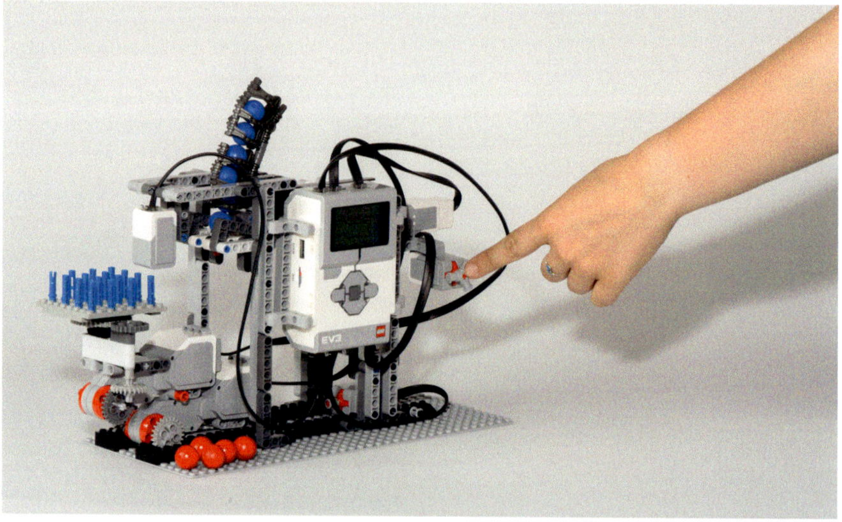

Information

Man hat nur eine begrenzte Zeit zur Verfügung, seinen Spielzug abzuschließen. Falls diese überschritten wird, wird das Spiel abgebrochen und das Spiel muss bei Bedarf von Neuem begonnen werden.

Spielzug des Computers

Der Computer scannt das Spielfeld ab und sucht somit die gesetzte Kugel. Nach dem Auffinden dieser Kugel wird die blaue Computerkugel auf das Spielfeld gelegt. Falls der Computer anfängt, wird das Spielfeld nicht abgescannt.

Information

Der Computer wird nach dem Erkennen einer neuen Spielerkugel mit dem Einscannen aufhören, somit ist es theoretisch möglich, dass geschummelt werden kann. Aber mal ehrlich, schummeln ist unfair. Der Roboter erwartet Fairness von dem Spieler.

Die Programmierung

Eine Aufteilung in zwei Pakete »logical« und »technical« bietet sich bei diesem Roboter gerade zu an. Hier wird ein Ausschnitt aus dem Hauptprogramm »TicTacToe« im Paket »technical« gezeigt. Zu Beginn werden die Bildschirmausgabe, das Spielfeld und der Roboter initialisiert und Startwerte zugewiesen. Anschließend wird dem Spieler auf dem Bildschirm ein Dialog angezeigt, bei dem entschieden wird, wer anfängt. Danach beginnt der bereits beschriebene Spielverlauf mit der Prüfroutine, ob die Spielelogik bereits ein Gewinner festgestellt hat. Schließlich ertönt eine Melodie am Spielende.

Listing 7–1 // Ausschnitt aus dem Hauptprogramm »TicTacToe« im Paket »technical«

```
package technical;
import lejos.hardware.lcd.LCD;
public class TicTacToe {
  /**
   * @param args
   * @throws Exception
   */
  public static void main(String[] args) throws Exception {

    LCD.drawString("Bitte warten!!", 1, 5);
    LCD.setAutoRefresh(false);

    GameField field = GameField.getExemplar();
    Roboter rob = Roboter.getExemplar();
    // shouldn't be null!!
    if (rob == null) {
      LCD.clear();
      int i = 0;
      LCD.drawString("Roboter konnte ", 0, i++);
      LCD.drawString("NICHT ", 0, i++);
      LCD.drawString("erstellt werden", 0, i++);
      LCD.refresh();
      return;
    }

    int maxMoves = 0;
    rob.chooseWhoStarts();
    while (!field.checkWinner(false) & maxMoves < 9)
    {
      rob.waitUntilPlayerActivities();

      while(!rob.scanField()){
        rob.waitUntilPlayerActivities();
      }

      if (field.checkWinner(false))
        break;

      rob.rotateGameField(field.nextMove(), false);
      rob.pushTheBall();

      maxMoves++;
```

```
        }

        rob.rotateGameField(Position.POSWarten, false);
        field.drawField(false);
        Thread.sleep(2000);
        RobotSound.playTheEnd();

    }
}
```

Hinweis:

Wenn du es dir bereits zutraust in Java selbst zu programmieren, dann probiere es einfach mal aus. **Trau dich einfach!** Solltest du nicht weiterkommen, haben wir auf der Website den vollständigen Quellcode zum Download für dich hinterlegt.

Software-Download

Den Quellcode kannst du auf unserer Begleitwebsite herunterladen.

Das Programm starten

Übertrage die JAR-Datei auf den EV3-Stein und starte das Programm.

Viel Spaß und viel Glück beim TicTacToe-Spielen!

7.3 Segway

Auf einen Blick

Schwierigkeitsgrad Zusammenbau: 1 (5)
Schwierigkeitsgrad Programmierung: 3 (5)
Kategorie: Fahrzeug
Mindstorms-Generation: EV3
Sensoren: 1 Ultraschallsensor, 1 Gyrosensor
Motoren: 2 große Motoren
Programmierumgebung: leJOS-Version 0.9.1

Beschreibung

Der Segway-Roboter entstand in einer Studienarbeit im Fachbereich Informatik zunächst für die Generation NXT 2.0 von LEGO Mindstorms. Mittlerweile wurde der Roboter auf die aktuelle Generation EV3 portiert. Er besitzt die technischen Eigenschaften eines Segway® Personal Transporter (PT)[1] und balanciert mithilfe eines Gyroskops auf zwei Rädern. Dabei folgt er dem physikalischen Prinzip des

1 Ein Segway PT ist ein elektrisch angetriebenes Transportmittel für typischerweise nur eine Person. Das Besondere dabei sind die auf derselben Achse liegenden Räder. Mithilfe einer dynamischen Stabilisierung und Antriebsregelung kann eine Person die Balance des Transportmittels steuern und sich fortbewegen. »Segway« ist eine eingetragene Marke der Firma Segway Inc. Vgl. http://www.segway.com/about-segway/, abgerufen am 06.06.2016.

inversen Pendels[2]. Der Ultraschallsensor dient zur Objekterkennung, damit der Roboter beim Geradeausfahren Hindernissen ausweichen kann. Den Abstand vom Ultraschallsensor zum Hindernis und die Richtung fürs Ausweichen kannst du im Programmcode selbst festlegen.

Benötigte Bauteile

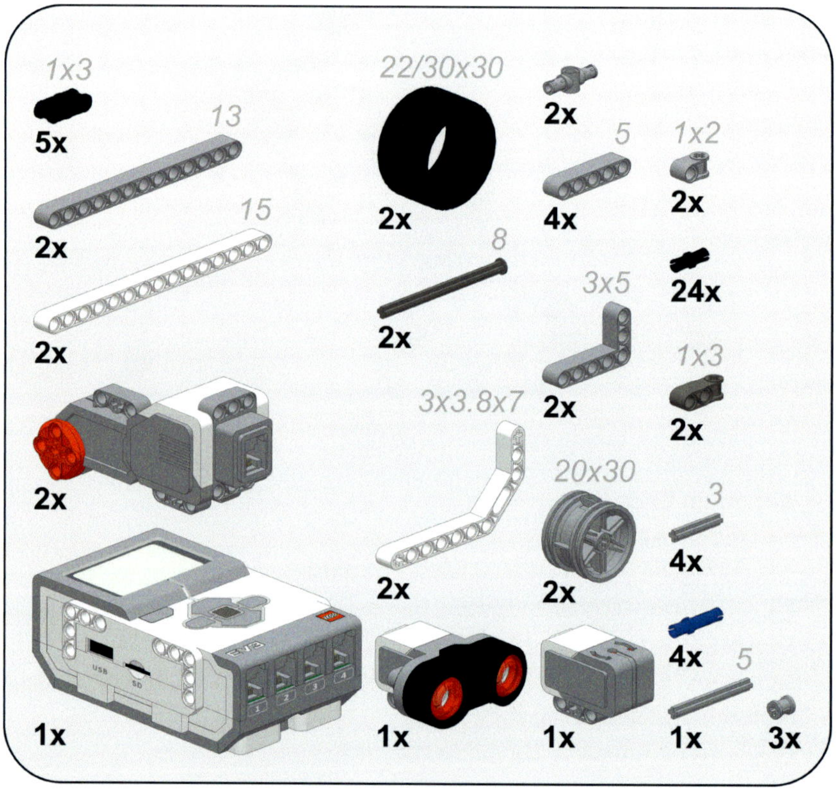

Die Bauanleitung

Beim Segway erfolgt der Zusammenbau in mehreren Abschnitten, die jeweils eine Baugruppe mit entsprechender Funktion darstellen. Die einzelnen Baugruppen werden anschließend miteinander verbunden. Zum Schluss erfolgt die Verkabelung der Motoren und Sensoren mit dem EV3-Stein.

2 Beim inversen Pendel liegt der Schwerpunkt oberhalb einer Achse bzw. Standfläche. Bewegungen bringen das Pendel aus dem Gleichgewicht, sodass eine Gegenbewegung erforderlich ist, um dieses wiederherzustellen bzw. zu erhalten. Vgl. Fritz Tröster: *Steuerungs- und Regelungstechnik für Ingenieure*. 2. Auflage. Oldenbourg Verlag, 2005.

Der Körper

1

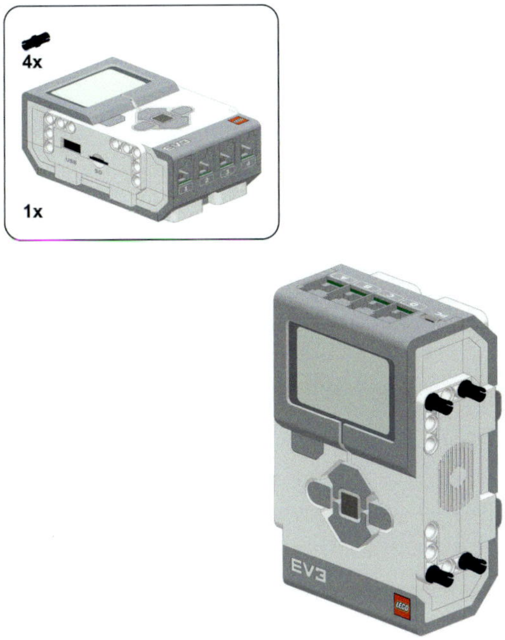

2

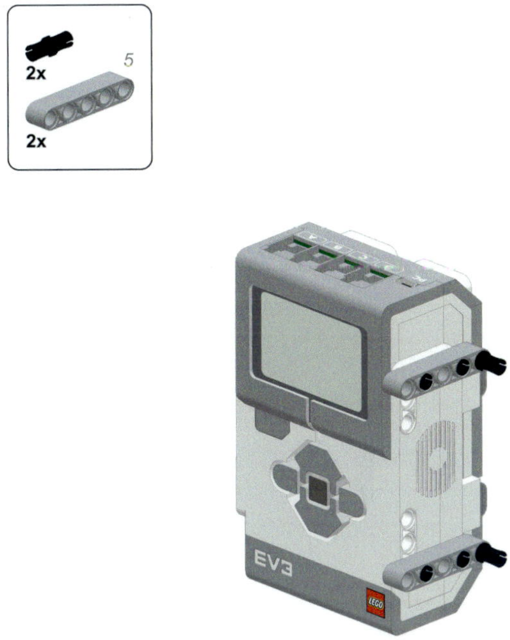

3

4

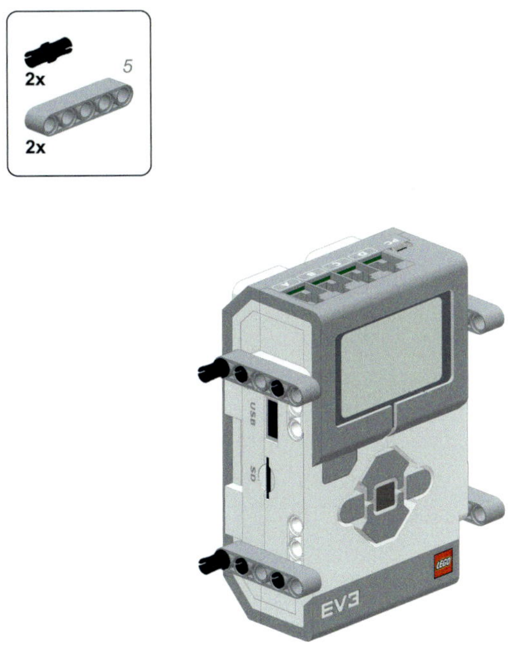

5

Der rechte Motor

1

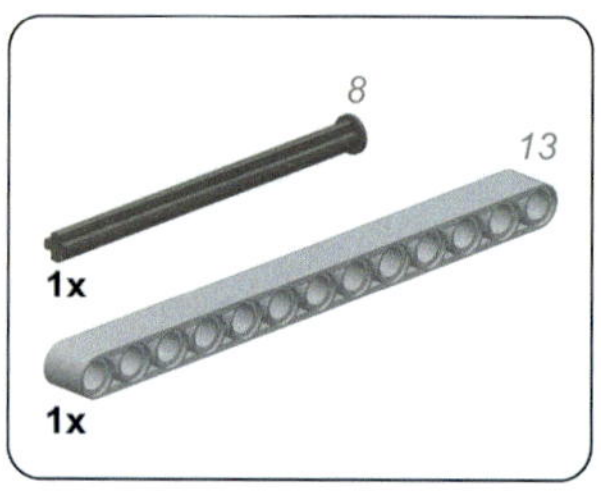

2

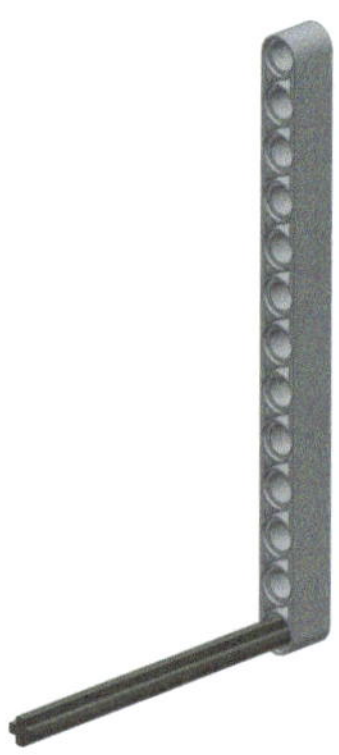

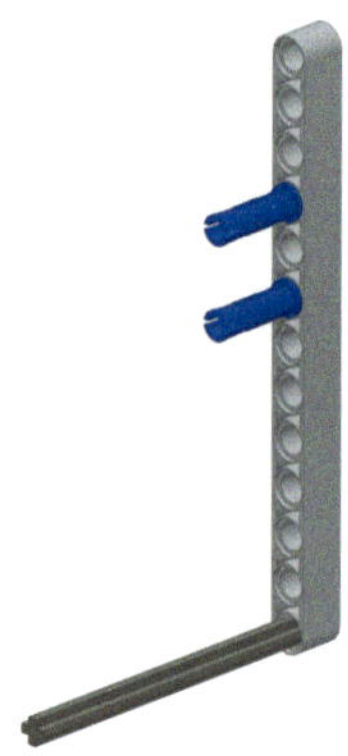

3

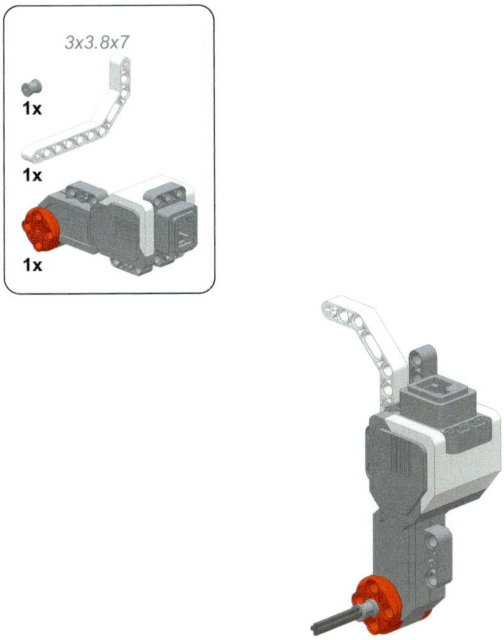

4

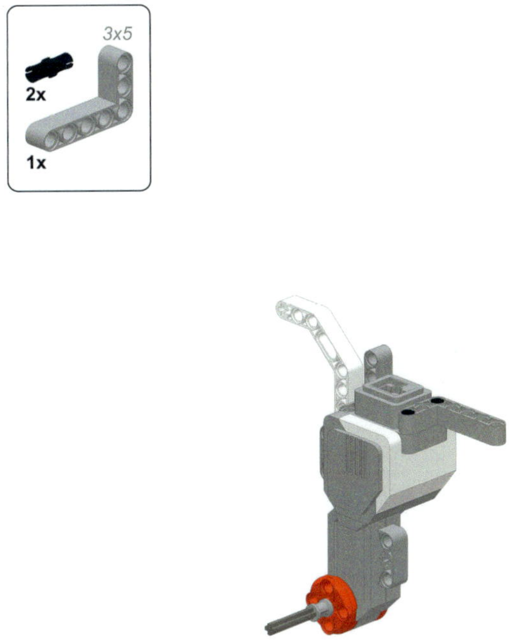

5

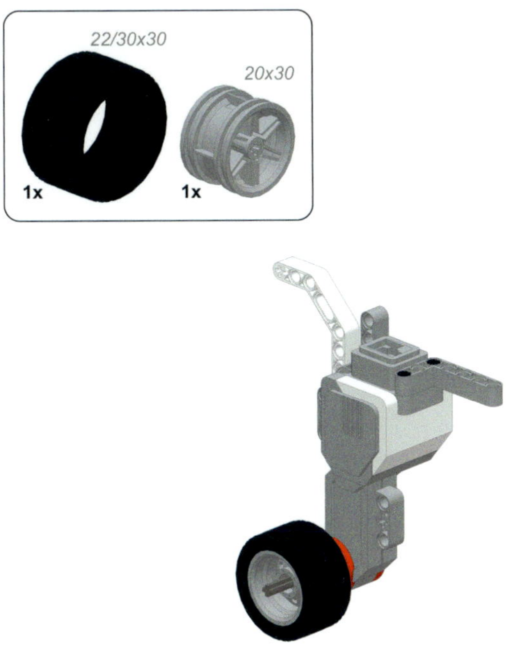

6

Der linke Motor

1

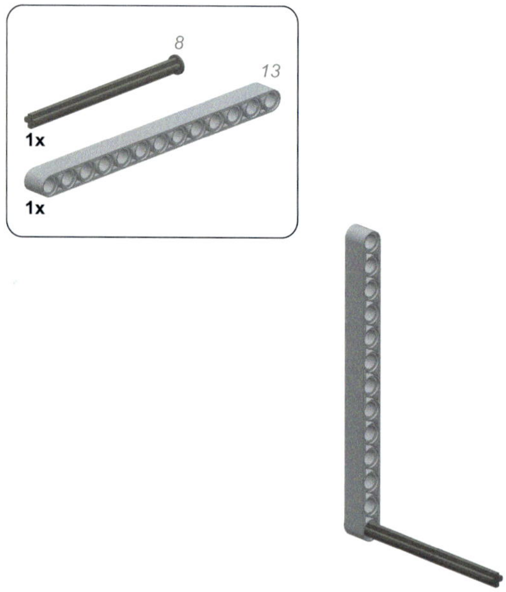

2

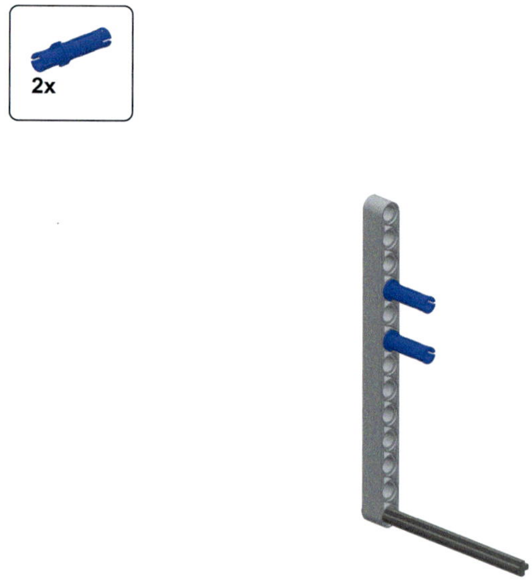

3

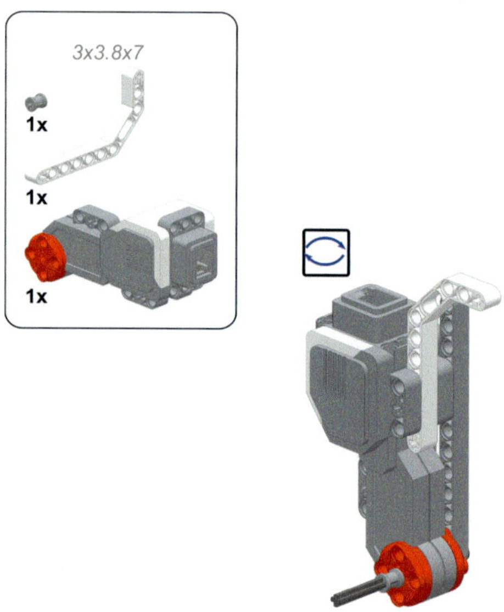

4

5

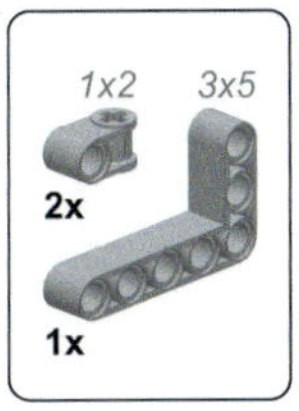

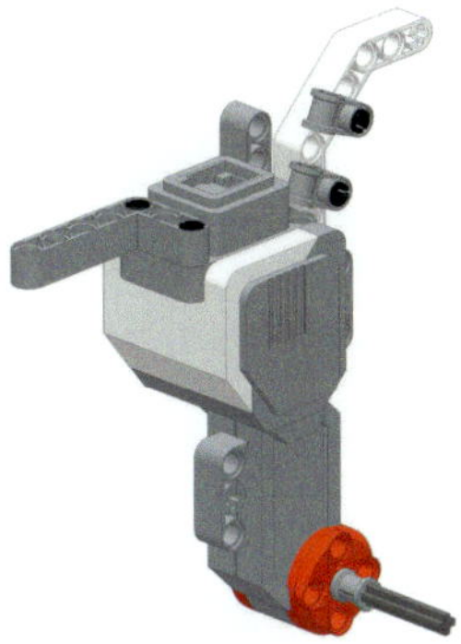

6

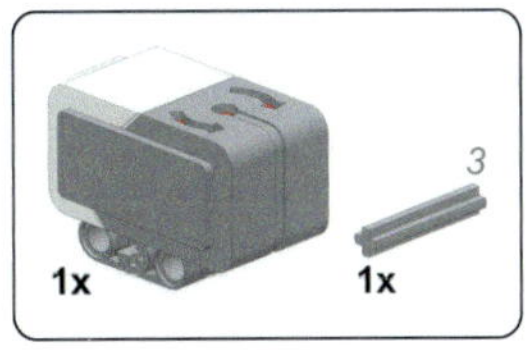

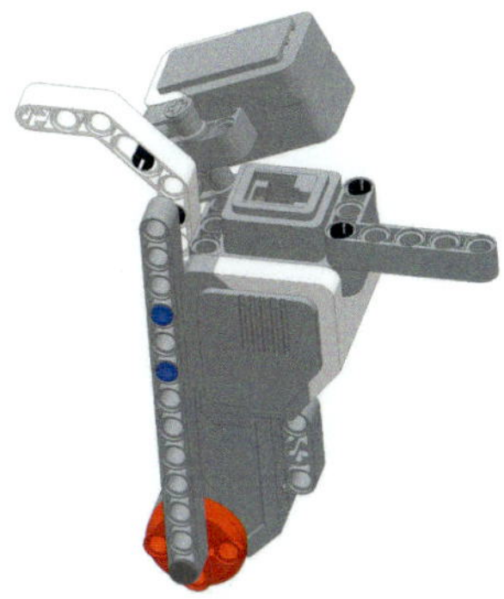

7

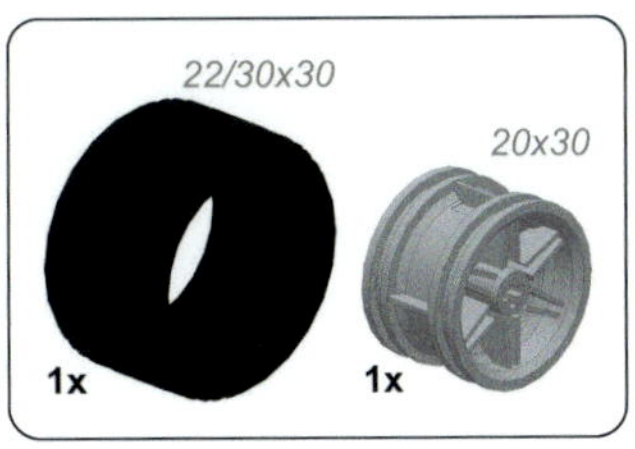

Der Kopf

1

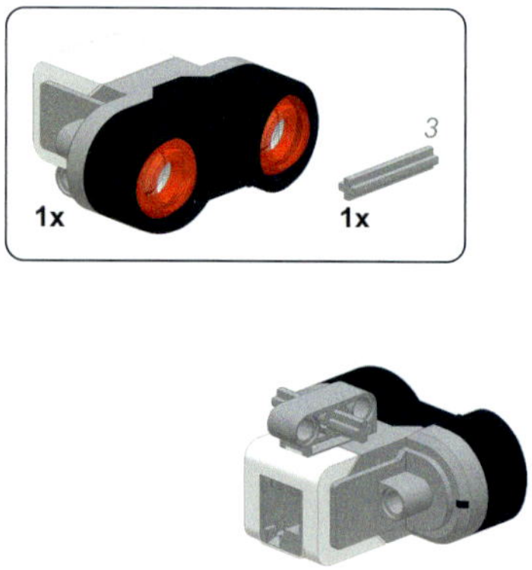

2

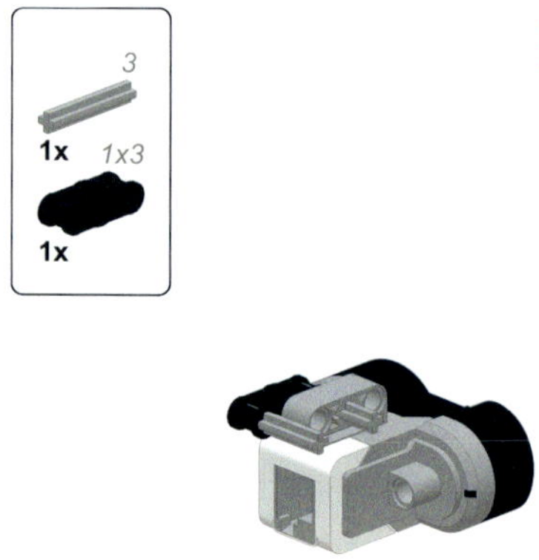

3

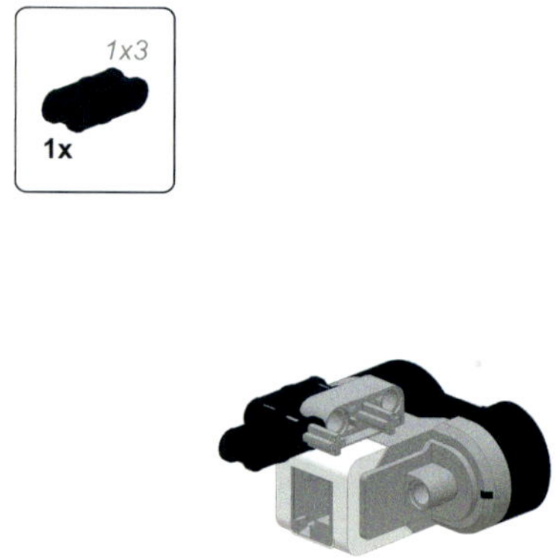

4

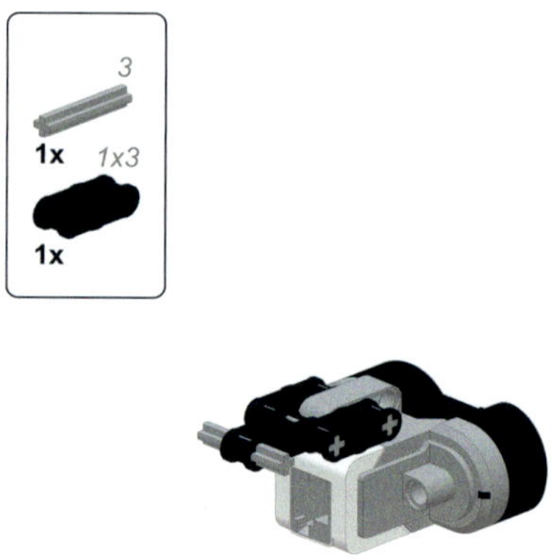

5

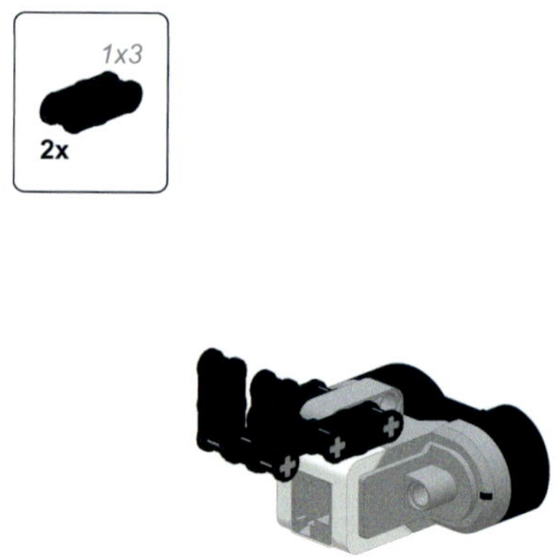

6

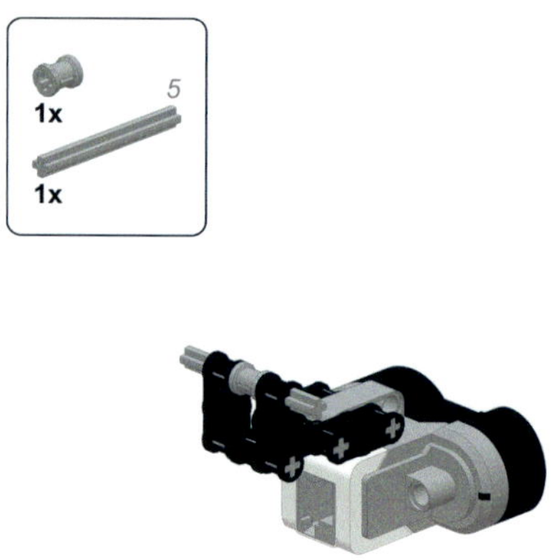

7

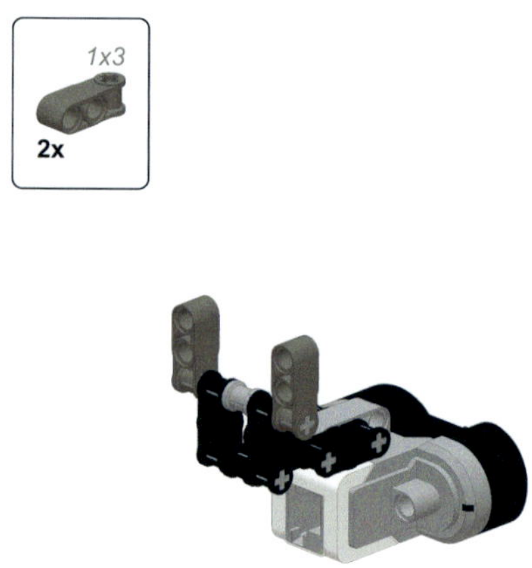

Den Körper mit den Motoren verbinden

1

2

Den Körper mit dem Kopf verbinden

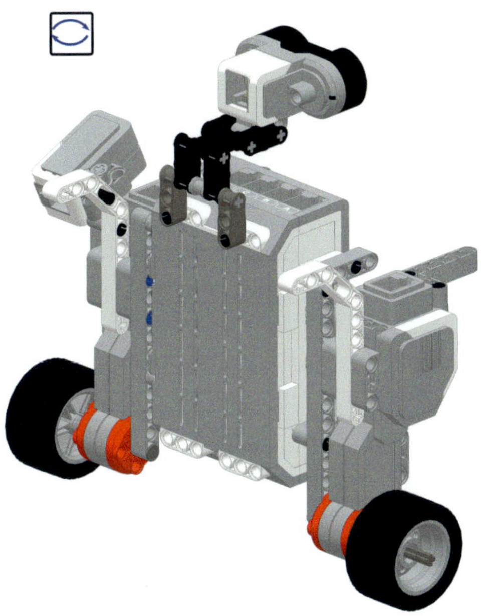

Die Querstreben einbauen

1

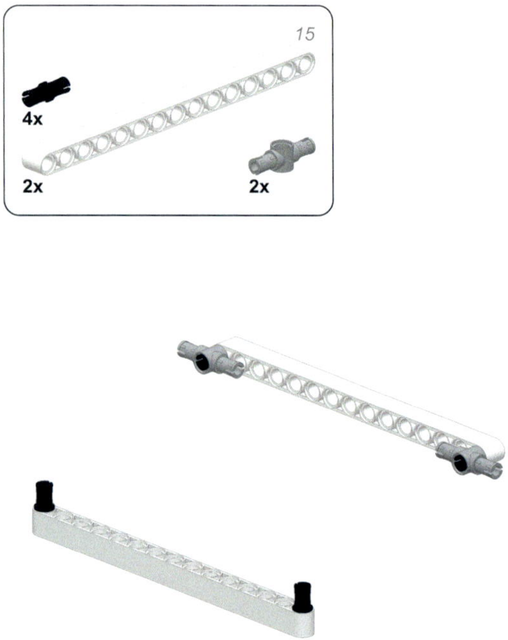

2

Abb. 7–11 // Der fertige Segway-Roboter

Die Verkabelung

Die Ansicht ist in Fahrtrichtung geradeaus. Verbinde den linken Motor mit dem *Port A* und den rechten Motor mit *Port D*. Der Gyrosensor wird an *Port 1* und der Ultraschallsensor wird an *Port 4* angeschlossen.

Benötigte Gegenstände

Verwende zum Aufstellen des Roboters einen Gegenstand, der lotrecht zum Boden steht, zum Beispiel eine gefüllte Wasserflasche. Daran kannst du den Roboter anlehnen, damit er während der Kalibrierungsphase ruhig und ausbalanciert steht.

Die Funktionen des Roboters

- Ausbalancieren auf einer Achse
- Geradeaus fahren
- Gegenstände in einer festgelegten Entfernung erkennen
- Ausweichen: wahlweise links oder rechts
- Töne oder Klang wiedergeben

Die Aufgaben

Der Segway-Roboter fährt ausbalanciert auf einer ebenen Fläche geradeaus. Dabei weicht er Hindernissen aus, indem er in einer bestimmten Entfernung zum Hindernis eine Drehung nach links oder rechts vollzieht. Diese Entscheidung kannst du im Programm selbst bestimmen. Anschließend setzt der Roboter seine Fahrt fort. Die Fahrt wird beendet, sobald er die Balance nicht mehr halten kann und auch ein manueller Korrekturversuch innerhalb von drei Sekunden nicht erfolgreich war. Auch hier kannst du die Zeit selbst festlegen.

Abb. 7–12 // Der Segway-Roboter in Startposition

Programmablauf

Nach dem Programmstart erscheint eine Anweisung auf dem Display. Der Roboter sollte zunächst hingelegt werden, damit der Gyrosensor sich kalibrieren kann. Während des Countdowns stellst du den Roboter aufrecht auf eine ebene Fläche und hältst ihn in Balance oder du lehnst ihn an einen Gegenstand als Stütze. Begleitend zum Countdown von fünf auf eins ertönt ein leiser Ton. Anschließend kannst du den Roboter loslassen bzw. die Stütze entfernen. Nun beginnt der Segway-Roboter mit dem autonomen Balancieren.

Erkennt er mittels des Ultraschallsensors ein Objekt in einer Distanz von unter 0,1 m (Standard), so stellt dies ein Hindernis dar, dem er auszuweichen versucht. Dabei dreht er sich stets auf der Stelle nach rechts (Standard). Sobald keine Hindernisse mehr im Weg stehen, fährt er weiter geradeaus. Während der Fahrt balanciert sich der Roboter stets über kleine Vor- und Rückwärtsbewegungen aus. Dies wird als leichtes Ruckeln wahrgenommen. Sollte sich diese Bewegung durch Bodenunebenheiten oder durch einen manuellen Eingriff (z. B. Stupsen) aufschwingen, kann der Roboter gelegentlich umfallen. In der Regel geht dabei nichts kaputt. Das Programm erkennt dieses Fallen und stoppt die Motoren innerhalb von drei Sekunden. Während dieser Zeit hast du die Möglichkeit, den Roboter wieder ins Gleichgewicht zu bringen. Ansonsten wird das Programm beendet.

Die Programmierung

Starte Eclipse und importiere das Projekt Segway. Den Programmcode kannst du auf der Begleitwebsite herunterladen. Das Programm für den Segway-Roboter setzt sich aus mehreren Teilen zusammen. Diese Aufteilung ist sinnvoll, um wesentliche Funktionen des Roboters getrennt voneinander entwickeln zu können. Die wesentlichen Klasse und eine Auswahl ihrer Methoden wird hier kurz betrachtet.

Die Klasse Segway

Listing 7–2 // Ausschnitt aus der Klasse Segway

```
/**
* Methode für das Geradeausfahren.
* /
public void forward() {
        // Fallunterscheidung anhand des Korrekturfaktors für die
        // Motoransteuerung motorControlDrive und ob gelegt wird mit
        // der boolean Variable steer.
        if (motorControlDrive != -300 && !steer) {
        // Die Ansteuerung der beiden Motoren erfolgt nicht direkt,
        // sondern über eine komplexe Berechnung. Hier wird die
        // Steuerungsanweisung anhand von Multiplikationsfaktoren
        // -50 aufgerufen.
        wheelDriver(-50, -50);
        }
}

public void turnRight() {
        // Wie beim Geradeausfahren wird die Steuerungsanweisung an
        // die beiden Motoren mittels Multiplikationsfaktoren -30
        // ausgeführt.
        wheelDriver(-30, 30);
}
```

Die Klasse EV3UltrasonicSensor

Das Klasse ist in der leJOS-Bibliothek vorhanden und wird für das Auslesen des Ultraschallsensors verwendet. Die Methode `getDistanceMode()` liefert als Rückgabewert ein Objekt zurück, welches wiederum eine Schnittstelle (*engl. Interface*) bereitstellt.

Listing 7–3 // Ausschnitt aus der Klasse EV3Ultrasonic-Sensor

```
/**
 * <b>Lego EV3 Ultrasonic sensor, Distance mode</b><br>
 * Measures distance to an object in front of the sensor
 *
 * <p>
 * <b>Size and content of the sample</b><br>
 * The sample contains one elements representing the distance (in
   metres) to an object in front of the sensor.
 * unit).
 *
 * @return A sampleProvider
 */
public SampleProvider getDistanceMode() {
  return getMode(0);
}
```

Das Interface SampleProvider

Das Auslesen des Sensorwerts erfolgt über die Methode `fetchSample`. Sie benötigt als Parameter ein Array mit definierter Länge und einen Ansatzpunkt `offset` im Array, ab dem die Werte gespeichert werden.

Listing 7–4 // Ausschnitt aus dem Interface Sample-Provider

```
public interface SampleProvider {

      /** Returns the number of elements in a sample.<br>
       * The number of elements does not change during runtime.
       * @return
       * the number of elements in a sample
       */
      public int sampleSize();

      /** Fetches a sample from a sensor or filter.
       * @param sample
       * The array to store the sample in.
       * @param offset
       * The elements of the sample are stored in the array starting
         at the offset position.
       */
      public void fetchSample(float[] sample, int offset);
}
```

Das Hauptprogramm **main** des Programms **SegwayEV3** weist zu Beginn den beiden Motoren und dem Gyorosensor die Ports zu. Das Attribut **wheelDiameter** beschreibt den Umfang deiner verbauten Reifen in Zentimeter. Falls du andere Reifengrößen verwendest, solltest du den Wert an dieser Stelle anpassen. Achte dabei auf den Dezimalpunkt.

Der Segway-Roboter soll bekanntlich so lange geradeaus fahren, bis er mit dem Ultraschallsensor ein Hindernis erkennt. Die Distanz zum Hindernis kannst du selbst bestimmen. Hierzu wird im Java-Programm die Variable **distance** angepasst. Nach einer Programmänderung muss du dein Programm erneut kompilieren und anschließend auf den Roboter übertragen, damit du deine Änderung testen kannst.

Listing 7–5 // Ausschnitt aus dem Hauptprogramm

```
public static void main(String[] args) {
         UnregulatedMotor leftMotor = new
UnregulatedMotor(MotorPort.A);
         UnregulatedMotor rightMotor = new
UnregulatedMotor(MotorPort.D);

         EV3GyroSensor gyro = new EV3GyroSensor(SensorPort.S4);
         double wheelDiameter = 4.32;
//43.2 Millimeter-Angabe auf den LEGO Reifen
SegwayEV3 segway = new SegwayEV3(leftMotor, rightMotor, gyro, wheel-
Diameter);
         segway.start();

         ultraSensor = new EV3UltrasonicSensor(SensorPort.S1);
         float[] sample = new float[1];
         while (true) {

            ultraSensor.getDistanceMode().fetchSample(sample, 0);

            double distance = 0.1; // Standard
            if (sample[0] > distance) {
               segway.forward();
            } else {
               segway.turnRight();
            }
         }
      }
```

7.4 Vincent

Auf einen Blick

Schwierigkeitsgrad Zusammenbau: 3 (5)
Schwierigkeitsgrad Programmierung: 4 (5)
Kategorie: Fahrzeug
Mindstorms-Generation: EV3
Sensoren: 1 Ultraschallsensor
Motoren: 2 große Motoren, 1 mittlerer Motor
Programmierumgebung: leJOS-Version 0.9.1

Beschreibung

Vincent ist ein Roboter, der in der Lage ist, ein Labyrinth ohne Kollisionen zu durchfahren. Dabei kann er Wände und Ziele erkennen, 90°-Drehungen von sich und seinem Kopf durchführen und sich nach vorne und nach hinten bewegen. Der Roboter kann, mit einigen Ausnahmen, aus dem LEGO-Eduction-EV3-Set zusammengebaut werden, wobei der EV3-Stein den Kern des Systems darstellt. Neben einem funktionsfähigen Demoprogramm, mit dem Vincent durch ein Labyrinth fahren kann, kannst du auch selbst eine Lösung für das Durchfahren eines Labyrinths programmieren.

Benötigte Bauteile

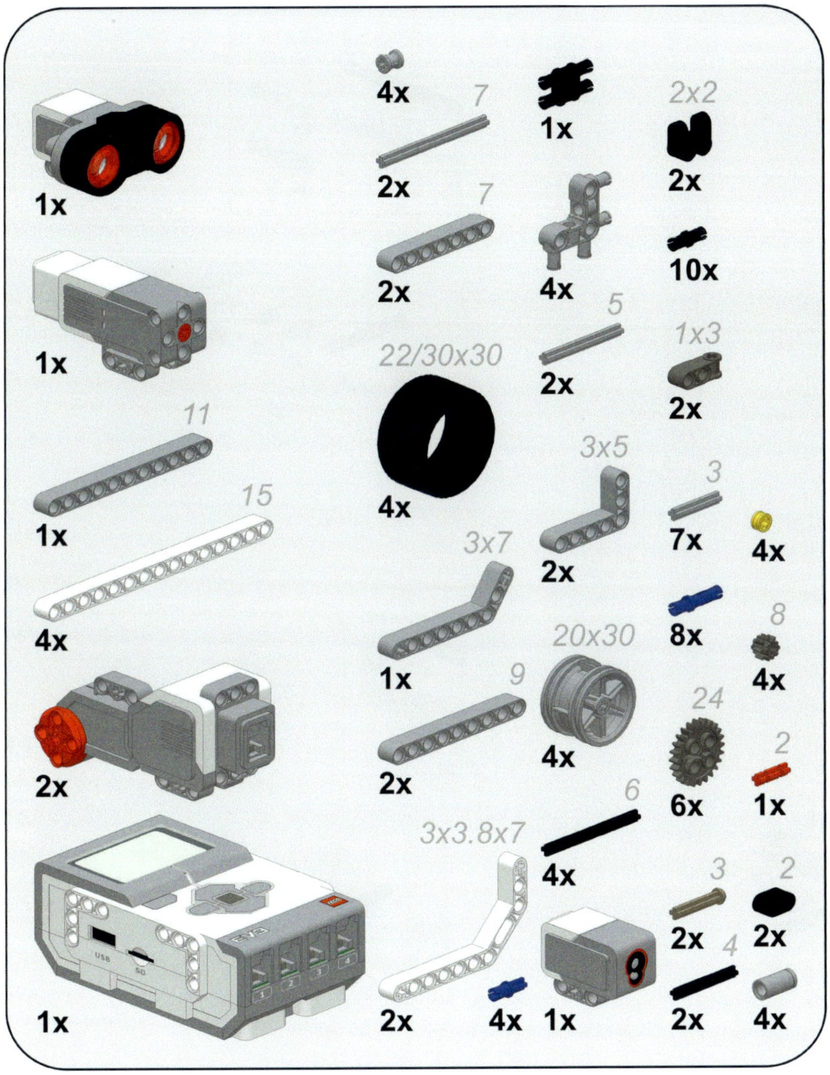

Die Bauanleitung

Bei Vincent erfolgt der Zusammenbau in mehreren Abschnitten, die jeweils eine Baugruppe mit entsprechender Funktion darstellen. Die einzelnen Baugruppen werden anschließend miteinander verbunden. Zum Schluss erfolgt die Verkabelung der Motoren und Sensoren mit dem EV3-Stein.

Fahrgestell rechts

1

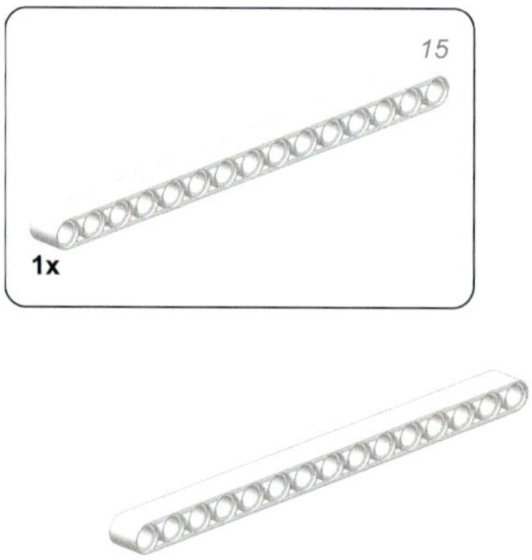

2

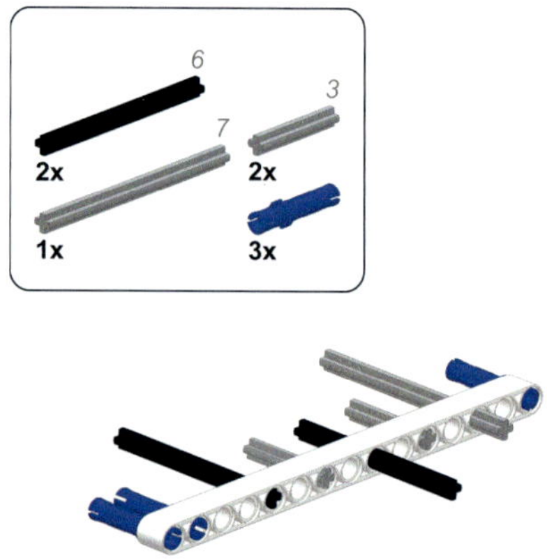

3

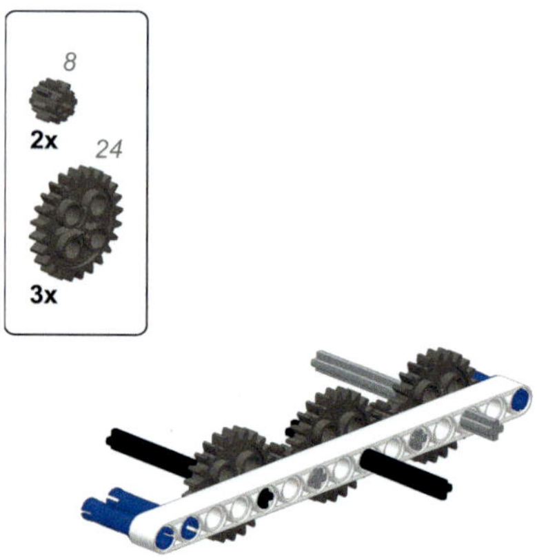

4

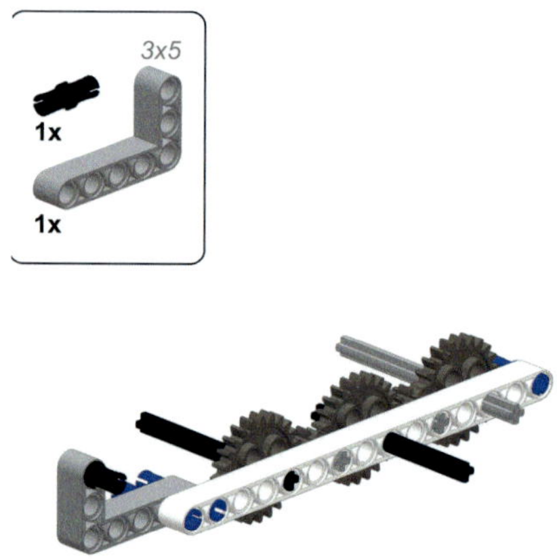

5

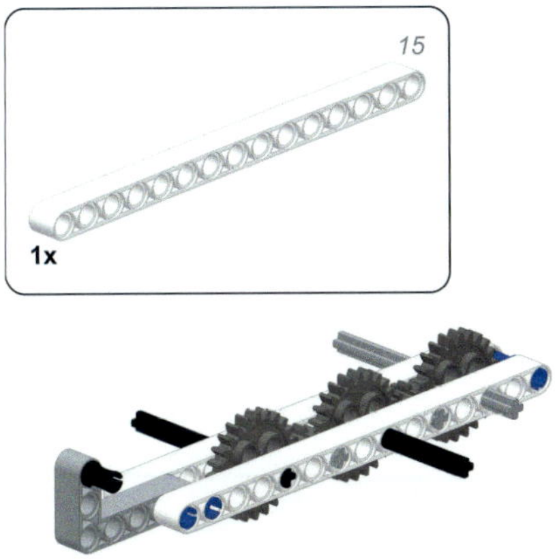

6

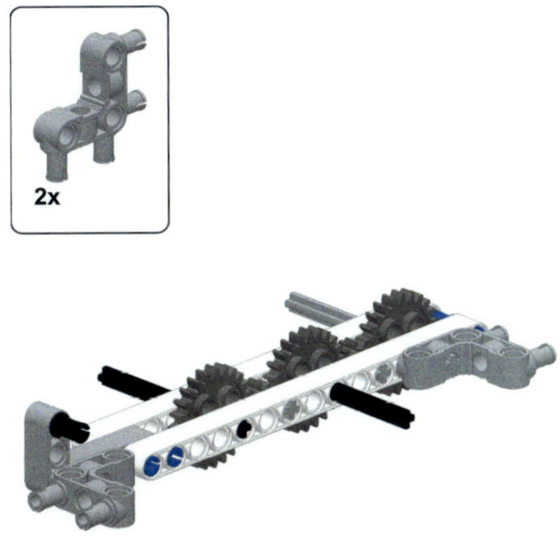

Fahrgestell links

1

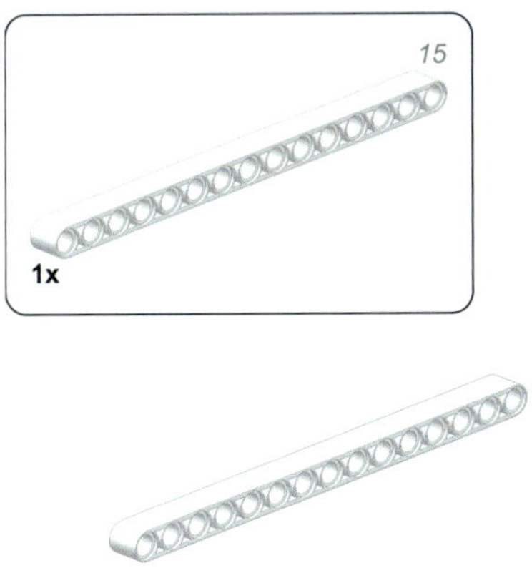

2

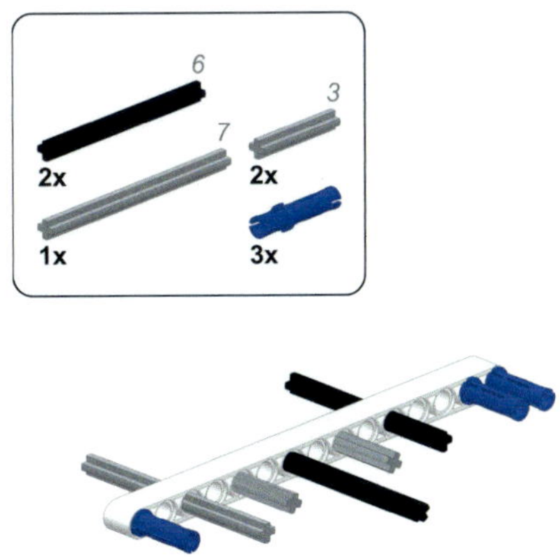

3

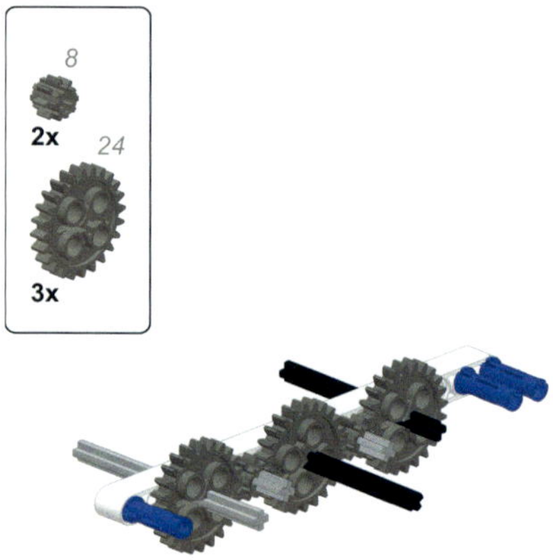

4

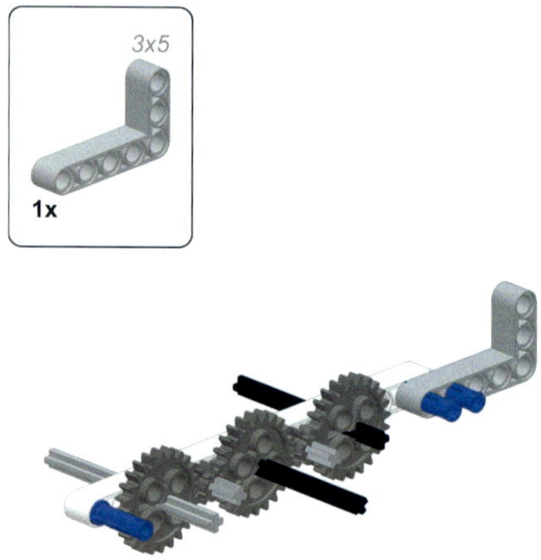

5

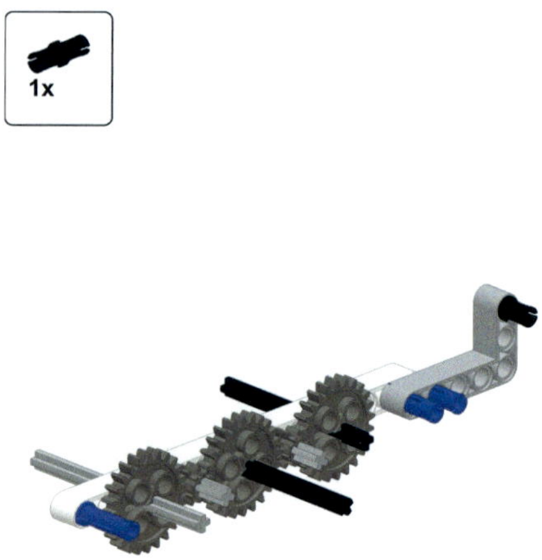

6

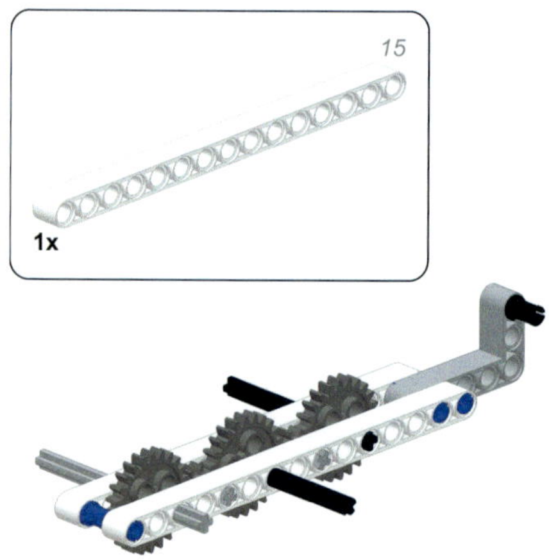

Motor

1

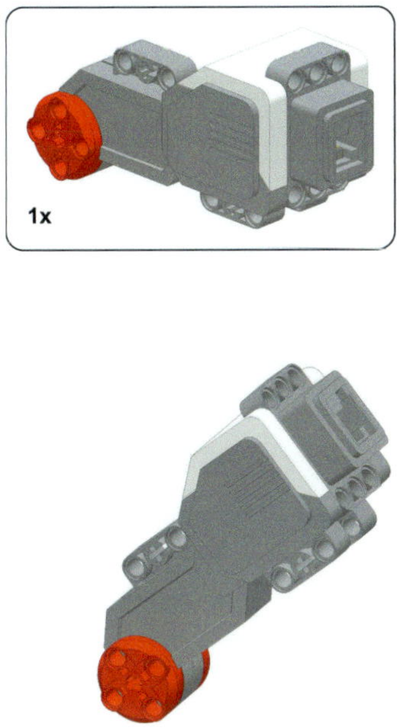

2

3

4

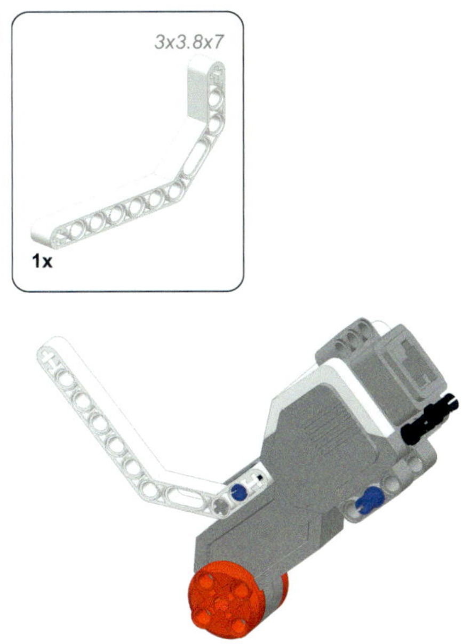

5

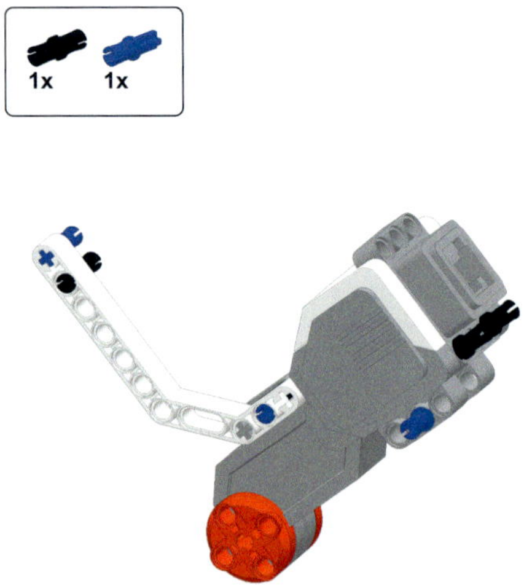

6

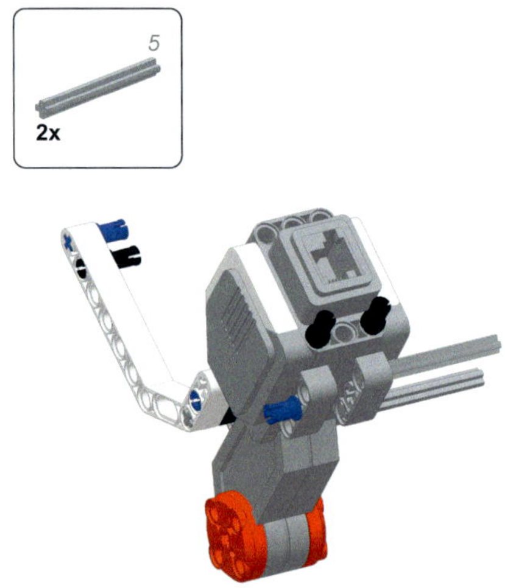

7

8

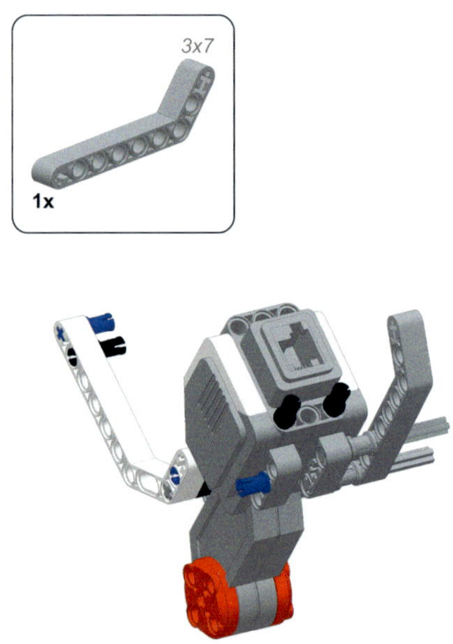

9

10

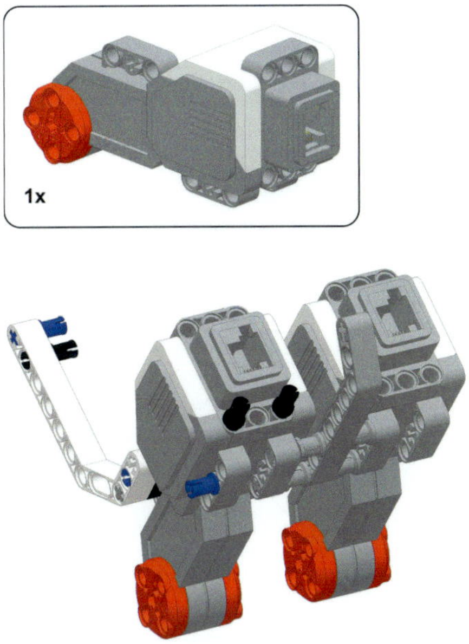

11

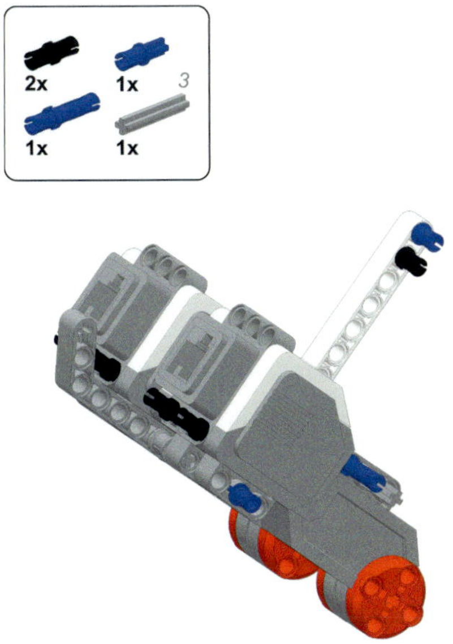

12

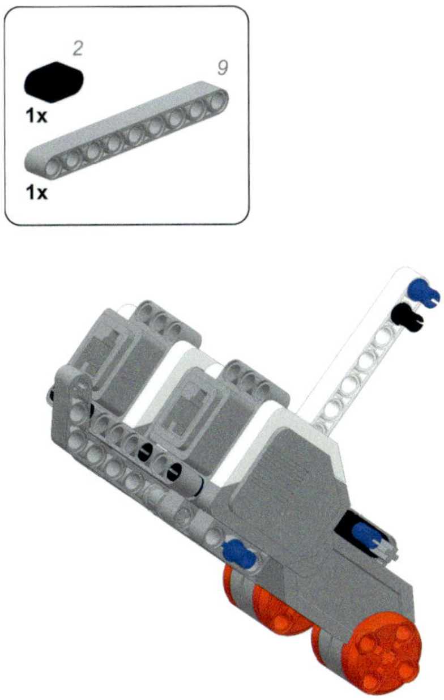

13

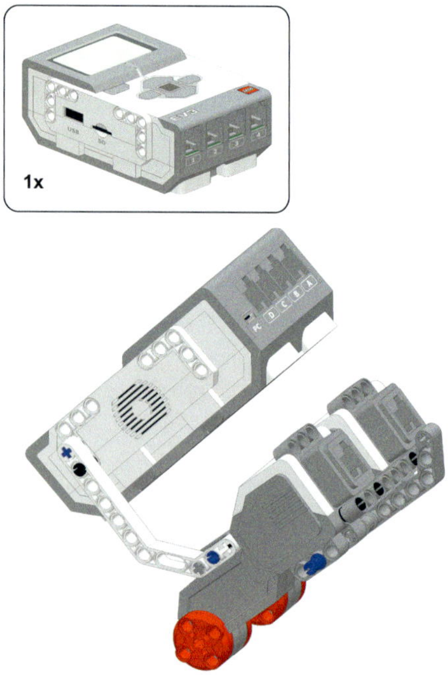

14

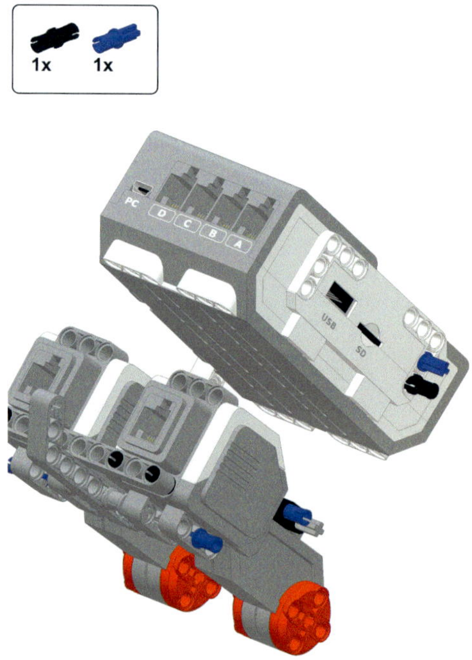

15

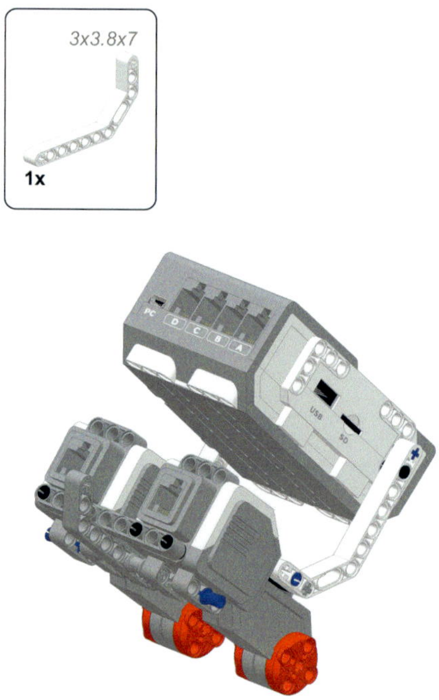

Heck

1

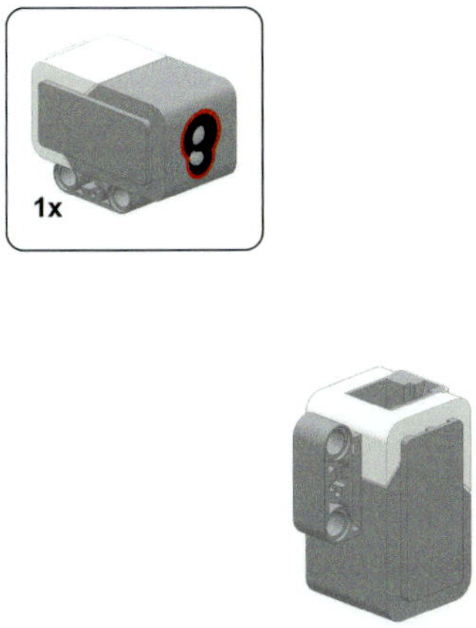

2

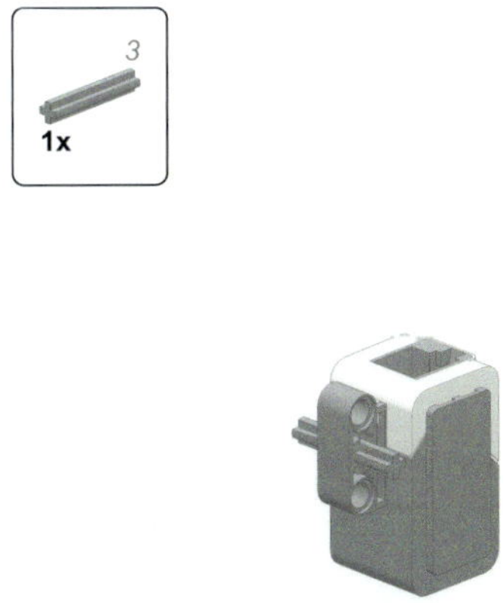

3

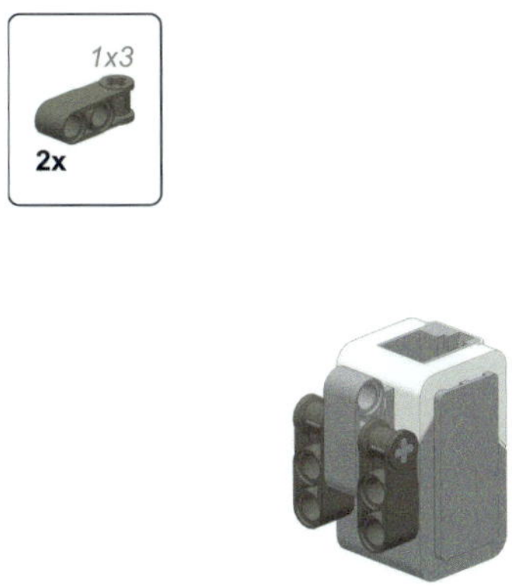

4

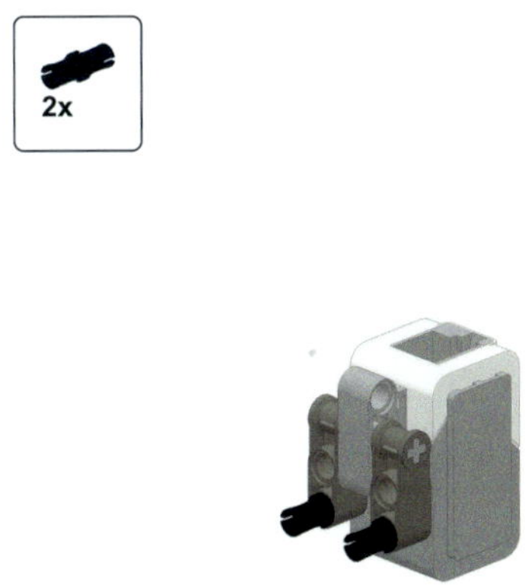

5

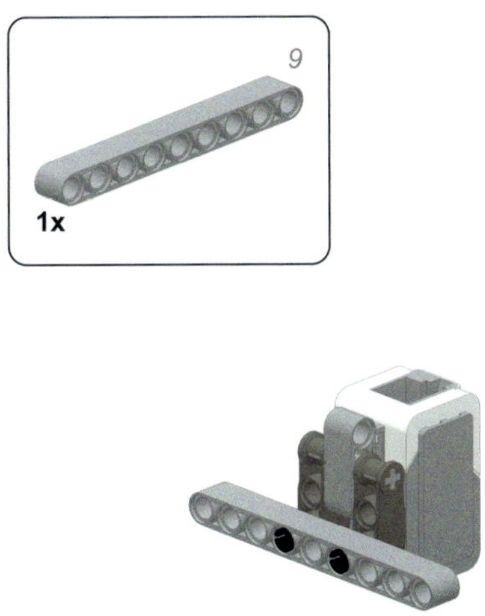

Kopf

1

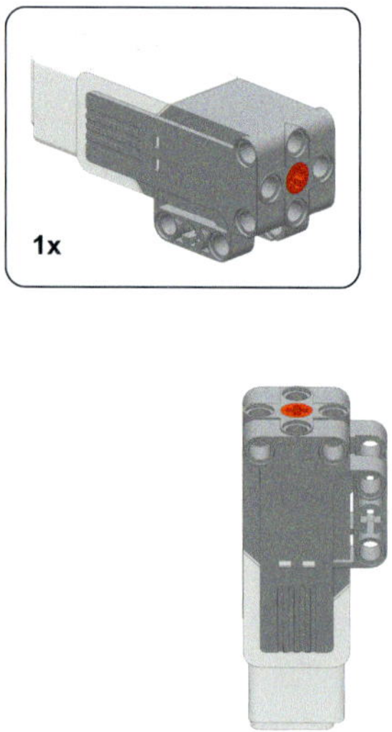

2

3

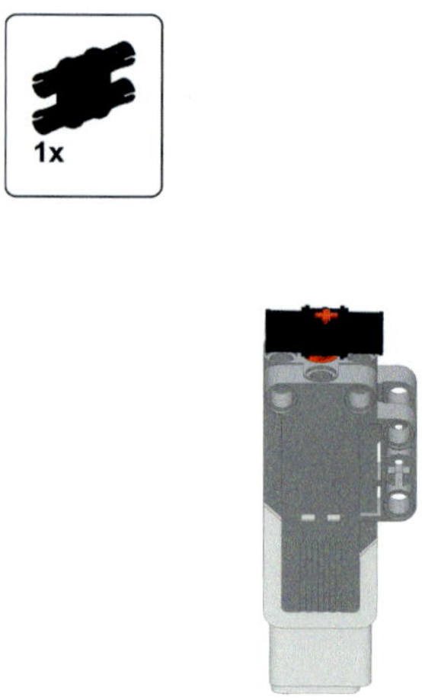

4

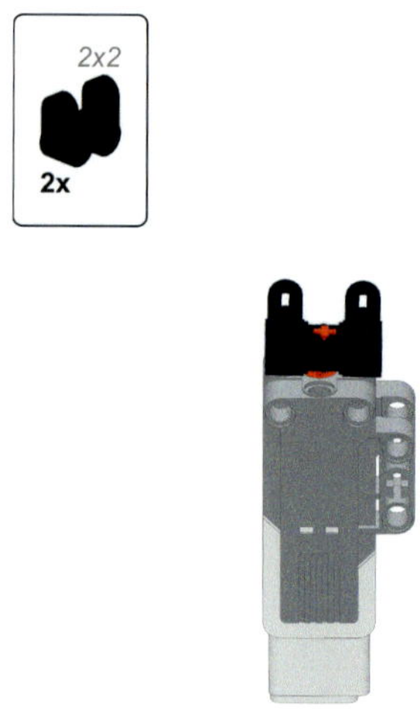

5

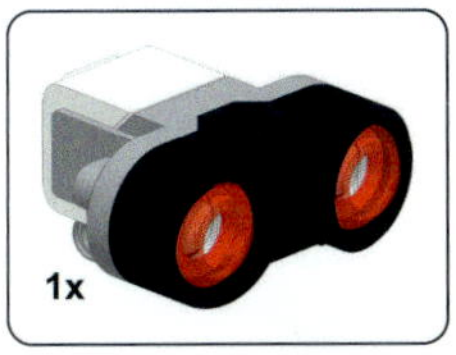

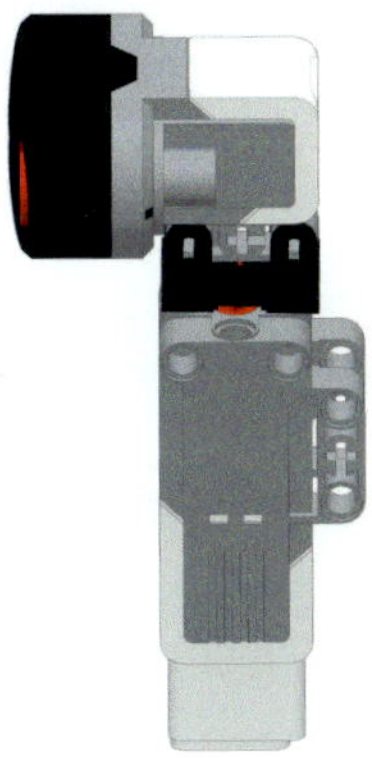

6

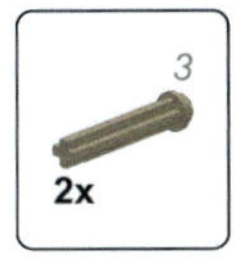

Zusammenbau

1

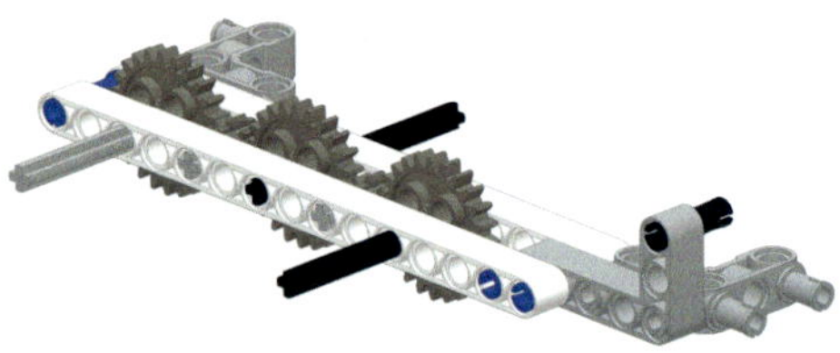

2

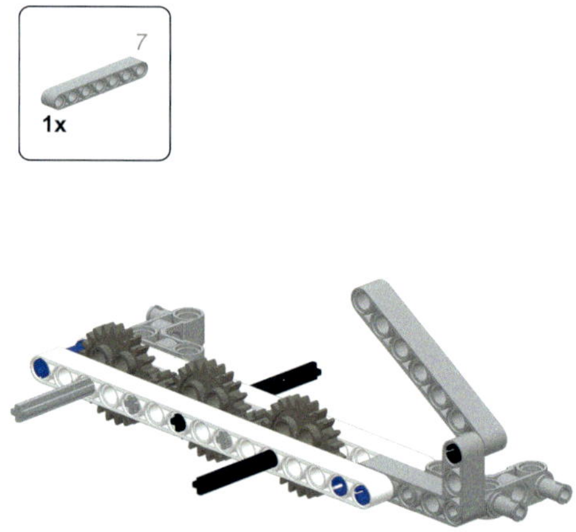

3

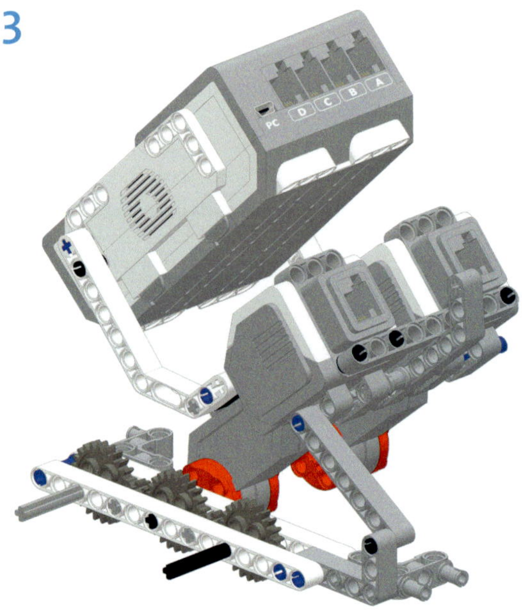

4

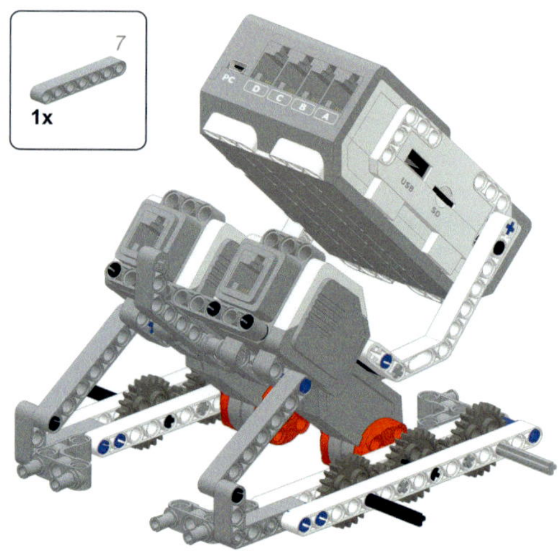

5

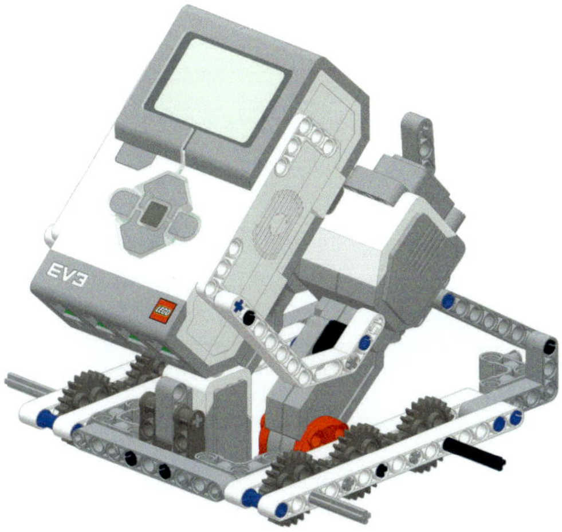

6

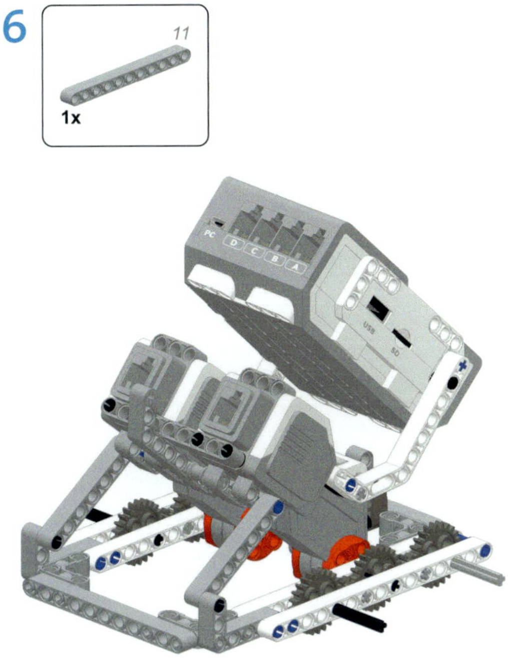

7

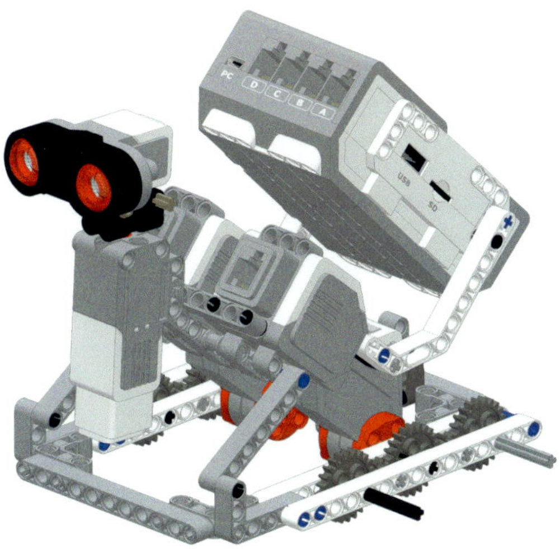

8

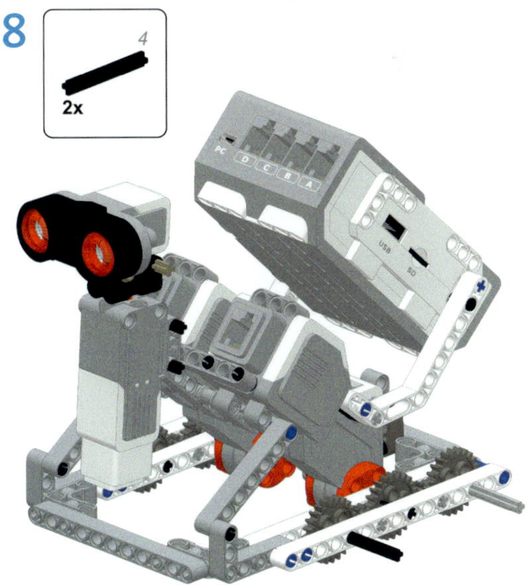

9

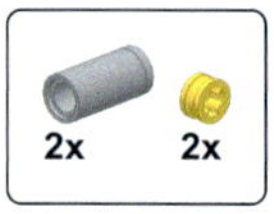

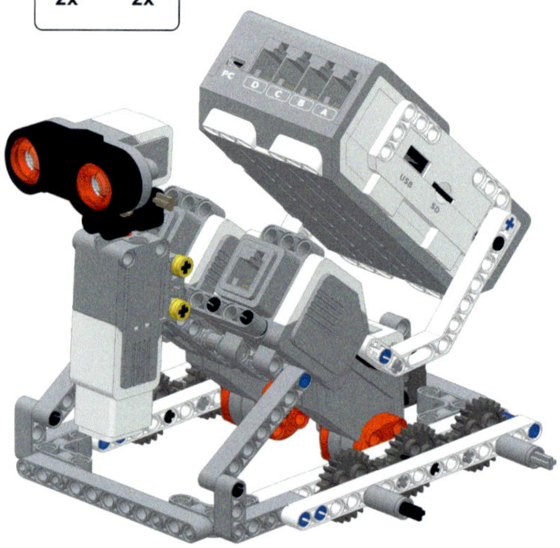

10

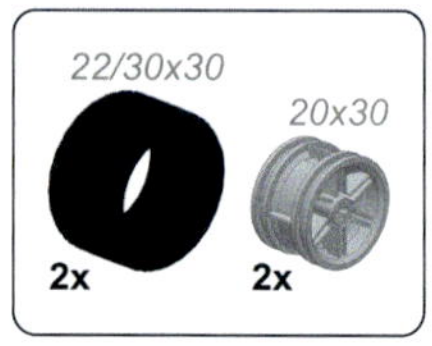

11

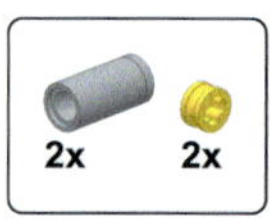

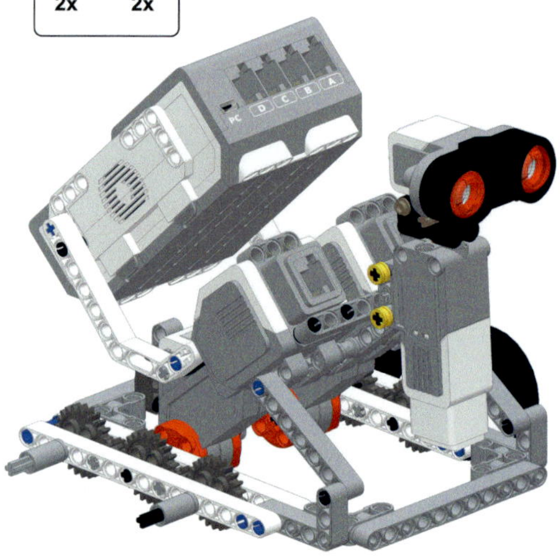

12

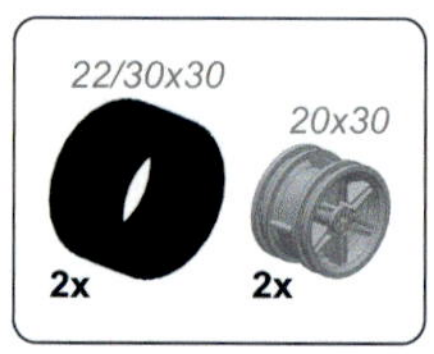

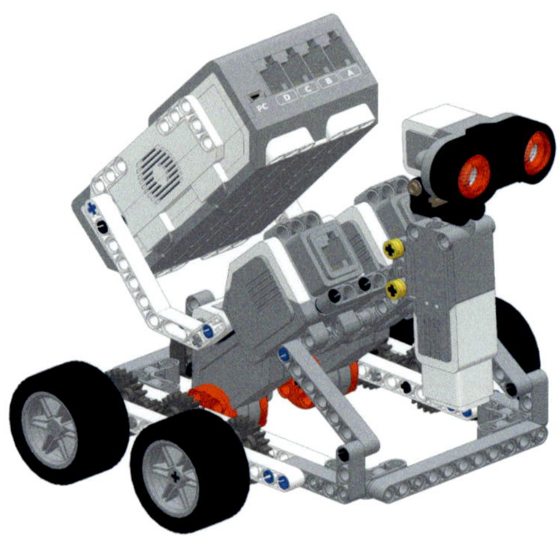

Die Verkabelung

Verbinde die Sensoren und Motoren mit dem programmierbaren EV3-Stein. Verwende hierzu die mitgelieferten Kabel und notiere dir die Zuordnung der Ports, *linker Motor an Port A, rechter Motor an Port B, Kopf an Port C, Ultraschallsensor an Port 1 und Farbsensor an Port 2.*

Benötigte Gegenstände

Für die Umgebung werden Stellwände benötigt. Zum Beispiel in der Größe (H × B) 50 × 50 cm.

Abb. 7–13 // Vincent findet den Weg aus dem Labyrinth.

Das Spielfeld

Gestalte ein Labyrinth und achte darauf, dass die Wände parallel aufgestellt sind. Auch die korrekten Abstände zwischen Lücken sollten eingehalten werden.

Starten des Demos

Es ist bereits eine Demoversion von Vincent implementiert. In dieser Implementierung kann Vincent ein Labyrinth mit einer Größe von mindestens 3 × 3 Feldern durchfahren und zeichnet davon eine Karte. Bei der Lösung wird die Rechte-Hand-Regel verwendet, sodass sich Vincent immer an den rechten Wänden entlang hangelt. Um die Demoanwendung zu starten, muss diese über das EV3 Control Center hochgeladen werden. Anschließend kann das Programm gestartet werden. Beim Starten des Programms ist darauf zu achten, dass der Kopf von Vincent nach vorne gerichtet ist und eine helle bzw. weiße Markierung als Ziel dient.

Die Funktionen des Roboters

Dies ist nur eine Auswahl an Funktionen, die in Vincent als Methoden implementiert sind.

- Geradeaus fahren
- Rückwärts fahren
- Drehung um jeweils 90° nach links oder rechts
- Drehung um 180°
- Hinderniswände erkennen
- Farben erkennen

Fahreigenschaften

Die Fahreigenschaften von Vincent reagieren empfindlich. So kann es sein, dass es bei staubigen oder sonst wie schmutzigen Bodenverhältnissen zu Fehlern beim Fahren kommen kann. Diesem Problem kann man in unterschiedlicher Weise aus dem Wege gehen. So muss man entweder dafür sorgen, dass der Boden frei von Staub oder sonstigem Dreck ist, oder man verwendet Reifen, die keinen Schmutz aufnehmen können. Konzipiert wurde Vincent für die Reifen aus dem Education EV3 Core Set (im Durchmesser 43,2 mm), wofür auch die Demo ausgerichtet ist. Verwendet man andere Reifen mit einem anderen Durchmesser, muss dieser Durchmesser über die entsprechende Methode (»setWheelDiameter«) aus der Klasse »de.hska.iwi.legolab.vincent.ev3.api.Robot« angepasst werden.

Seheigenschaften

Auch beim Erkennen von Wänden können Probleme auftreten. So können Wände dort erkannt werden, wo keine Wände sind. Hierbei kann eine Methode (»setAccuracy«) aus der Klasse »de.hska.iwi.legolab.vincent.ev3.api.Head« hilfreich sein, die das Verhalten unter Umständen verbessern kann. Des Weiteren können Scheuklappen für den Kopf von Vincent gebastelt werden, damit Vincent seitliche Wände nicht als Hinderniswände erkennt.

Die Programmierung

Das Programmpaket Vincent hinterlegen wir als Download auf der begleitenden Website. Bei der Programmierung kannst du dich an unserer Demo orientieren und mit Hilfe der Dokumentation deine eigene Lösung realisieren.

Importieren des Projektes

Um das Programm für Vincent auf den EV3-Stein zu laden, muss zuvor das Projekt in Eclipse importiert werden. Hierzu gehst du in Eclipse auf »File ⟶ Import…« und wählst anschließend »Existing Projects into Workspace« unter dem Menüpunkt »General«. Anschließend fährst du mit »Next« fort. Nun aktivierst du »Select archive file:« und wählst das Projekt »Vincent_EV3_leJOS_Exercise.zip« über »Browse...« aus. Abgeschlossen wird der Importvorgang mit »Finish«.

Wenn das Projekt in Eclipse importiert worden ist, kann auch schon mit dem Programmieren begonnen werden. Hierzu muss der Quellcode innerhalb des run()-Methodenrumpfes der Klasse »de.hska.iwi.legolab.ev3.exercise.Vincent« erstellt werden.

Tipp

Als Hilfestellung liegt im gleichen Ordner des Projektes die Dokumentation. Geöffnet werden kann die Dokumentation unter <pfad-zum-workspace>\Vincent_EV3_leJOS_Exercise\docs\index.html. Hier sind alle zur Verfügung gestellten Klassen dokumentiert und deren einzelne Funktionalitäten beschrieben.

Hat man Vincent fertig programmiert oder möchte man schauen, wie weit man ist, muss man das Projekt bauen und auf den EV3-Stein hochladen. Hierzu öffnet man mit Eclipse die im Projektordner liegende Datei »build.xml«. Nun muss man darauf achten, dass das Fenster »Ant« geöffnet ist (falls nicht: »Window ⟶ Show View ⟶ Ant«). Nun klickt man in dem Ant-Fenster auf den Punkt »upload«. Nach vollständigem Upload kann das Programm entweder über das EV3 Control Center oder über den EV3-Stein allein gestartet werden.

Anmerkungen und Hinweise

Die Vorgehensweise hier unterscheidet sich wesentlich von jener der vorigen Roboter, daher solltest du die folgenden Abschnitte sorgfältig durchlesen.

Die Software von Vincent kann nur per Ant auf den EV3-Stein geladen werden, da es sonst nicht möglich ist, fremde oder eigene JAR-Bibliotheken zu importieren. Die gesamten Projekte sind für die Eclipse-IDE ausgerichtet, weshalb auch die .classpath- und .project-Datei nicht ignoriert werden. Beim Erstellen von Demo und deiner eigenen Lösung, hier als Exercise (englisch für Aufgabe) vorbereitet, wird zuvor die API erzeugt und die benötigten Dateien in die jeweiligen Ordner kopiert. Beim Erstellen des Eclipse-Projektarchivs werden zudem alle erforderlichen Dateien, also src-, lib- und docs-Ordner inklusive der Build-Datei und Eclipse-Dateien, in ein Archiv gepackt. Die ursprüngliche Build-Datei wird nicht mit kopiert, nur die »build.xml.template«, die keine Referenzen mehr auf die anderen Build- und .properties-Dateien hat.

Vorgehensweise

- Zum Bauen der API muss das package-Target aus dem Projekt Vincent_EV3_leJOS_API ausgeführt werden.
- Zum Erstellen der API-Dokumentation muss das docs-Target aus dem Projekt Vincent_EV3_leJOS_API ausgeführt werden.
- Zum Bauen der Demo muss das package-Target aus dem Projekt Vincent_EV3_leJOS_Demo ausgeführt werden.
- Zum Hochladen der Demo muss das upload-Target aus dem Projekt Vincent_EV3_leJOS_Demo ausgeführt werden.
- Zum Bauen der Aufgabe muss das package-Target aus dem Projekt Vincent_EV3_leJOS_Exercise ausgeführt werden.
- Zum Hochladen der Aufgabe muss das upload-Target aus dem Projekt Vincent_EV3_leJOS_Exercise ausgeführt werden.
- Zum Erstellen des Eclipse-Projektarchivs muss das zip-Target aus dem Projekt Vincent_EV3_leJOS_Exercise ausgeführt werden.

8 Wettbewerbe rund um die Welt von LEGO Mindstorms

Die Beschäftigung mit LEGO Mindstorms beginnt man zwar meist allein, wenn man seinen ersten Mindstorms-Kasten gekauft oder geschenkt bekommen hat, aber schon nach kurzer Zeit stellt man fest, dass es wie bei anderen Dingen auch ist: Gemeinsam macht es mehr Spaß! Das Entwickeln, Konstruieren und selbst das Programmieren kann man prima im Team machen. Viele unterschiedliche Ideen für neue Roboter, ihre Gestaltung oder auch Lösungsvorschläge für aufgetretene Probleme lassen sich gemeinsam viel besser entwickeln.

Was dabei im privaten Bereich Spaß macht, kann man auch noch auf ein neues Level heben: Warum soll man sich mit seinem Team nicht mit anderen messen. Zeigen, was man drauf hat, was man aus seinem Mindstorms herausholen kann und wie gut man auch als Team funktioniert. Das ist oftmals eine große Herausforderung, in die man einiges an Zeit investieren muss. Belohnt werden die Teilnehmenden aber mit tollen und spannenden Wettbewerben, auf denen man mit anderen LEGO-Mindstorms-Fans zusammentrifft. Bei vielen Wettbewerben messen sich am Ende sogar die Weltbesten im Finale. Dabei werden neben dem Spaß an LEGO auch noch Kompetenzen wie etwa die Teamfähigkeit, die Planungskompetenz oder auch der Umgang mit besonderen Herausforderungen gestärkt. Auch die Tatsache, dass nicht jede Idee funktioniert und Scheitern programmiert ist, wenn man nach geeigneten Lösungen für ein Problem sucht, gehört dazu. »Fail early and often to succeed sooner« heißt es bei Hasso Plattner, einem der Gründer von SAP, der in den vergangenen Jahren mit dem Design Thinking eine neue Methode zur kreativen Entwicklung von Lösungskonzepten aktiv vorangetrieben hat. Scheitern als positiven Bestandteil dieses Prozesses zu sehen, will erst gelernt sein. Schon Thomas Edison, einer der wohl bekanntesten und einflussreichsten Erfinder des 19. und 20. Jahrhunderts, stellte fest:

> **»Our greatest weakness lies in giving up. The most certain way to succeed is always to try just one more time.«**

Die Wettbewerbe tragen daher dazu bei, den Teilnehmenden spielerisch wichtige Kompetenzen zu vermitteln, die neben dem jeweils benötigten fachlichen Wissen für die Mädchen und Jungen auch später von größter Bedeutung sein werden. Gerade in Zeiten, wo vieles in Teams bearbeitet, entwickelt und umgesetzt wird (man denke nur an die modernen Methoden im Projektmanagement oder die sogenannten agilen Verfahren in der Softwareentwicklung wie etwa Scrum), sind diese Kompetenzen sehr wichtig und von unschätzbarem Wert!

Im Bereich LEGO Mindstorms haben Wettbewerbe eine lange Tradition und so ist das Angebot für den Einzelnen nicht immer leicht durchschaubar. Anhand der FIRST LEGO League, kurz FLL, soll im Folgenden ein solcher Wettbewerb beispielhaft vorgestellt werden. Die FLL wurde ausgewählt, da dies zum einen der aktuell größte Wettbewerb nicht nur in Deutschland, sondern weltweit sein dürfte. Zum anderen verdeutlicht die Liste der teilnehmenden Teams, dass sich gerade in Deutschland auch sehr viele Schulen mit ihren Teams engagieren. Vielfach werden entsprechende Arbeitsgemeinschaften angeboten, die von Lehrern begleitet, koordiniert und durchgeführt werden. Kinder und Jugendliche, die sich hier einbringen möchten, können dies vielfach über ihre Schule tun und dort Gleichgesinnte finden, die ihre Begeisterung für LEGO teilen. Zudem sind wir Autoren selbst seit Jahren als Judges bei Wettkämpfen der FLL tätig – von Regionalwettbewerben bis hin zur Open European Championship mit Teams aus der ganzen Welt.

Die von LEGO speziell angebotenen Education-Sets, die angepasste Software für den Schulbetrieb und nicht zuletzt das bereitgestellte umfangreiche Informationsmaterial zeigen, dass dieser Bereich auch ein Markt ist, den LEGO für sich entdeckt hat.

8.1 Das Beispiel FLL

Die FIRST LEGO League (FLL), die 1998 ins Leben gerufen wurde, ist eine gemeinsame Initiative von LEGO mit der amerikanischen FIRST-Stiftung. Unter dem Titel »First Contact« startete 1998/99 der erste Wettbewerb, an dem sich gerade einmal 200 Teams weltweit beteiligten. In Deutschland gibt es die FLL seit 2001. Ziel der FLL-Initiative ist es, Kinder und Jugendliche über den Wettbewerb für Wissenschaft und Technologie zu begeistern. Dabei sollen die Teilnehmerinnen und Teilnehmer komplexe Aufgaben kreativ gemeinsam bewältigen und so auch ihre Teamfähigkeit verbessern. Dadurch soll ihnen nicht nur der Zugang zu naturwissenschaftlichen Fächern erleichtert werden, sondern darüber hinaus auch ihre Motivation, einen Beruf im MINT-Umfeld anzustreben, frühzeitig geweckt werden. Der Wettbewerb kombiniert Spaß, Technik und Kreativität.

Der Erfolg spricht für sich: Seit 1999 hat sich die FLL rasant entwickelt. Weltweit beteiligten sich 2016/17 über 30.000 Teams aus über 70 Ländern! Allein für die 39 Regionalwettbewerbe in Deutschland haben sich für die Challenge 2016/17, die unter dem Titel »Animal Allies« lief, über 600 Teams angemeldet. Ausgehend von einer Teamstärke von durchschnittlich 7 Kindern und Jugendlichen im Alter zwischen 9 und 16 Jahren, haben sich mehr als 4.000 Kinder in Deutschland beteiligt! Neben der »klassischen« FLL gibt es seit 2004 darüber hinaus noch die FLL Junior, die für Kinder zwischen 6 und 10 Jahren gedacht ist.

In Deutschland steht die FLL unter der Schirmherrschaft des gemeinnützigen Vereins HANDS on TECHNOLOGY e.V. Dieser unterstützt lokale Partner bei der Organisation und Durchführung der Regionalwettbewerbe und ist für ganz Zentraleuropa verantwortlich. Hier findet ihr Informationen und Ansprechpartner für einen Start in die FLL!

8.2 Grundwerte der FLL

Die Macher der FLL geben einige Grundwerte vor, die für sie nach eigener Aussage das Herzstück des Wettbewerbs bilden. Alle Teams mit ihren Teilnehmerinnen und Teilnehmern sowie den Coaches sollen sich an diesen Eckpunkten eines fairen Miteinanders orientieren.

Grundwerte der FLL

- Wir sind ein Team.
- Wir lösen die Aufgaben selbstständig. Unsere Coaches unterstützen uns dabei.
- Wir lernen zusammen, denn wir wissen, dass auch unsere Coaches und Mentoren nicht auf alles Antworten haben.
- Wir stehen im freundschaftlichen Wettbewerb miteinander.
- Was wir entdecken, ist wichtiger, als das, was wir gewinnen.
- Wir teilen unsere Erfahrungen mit anderen.
- Wir handeln und »kooperieren« in einem »freundlichen Miteinander«.
- Wir arbeiten mit Freude und Spaß.

8.3 Der zeitliche Ablauf

Der Titel der jeweiligen FLL-Challenge wird im Frühjahr bekannt gegeben. Eine Anmeldung ist dann bereits möglich, auch wenn die genauen Aufgabenstellungen noch gar nicht veröffentlicht sind. Eine frühe Anmeldung ist aber sinnvoll, wenn ihr sicherstellen wollt, dass ihr einen Startplatz beim von euch bevorzugten Regionalwettbewerb bekommen wollt, denn für jeden dieser Wettbewerbe gibt es eine maximale Anzahl an Teams, die an den Start gehen dürfen. Manchmal können nur 10 Teams angenommen werden. Aber keine Sorge: Bei mittlerweile fast 40 Regionalwettbewerben in Deutschland kommt ihr sicher auch in eurer Nähe zum Zug! Die Anmeldung ist prinzipiell bis Oktober möglich. Allerdings werden die neuen Aufgaben in der Regel Ende August veröffentlicht, sodass Spätanmelder weniger Zeit für die Bearbeitung haben. Nach der Bekanntgabe der Aufgaben erhalten die angemeldeten Teams den für dieses Jahr gültigen Spielplan mit den Aufbauten. Diese muss das Team natürlich selbst erst einmal zusammenbauen. Neben den Aufgaben für das Robot-Game wird auch die Aufgabe für die Forschungspräsentation bekannt gegeben.

Und dann geht es los. Je nachdem, welchen Regionalwettbewerb euer Team gewählt hat, habt ihr 10–20 Wochen Zeit für die Vorbereitung. Meist starten die Regionalwettbewerbe Mitte November und enden Mitte Januar. Es ist möglicherweise ein Vorteil, spät zu starten, doch für die Teams, die dann weiterkommen, kann es auch ein Nachteil sein. Bis zu den Halbfinals, die oft schon eine Woche später losgehen, haben diese Mannschaften dann weniger Zeit, um Anpassungen vorzunehmen, Tipps von der Jury einzubauen oder ihre Forschungspräsentation nochmals zu verbessern. Im Halbfinale können Teams aus Deutschland auch auf Teams anderer Länder treffen, denn die FLL in Deutschland nimmt am Wettbewerb »Zentraleuropa« teil. Nicht nur Teams aus Deutschland, Österreich und der Schweiz sind dabei, z. B. auch solche aus Polen, der Tschechischen Republik oder Ungarn. Und dann folgt in der Regel im März das heiß ersehnte Finale für Zentraleuropa, bei dem es verschiedene Zusatzwertungen gibt, in denen die teilnehmenden Teams Pokale gewinnen können.

8.4 Die Struktur des Wettbewerbs

Der FLL-Wettbewerb setzt sich grundsätzlich aus unterschiedlichen Kategorien zusammen, in denen es Preise zu gewinnen gibt. Neben dem FLL-Champion, also dem Gewinner eines Gesamtwettbewerbs, werden auch Einzelpreise für das Robot-Game, das Roboterdesign, die Forschungspräsentation und das beste Teamwork vergeben. In diesen vier Kategorien gibt es jeweils bis zu 50 Punkte zu gewinnen. Wer am Ende die höchste Punktzahl erreicht, ist der FLL-Champion. Darüber hinaus kann die Jury noch einen Sonderpreis vergeben. Worauf es in den einzelnen Kategorien ankommt und worauf ihr achten solltet, erfahrt ihr im Folgenden.

Abb. 8–1 // Stolze Preisträger.
Bildnachweis: SAP

8.5 Kategorien

8.5.1 Robot-Game

Das Robot-Game ist natürlich in den Augen aller Teilnehmerinnen und Teilnehmer die wichtigste Kategorie. Auch wenn sie am Ende nicht mehr zählt als die übrigen drei. Aber hier geht es darum, im direkten Vergleich zu zeigen, welcher Roboter jetzt tatsächlich besser/erfolgreicher in der Lage ist, die zum Teil kniffligen Aufgaben auf dem Spielfeld zu lösen. Die Aufgaben sind so konzipiert, dass es unter normalen Bedingungen kaum möglich ist, alle Stationen in einem Lauf, der 150 Sekunden lang ist, zu schaffen. Das bedeutet, dass sich dein Team im Vorfeld nicht nur entscheiden muss, wie und in welcher Reihenfolge ihr die Stationen angehen wollt, sondern auch, welche das Team überhaupt bearbeiten will. Lieber einfache Stationen mit relativ sicheren, aber wenigen Punkten oder schwierige Aufgaben, bei denen es zwar mehr Punkte gibt, die Möglichkeit eines Scheiterns jedoch größer ist. Jedes Team muss seine eigene Strategie entwickeln. Beim Robot-Game gibt es viele Regeln, deren Nichtbeachtung zu Punktabzügen führen. Auf alle Regeln hier im Einzelnen einzugehen, würde zu weit führen. Bitte informiert euch auf den Seiten von HANDS on TECHNOLOGY. Spezielle Judges, die meist selbst früher mitgemacht haben und daher über eine große Erfahrung verfügen, achten darauf, dass alle Regeln eingehalten werden. Sie zählen am Ende auch eure Punkte zusammen. Das ist nicht immer ganz einfach und kann schon mal zu Diskussionen führen. Dafür gibt es dann im Zweifelsfall den Oberschiedsrichter.

In der Vorrunde darf jedes Team 3 Läufe absolvieren, von denen nur der beste gewertet wird. Die hier erzielte Punktzahl ist später auch entscheidend für eure Punktzahl, die ihr für das Robot-Game in der Gesamtwertung erhaltet. Wenn ihr also in der Vorrunde einen Superlauf mit Bestmarke hinlegen konntet und anschließend in der ersten K.-o.-Runde unglücklich ausscheidet, bekommt das Team dennoch 50 Punkte gutgeschrieben.

In den K.-o.-Runden geht es dann in den direkten Vergleich. Jedes Team hat zwei Läufe, von denen der beste gewertet wird, um weiterzukommen. Hier steigt die Nervosität und die Emotionen kochen hoch. Im Finale treten am Ende die beiden besten Teams gegeneinander an. Im Gegensatz zu vorher werden jetzt die Punkte der Finalläufe addiert. Das Team mit der höheren Gesamtpunktzahl gewinnt das Robot-Game, die wohl prestigeträchtigste Kategorie!

Abb. 8–2 // Konzentration beim Robot-Game. Bildnachweis: SAP

8.5.2 Roboterdesign

Beim Roboterdesign stehen verschiedene Aspekte im Vordergrund, die allesamt in die Bewertung einfließen. Zum einen wird von den Judges natürlich geschaut, ob das eine oder andere Team innovative Elemente aufweisen kann. Das betrifft sowohl die Hardware, sprich die LEGO-Roboter, als auch die Programmierung. Immer wieder tauchen neue Ideen auf, wie man die gestellten Aufgaben lösen kann. Räume ich Steine, die es einzusammeln gilt, mit einem Schieber ab, fange ich sie mit einem Netz ein oder entwickelt mein Team vielleicht einen ganz neuen Ansatz? Gleiches gilt auch für die Programmierung, in der sich immer wieder neue Ideen verstecken.

Zum anderen geht es um die Programmierung selbst. Ist sie effizient, d.h. schnell und Ressourcen sparend, und effektiv, d.h. zielführend? Wurde darauf geachtet, das Programm möglichst schlank zu halten, und wurde mit wiederverwendbaren Blöcken gearbeitet? Jedes Team muss den Judges dabei Rede und Antwort stehen. Leider kommt es immer wieder vor, dass man im Gespräch feststellt, dass zumindest Teile des Programms oder wichtige Ideen nicht vom Team, sondern vom Coach stammen. Dies führt zu Punktabzügen! Daher solltet ihr unbedingt darauf verzichten! Die Coaches sollen euch unterstützen, aber nicht eure Arbeit machen!

Der letzte Aspekt in dieser Kategorie umfasst den Roboter selbst. Der Roboter sollte robust und funktional sein.

8.5.3 Forschungspräsentation

Mit dem FLL-Wettbewerb verbunden ist auch stets ein Forschungsauftrag. Hier sollt ihr zeigen, dass ihr nicht nur Roboter bauen und programmieren könnt, sondern dass ihr euch auch inhaltlich mit dem jeweiligen Thema des Wettbewerbs auseinandergesetzt habt. Viele unerfahrene Teams vernachlässigen diesen Teil des Wettbewerbs oft, dabei bietet er viele tolle Möglichkeiten. Mehr dazu findet ihr unter Tipps & Tricks! Beim Forschungsauftrag müsst ihr die Ergebnisse, die ihr zusammengetragen habt, in einer fünfminütigen Präsentation einer Gruppe von Schiedsrichtern vorstellen. Dabei solltet ihr auf die Problemstellung eingehen, zeigen, wie und wo ihr euch informiert habt, euren Lösungsansatz präsentieren und unbedingt auf die Zeit achten. Am besten sollte das komplette Team an der Präsentation in der einen oder anderen Form beteiligt sein, wenn ihr euren innovativen Lösungsansatz möglichst kreativ vorstellt. Das hört sich kompliziert an, macht aber sehr viel Spaß, da ihr die verschiedensten Formate wählen könnt. Von der PowerPoint-Präsentation über ein Rollenspiel oder kleine Filme bis hin zu selbst komponierten oder umgetexteten Liedern: Eurer Fantasie und Kreativität sind keine Grenzen gesetzt. Es ist immer wieder toll zu sehen, welche Lösungen von den Teams entwickelt werden und in welcher Form sie Ergebnisse präsentieren. Nicht nur einmal wurden im Rahmen des Wettbewerbs entwickelte Lösungen darüber hinaus sogar zum Patent angemeldet, auch wenn es darauf sicher nicht ankommt. Betätigt euch als junge Forscher und lernt damit vielleicht eine neue und interessante Welt kennen! Im Anschluss an eure Präsentation werden euch die Mitglieder der Jury noch die eine oder andere Frage zu eurem Projekt stellen.

Abb. 8–3 // Die Forschungspräsentation lässt sich vielfältig gestalten. Bildnachweis: SAP

8.5.4 Teamwork

Komplexe Projekte sind heute nur noch in Teams bearbeitbar. Damit ist Teamfähigkeit ein sehr wichtiger sogenannter Soft Skill. Aus diesem Grund wird auch bei der FLL darauf geachtet, ob die einzelnen Teammitglieder miteinander harmonieren, wie ein Team die unterschiedlichen Tätigkeiten im Projekt aufgeteilt hat oder auch, ob das Team sich selbst organisiert oder der Coach hier zu viel Einfluss genommen hat. Auch die Begeisterung, die ein Team ausstrahlt, und sein Respekt den anderen Teams im Wettbewerb gegenüber spielen bei der Verteilung der Punkte eine Rolle. Hinzu kommt das sogenannte Teamspiel, in dem jede Gruppe zeigen muss, dass alle Teilnehmerinnen und Teilnehmer als »Team funktionieren«. Wie auch bei der Forschungspräsentation gibt es auch nach dem Teamspiel ein kleines Gespräch mit Mitgliedern der Jury.

8.5.5 Sonderpreis der Jury

Bei Wettbewerben geht leider gern etwas schief. Das Mindstorms-Programm funktioniert plötzlich nicht mehr wie geplant, ein Teil eures Teams wurde kurzfristig krank oder ein Teil des Aufbaus für die Forschungspräsentation wurde beim Verladen komplett zerstört und euer Team, das sehr lange daran gearbeitet hat, muss jetzt plötzlich improvisieren. Oftmals schwinden damit auch die Aussichten auf ein gutes Ergebnis. Wer sich dennoch durchbeißt und als Team den Widrigkeiten Paroli bietet, kann auf den Sonderpreis der Jury hoffen. Die FLL honoriert damit Teams, die mit besonderen Schwierigkeiten zu kämpfen hatten, aber nichtsdestotrotz durchgehalten haben. Dabei kann es sich auch um ein besonders junges Team handeln oder ein Newcomer-Team, das bei seinem ersten FLL-Wettbewerb viel Lehrgeld zahlen musste. Der Jury bieten sich dabei verschiedenste Möglichkeiten.

8.6 Anforderungen

Zugelassen bei der FLL sind Kinder und Jugendliche zwischen 9 und 16 Jahren. Entscheidend ist dabei der Tag der Aufgabenveröffentlichung (in der Regel Ende August). Ein Team muss mindestens drei und kann maximal zehn Mitglieder haben. Zusätzlich benötigt jedes Team einen Coach, der mindestens 18 Jahre alt sein muss und der als Ansprechpartner sowohl für das Team als auch für den Veranstalter dient. Für Teilnahmegebühren und das aktuelle Spielfeld müsst ihr knapp 300 Euro einplanen. Da die Mindstorms-Welt mittlerweile ja schon verschiedene Generationen an intelligenten Steinen und eine Vielzahl an Sensoren hervorgebracht hat, sollte man sich auf den FLL-Seiten erkundigen, was ihr in welcher Kombination einsetzen dürft. Dies gilt auch für zum Teil bestehende Beschränkungen hinsichtlich der Anzahl verschiedener Komponenten. Selbstverständlich bestehen auch Einschränkungen in Bezug auf die zugelassene Software. Die Schiedsrichter achten sehr stark darauf, ob euer Roboter allen Regeln genügt. So manches Team musste kurzfristig seinen Roboter umbauen oder konnte im schlimmsten Fall nicht mehr antreten. Also lieber vorher aufpassen!

8.7 Tipps & Tricks

Damit kommen wir auch zu verschiedenen Tipps und Tricks, die wir vor allem Neueinsteigern in die Wettbewerbswelt nicht vorenthalten wollen. Sie sollen euch den Start erleichtern und ein möglichst gutes Abschneiden ermöglichen!

Informiert euch auf den Seiten von HANDS on TECHNOLOGY zur FLL

Hier findet ihr auch Dokumente und kleine Filme, die euch den Wettbewerb erläutern und euren Einstieg erleichtern. Wie ist der Ablauf, wie wird bewertet, worauf sollte ich achten?

Die Team-Mischung muss stimmen

Es hat sich bewährt, eine gute Mischung im Team zu haben. So sorgt ihr auch dafür, dass ihr für die unterschiedlichen Aufgaben immer jemanden im Team habt, der besonders dafür geeignet ist! Mischen kann bedeuten Mädchen und Jungs, verschiedene Altersstufen oder auch erfahrene Teilnehmer und solche, die vielleicht zum ersten Mal mit dabei sind. Gerade wenn ihr ein Schulteam habt, solltet ihr dafür sorgen, dass immer genügend Kinder und Jugendliche nachkommen. Denn mit 16 ist ja (leider) Schluss.

Bewertungskriterien anschauen

Auf den Seiten von HANDS on TECHNOLOGY findet ihr auch Informationen zu den Bewertungskriterien. So wisst ihr zum Beispiel bei der Forschungspräsentation schon während der Vorbereitung, worauf ihr besonders achten müsst und was erwartet wird. Beachtet die Vorgaben und Hinweise der FLL, denn die Schiedsrichter werden euch genau danach beurteilen und ihre Punkte verteilen.

Abb. 8–4 // Gegenüberliegende Seite
Beispiel für einen Bewertungsbogen
Bildnachweis: HANDS on TECHNOLOGY e.V.

HANDS ON TECHNOLOGY

Bewertung Forschung

FLL 2017/18

Teamnummer ____________________

Teamname ____________________

Region ____________________

Forschungsthema ____________________

	Bitte <u>ein</u> Feld je Zeile ankreuzen	exzellent	sehr gut	gut	ausbaufähig
Recherche	**Definition der Forschungsfrage**		klar, sehr detailliert	meist klar, detailliert	unklar, wenig Details
Recherche	**Informationsquellen & Expertenbefragung**		≥ 4 Informationsarten, umfangreiche Quellen, inklusive Experten	3 Informationsarten, viele Quellen inklusive Experten	≤ 2 Informationsarten, wenig Quellen
Recherche	**Problemanalyse** Tiefe der Untersuchung und Analyse des Problems		vielseitig	ausreichend	minimal
Recherche	**Prüfung vorhandener Lösungen**	umfangreich	ausreichend	minimal	keine
Innovative Lösung	**Lösungsansatz**	für alle verständlich	verständlich	teilweise verwirrend	schwer verständlich
Innovative Lösung	**Innovation**	innovative Lösung/Anwendung mit großem Potenzial eines deutlichen Mehrgewinns	innovative Lösung/Anwendung	Lösung/Anwendung mit einigen innovativen Elementen	bestehende Lösung/Anwendung
Innovative Lösung	**Umsetzung** Kosten, Herstellung etc.	Faktoren intensiv überlegt; Umsetzung möglich	Faktoren gut überlegt; einige Fragen bezüglich Umsetzung offen	einige Faktoren berücksichtigt	minimale Faktoren berücksichtigt
Innovative Lösung	**Prototyp realisiert**	Prototyp umgesetzt und getestet; ist vorführbar	Idee/Prototyp umgesetzt und/oder getestet	Idee/Prototyp entworfen	nicht geplant
Präsentation	**Veröffentlichung** des Projektes vor dem Wettbewerb mit anderen, die davon profitieren können		Idee mit mehreren Personengruppen geteilt, die davon profitieren können	Idee mit einer Personengruppe geteilt, die davon profitieren können	Idee mit einer Gruppe oder Person geteilt
Präsentation	**Originalität**		einnehmend UND außergewöhnlich fantasievoll	fantasievoll ODER einnehmend	wenig spannend ODER einfallslos
Präsentation	**Vortragsleistung**		freihändig und flüssig; gut organisiert	mit Stichpunktzetteln; größtenteils organisiert	nur abgelesen; unorganisiert
Präsentation	**Beteiligung des Teams**		alle Teammitglieder	mehrere Teammitglieder	sehr wenige oder nur ein Teammitglied
Präsentation	**Gliederung**			klar	unklar
Präsentation	**Zeiteinteilung**			gut (4:45-5:15 min)	zu lang (> 5:15 min) ODER zu kurz (< 4:45 min)
	Anzahl Kreuze je Spalte				

Kommentare der Jury	**Bonuspunkte (max. 5)** ☐
	Vorschlag „Sonderpreis der Jury“ ☐

Mit der Forschungspräsentation kann man punkten und auch »Nicht-LEGOinaner« einbinden

Viele Teams sehen in der FLL vor allem einen Wettbewerb, bei dem es um das Bauen und Programmieren von Robotern mit LEGO Mindstorms geht. Dies ist auf der einen Seite natürlich richtig. Auf der anderen Seite hat die FLL aber verschiedene Schwerpunkte und Bereiche, wie ihr oben gesehen habt. Ein Team, das gewinnen möchte, muss natürlich alle Bereiche abdecken. Gerade für Teams, die im Umgang mit der Mindstorms-Technologie noch nicht so viel Erfahrung haben, können im Bereich der Forschungspräsentation wichtige Punkte holen und vielleicht sogar eine Auszeichnung bekommen. Hier können auch Freunde, Bekannte, Mitschülerinnen und Mitschüler ins Boot geholt werden, die bis dahin mit LEGO nicht so viel zu tun hatten!

Zudem kann man mit dem Einarbeiten auf das Forschungsthema schon vor der Veröffentlichung der Aufgabenstellung beginnen und so wichtige Zeit sparen!

Arbeiten aufteilen

Teamwork ist ganz wichtig in so einem Wettbewerb. Verteilt die Aufgaben an kleine Gruppen. So kommt ihr weiter, als wenn ihr immer alles zusammen bearbeitet. Achtet aber darauf, euch regelmäßig auszutauschen, denn am Ende muss ja alles zusammenpassen!

Auf das Wesentliche konzentrieren

Weniger ist oft mehr, sagt man oft. Das gilt auch für eure Roboter. Baut sie schnörkellos und funktionsorientiert. Unnötige Verzierungen behindern euch später nur beim Robot-Game, weil sie euren Roboter schwerer machen, herunterfallen können oder euch sogar beim Hantieren während des Robot-Game behindern.

Baut einen eigenen Tisch

Ihr solltet euch auf jeden Fall einen eigenen Tisch bauen. Bauanleitungen gibt es auf der FLL-Seite, aber auch woanders im Netz. Natürlich kann man das Spielfeld auf den Boden legen, aber das funktioniert nicht immer gut. Außerdem müsst ihr für den Wettbewerb auch den Umgang mit dem Roboter am hohen Spieltisch geübt haben!

Anregungen von andern Teams und Einrichtungen holen

Ihr könnt euch Regionalwettbewerbe in eurer Nähe anschauen, Filme und Infos anderer Teams im Netz suchen oder erfahrene FLLler ansprechen. Die könnt ihr einfach mal einladen oder auch eine kleine Videokonferenz organisieren. Alternativ könnt ihr auch Einrichtungen wie unser lego::lab besuchen, wo ihr viele Fragen beantwortet bekommt. Bestimmt gibt es auch in eurer Nähe ein solches Angebot!

Das Team bearbeitet die Challenge und der Coach coacht (und nicht mehr!)

Es ist euer Wettbewerb und der Coach ist nur zu eurer Unterstützung da. Wenn die Jury im Wettbewerb später das Gefühl hat, dass der Coach vor allem seine Ideen mit euch umgesetzt hat, kommt das ganz schlecht an. Da der Coach oft über sehr viel mehr Erfahrungen und Kenntnisse im Bereich Programmierung verfügt, passiert so etwas leider ab und zu. Hier bitte aufpassen und auf die Rollenverteilung achten!

Nicht erst mit der Veröffentlichung der Aufgaben beginnen

Beginnt schon frühzeitig mit der Vorbereitung. Wie bei so vielen Dingen gilt: Übung macht den Meister! Ruhig schon vorher »trainieren«, vielleicht anhand alter Aufgaben. Dann kann man sehen, was gut funktioniert, wer in eurem Team bestimmte Dinge vielleicht besonders gut kann, wie neue Tricks oder Techniken funktionieren.

Sponsoren suchen

Neben den Anmeldegebühren fällt einiges an Kosten an, wenn ihr bei der FLL mitmachen wollt. Fahrtkosten und Kosten für zusätzliche LEGO-Teile, die ihr für euren Roboter benötigt, sind die eine Sache. Darüber hinaus ist es toll, wenn euer Team ein gemeinsames T(eam)-Shirt hat, sodass ihr auf den Wettbewerben gleich als eine Mannschaft erkannt werdet. Und wenn auf euren Shirts dann noch der Name des Teams prangt, wissen die Judges auch gleich, wer vor ihnen steht. Auch für die Forschungspräsentation muss manchmal noch etwas angeschafft werden. Solltet ihr weiterkommen, fallen möglicherweise Übernachtungskosten an. Um das alles stemmen zu können, solltet ihr euch einen oder am besten gleich mehrere Sponsoren suchen. Das kann z.B. der Förderverein der Schule oder ein Unternehmen in eurer Nähe sein. Sprecht Firmen an, zu denen ihr vielleicht schon Kontakt habt, und sucht euch Unternehmen, die wissen, wie nötig Deutschland engagierte und clevere Ingenieure braucht. Als Vorbereitung könnt ihr einen Flyer erstellen, auf dem ihr euer Team vorstellt und vom Wettbewerb berichtet. Seid nicht zu schüchtern, denn viele Unternehmen unterstützen solche Initiativen sehr gern, wenn sie angesprochen werden!

9 Weiterführende Informationen

9.1 Begleitwebsite zum Buch

Das lego::lab

`http://legolab.ice-karlsruhe.de`

Alternativer Zugang zur lego::lab-Site über den dpunkt.verlag:

`https://www.dpunkt.de/mindstorms`

9.2 Literaturempfehlungen

Henning, Peter A. (Hrsg.), Vogelsang, Holger (Hrsg.): Handbuch Programmiersprachen: Softwareentwicklung zum Lernen und Nachschlagen. Hanser, München, 2007.

Hunt, Andy: Java programmieren lernen. Der spielerische Einstieg mit Minecraft. dpunkt.verlag, Heidelberg, 2017.

Inden, Michael: Der Weg zum Java-Profi: Konzepte und Techniken für die professionelle Java-Entwicklung. dpunkt.verlag, Heidelberg, 2017.

Ratz, Dietmar et al.: Grundkurs Programmieren in Java. 8., überarbeitete und erweiterte Auflage, Hanser, München, 2017.

Ullenboom, Christian: Java ist auch eine Insel: Einführung, Ausbildung, Praxis. 12., aktualisierte Auflage, Rheinwerk Verlag, Bonn, 2016.

9.3 Allgemeine Websites zu LEGO Mindstorms

LEGO Mindstorms EV3
https://www.lego.com/de-de/mindstorms

LEGO Mindstorms-Support
http://www.lego.com/de-de/mindstorms/support

LEGO Mindstorms Education EV3
https://education.LEGO.com/de-de/product/Mindstorms-ev3

9.4 FLL

Hands On Technology
https://www.first-LEGO-league.org/de/

9.5 Blogs und Foren

Robotsquare – Laurens Valk
http://robotsquare.com/blog/

Danny's Lab – Daniele Benedettelli
http://robotics.benedettelli.com/blog

The NXT STEP Blog – Marc-Andre Bazergui (Verfasser) et al.
http://www.thenxtstep.com/

LEGO-Mindstorms-Galerie
https://www.LEGO.com/de-de/Mindstorms/gallery

9.6 Software-Downloads

RNDIS-Treiber

http://www.driverscape.com/download/rndis

Installationsanleitungen zu EV3

http://www.java-online.ch/LEGO/index.php?inhalt_links=home/nav_home.inc.php&inhalt_mitte=ev3install/install.inc.php

LEGO Mindstorms Education EV3

https://education.LEGO.com/en-us/downloads/Mindstorms-ev3

LEGO Mindstorms EV3 Home Edition

https://www.LEGO.com/de-de/Mindstorms/downloads
Dort im Bereich EV3 MINDSTORMS FIRMWARE-DOWNLOAD (PC/MAC) auf *Download* klicken.

Java SE Development Kit 8

http://www.oracle.com/technetwork/java/javase/downloads/jdk8-downloads-2133151.html

leJOS-Website

http://www.lejos.org/

leJOS-Download

https://sourceforge.net/projects/ev3.lejos.p/files/

SD Formatter 4.0

https://www.sdcard.org/downloads/formatter_4/

Java for LEGO Mindstorms EV3

http://www.oracle.com/technetwork/java/embedded/embedded-se/downloads/LEGOmindstormev3-2200042.html

9.7 Designwerkzeuge

LDD – LEGO Digital Designer

`http://ldd.LEGO.com/de-de`

LDraw™

`http://www.ldraw.org/`

MLCad – Mike's LEGO CAD

`http://mlcad.lm-software.com/`

LDView

`http://ldview.sourceforge.net/`

LPub3D

Editor für digitale LEGO-Bauanleitungen

`https://sourceforge.net/projects/lpub3d/`

Forenbeitrag LPub

[Guide] Creating Building Instructions using LPub

`http://www.eurobricks.com/forum/index.php?/forums/topic/83642-guide-creating-building-instructions-using-lpub/`

Forenbeitrag LDD

More up-to-date ldraw.xml LDD/LDraw conversion file

`http://www.eurobricks.com/forum/index.php?/forums/topic/137193-more-up-to-date-ldrawxml-lddldraw-conversion-file/&page=1`

draw.io

Freie Online-Diagramm-Software. Die Software kann auch Dateiformate von lizenzpflichtigen Programmen wie beispielsweise MS Visio einlesen und verarbeiten.

`https://www.draw.io/`

9.8 Hardware und Programmierumgebungen

WLAN-USB-Adapter

Edimax EW 7811UN

http://www.edimax-de.eu/edimax/merchandise/merchandise_detail/data/edimax/de/wireless_adapters_n150/ew-7811un

WNA1000M-100PES N150 von der Firma Netgear

https://www.netgear.de/home/products/networking/wifi-adapters/WNA1100.aspx

9.9 Onlineshops

LEGO Education – Produktinformationen, Downloads und Handelspartner

https://education.LEGO.com/de-de

LEGO Pick A Brick

https://shop.lego.com/de-DE/Pick-a-Brick

Inoffizielle LEGO-Shops und Marktplätze

Die Auflistung erhebt keinen Anspruch auf Vollständigkeit und ist ohne Präferenz sortiert.

- https://www.bricklink.com/
- https://www.mlbricks.de/
- http://www.44bricks.com/
- http://brickset.com/
- http://www.brick-shop.de/
- https://brickscout.com/
- https://www.brickmerge.de/
- https://www.1000steine.de/de/